科技基础性工作专项资助

项目编号：2007FY140500

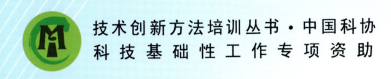

技术创新方法培训丛书·中国科协
科技基础性工作专项资助

面向制造业的创新设计案例

檀润华　曹国忠　陈子顺　编著

中国科学技术出版社
·北　京·

图书在版编目(CIP)数据

面向制造业的创新设计案例/檀润华,曹国忠,陈子顺编著. —北京:中国科学技术出版社,2009.9

(技术创新方法培训丛书)

ISBN 978 - 7 - 5046 - 5513 - 4

Ⅰ. 面… Ⅱ.①檀…②曹…③陈… Ⅲ. 制造工业-技术革新-案例-中国 Ⅳ. F426.4

中国版本图书馆 CIP 数据核字(2009)第 162334 号

内容简介

制造业是为国民经济发展和国防建设提供技术装备的基础性产业,技术创新是提升我国制造业自主创新能力的关键。本书介绍了制造业产品创新领域经常采用的技术创新方法及应用这些方法的一些典型案例,包括德国 Pahl 及 Beitz 的系统化设计理论与案例、Suh 的公理设计(AD)理论与案例、以色列 Coldratt 的约束理论(TOC)与案例、发明问题解决理论(TRIZ)与案例以及系统化创新设计方法与案例。

本书可以帮助制造企业研发人员,特别是设计人员、管理人员、大学高年级本科生、研究生及 MBA 学员提高创新能力;也可作为各级各类创新方法培训参考书。

责任编辑 郑洪炜 李 剑

封面设计 青鸟文化

责任校对 林 华

责任印制 王 沛

中国科学技术出版社出版

北京市海淀区中关村南大街 16 号 邮政编码:100081

电话:010－84125725 传真:010－62183872

http://www.kjpbooks.com.cn

科学普及出版社发行部发行

北京凯鑫彩色印刷有限公司印刷

*

开本:787 毫米×960 毫米 1/16 印张:24 插页:2 字数:470 千字

2009 年 10 月第 1 版 2009 年 10 月第 1 次印刷

印数:1—5000 册 定价:68.00 元

ISBN 978 - 7 - 5046 - 5513 - 4/F・669

总　序

在世界经济全球化进程中，提高科技创新能力已成为各国提高综合国力的战略选择。在这场提高综合国力的竞争中，优先掌握具有自主知识产权的核心技术已成为实现跨越式发展的关键要素。

党的十七大提出了建设创新型国家和提高企业自主创新能力的伟大战略任务。提倡创新思维、掌握创新方法是提高创新能力的关键要素。"自主创新，方法先行。创新方法是自主创新根本之源。"2008年，按照科技部、国家发展改革委、教育部、中国科协联合发布的《关于加强创新方法工作的若干意见》，中国科协积极行动起来，首先将创新方法工作列入中国科协、国家发展改革委、国资委、科技部四部门联合开展的全国"讲理想、比贡献"活动深入开展的重要内容之一，并且组织中国科协咨询中心等单位承担了技术创新方法培训工作。

技术创新方法培训是创新方法工作的重要组成部分，是培养创新意识、推广创新方法、培育创新型人才、增强企业自主创新能力的重要抓手。中国科协在科技部支持下，以建设高水平的创新型科技人才队伍为目标，按照"政府引导、企业主体、专家支撑、社会参与、突出重点、试点先行、扎实推进"的原则，充分发挥全国学会、地方科协和企业科协的协同作用，依托国内外现有培训资源，先期选择制造、信息、农业、材料、仪器仪表、汽车等领域，面向企业有重点、有目标、分期分批地开展了不同层次、不同形式的技术创新方法培训试点工作，取得了明显的成效，受到了广大企业科技工作者的欢迎。

开发具有普适性、针对性、指导性的专业类培训教材是开展技术创新方法培训的一项重要的基础性工作。为此，中国科协组织部分全国学会的专家、学者，针对制造、信息、农业、材料等领域陆续开展了《技术创新方法培训丛书》专业类培训教材编写工作。丛书集中搜集整理和分析总结了一批专业技术性强，具有针对性、实用性的案例。教材的编写过程既是对国外先进创新方法的领会与吸收，也是对我国创新思维和行业创新实践的总结与提升，它凝结了许多专家学者和具有丰富实践经验的专业技术人员的智慧。通过出版《技术创新方法培训丛书》，希望能够给不同行业的科技工作者提供学习和借鉴，为从事创新方法培训的各界人士提供参考。我们计划在3~5年的时间内，组织编写几套有专业技术特点的创新方法培训书籍，使之成为推进我国创新方法工作的有力支撑。

　　"路漫漫其修远兮，吾将上下而求索。"推广创新方法是一项长期的战略性工作。创新方法培训工作不可能一蹴而就，它需要社会各界，特别是企业科技工作者的认同和参与。创新方法培训的成效，需要广大科技工作者通过艰苦劳动、创造性实践，以取得具有知识产权的成果来证实。我们要进一步发挥全国学会、地方科协和各地企业科协组织优势，大力普及科学知识，倡导科学方法，传播科学思想，弘扬科学精神，为团结动员广大科技工作者进行创新实践开辟更为广阔的空间，搭建更为科学有效的平台，为建设创新型国家作出更大的贡献。

2009 年 8 月

前　言

制造业是国民经济的支柱产业,是国家创造力、竞争力和综合国力的重要体现。中国未来将实现从"制造大国"向"制造强国"的战略转变。要实现此战略转变,关键在于产品和制造过程的创新。

为了快速开发新产品,国际设计理论界已进行了多年的研究,并取得了丰硕的成果,这些成果在国外的企业特别是在一些大企业的新产品开发中起到了重要作用。

本书介绍了制造业产品创新领域常采用的技术创新方法和一些典型案例,主要包括德国 Pahl 及 Beitz 的系统化设计理论、美国 MIT 的 Suh 的公理设计(AD)理论、以色列 Goldratt 的约束理论(TOC)和苏联的发明问题解决理论(TRIZ)。

本书共七章。第一章为绪论,主要介绍制造业发展现状与趋势、产品创新过程以及高级技术创新方法;第二章介绍系统化设计理论与案例;第三章介绍公理设计理论与案例;第四章介绍约束理论与案例;第五章介绍六西格玛方法与案例;第六章介绍发明问题解决理论与案例;第七章介绍创新设计方法集成与案例。

本书的撰写是在中国科协计划财务部、学会学术部、中国科学技术咨询服务中心和中国机械工程学会的大力组织和支持下完成的,介绍得到了国家科技基础性工作专项技术创新方法培训专项(项目编号:2007FY140500)以及高技术研究发展计划、国家自然科学基金、教育部博士点基金、天津市自然科学基金、河北省自然科学基金等多方面的资助。本书汇集了编者多年来在 TRIZ、AD、TOC 等理论学习、研究、应用方面的成果。现将学习、研究、应用中的体会、成果,汇同国内外学者们的论文和著作中的部分观点与方法写成此书,以推动我国装备制造企业的产品创新。

参加本书编写工作的有:檀润华(第一章)、曹国忠(第二、六、七章)、陈子顺(第四、五、七章)、江屏(第三章)、刘芳(第二章)。全书由檀润华、曹国忠、陈子顺担任主编。

殷切希望广大读者在使用过程中对书中错误和不妥之处批评指正。

编　者
2009 年 3 月

目　录

第一章

绪　论

第一节　制造业发展现状与趋势

制造是将资源转换成产品的过程,是人类适应自然、改造自然的基本活动。制造业是对采掘工业和农业所生产的原材料进行加工或再加工,以及对零部件进行装配的工业的总称,即以经过人类劳动生产的产品作为劳动对象的工业。制造过程包括从原材料市场到制成品市场的全过程,包括企业内部和企业外部所有与制造有关的过程。制造业可分为传统制造业和新兴制造业两大类:传统制造业包括机械、冶金和化工制造业等;新兴制造业包括信息制造业和生物产品制造业等。从产品对象看,制造业不仅包括机械、电子类的离散制造业,而且还包括石油、化工等流程工业以及钢材等混合制造业。

一、世界制造业发展趋势

近年来,在新技术革命推动下,世界制造业逐步形成国际化产业分工体系,并呈现出信息化、绿色化、产业集聚及与服务业加速融合的态势,全球技术创新中心与加工中心分离并进行控制。先进制造业是制造业不断吸收高新技术成果,并采用先进管理模式或现代管理技术,将先进制造技术综合应用于制造业全过程的总称,不仅包括我们通常所说的高新技术产业,还包括先进制造技术和先进制造模式的应用已成为产业主导的那一部分传统制造业。

发达国家从工业化初、中期阶段到工业化后期阶段,制造业在国民经济中的地位经历了先升后降的过程,到 20 世纪 80 年代末,世界主要发达国家制造业在国内生产总值中的比重达到 20％左右。但是,近年来随着知识经济和新兴技术的发展和应用,高新技术产业的发展以及通过应用高新技术提高传统制造业技术含量,使先进制造业在制造业中所占比重显著上升。高技术产业的增长,加上传统制造业中利用先进制造技术和先进制造模式进行改造的部分,比如汽车、船舶等产值较大的部门以及劳动密集型产业中经过改造的产业部分,使先进制造业在世界制造业中已占据重要地位,并且代表了世界制造业的发展方向。世界先进制造业创新与发展趋势总结如下。

1. 制造业国际分工体系逐步形成

近年来,由于传统制造业成本上升,国际竞争力下降,所以发达国家开始调整产业发展战略,逐渐着力于产品研发和品牌营销,形成了技术领先、附加值高的知识技术密集型先进制造业,并以此保持在国际上的竞争优势;另一方面,发达国家把不具有竞争优势的附加值低、耗能高、污染严重的加工制造环节安排在世界范围内生产,形成了以发达国家先进制造业为主导的国际化产业分工体系。在这种体系中,发达国家引导和满足世界范围内的市场需求,控制制造核心技术,因而能够控制世界范围内的加工产品、加工过程(产量、质量以及工艺)。低端加工制造业的转移给发展中国家和地区产业结构升级和改造带来了机遇,也不可避免地因污染严重、相对落后的产业、技术和工艺的转移而给发展中国家经济发展带来困难。发达国家产业转移,在一定程度上带动了世界制造业技术水平的提高,但从总体上看,发展中国家和地区与发达国家之间存在着技术差距,不经过努力是难以弥补的。

2. 全球技术创新中心控制世界制造中心

自第一次工业革命以来,世界上先后产生了三代公认的世界制造中心,分别是英国、美国和日本,它们既是制造中心,也是技术创新中心。英国和美国世界制造中心地位的建立有赖于其本身成为了世界技术创新中心的发源地,而日本在形成第三代世界制造中心的过程中,世界制造中心与技术中心合一的趋势已开始弱化。日本采用技术吸收战略,虽然产品生产和出口占世界比重具有相对优势,但在产业研发上并没有绝对优势。进入20世纪90年代,发达国家着眼于全球产业布局,降低生产成本,制造环节向发展中国家转移,而与之相关的技术创新能力非但没有降低,还呈加速提高态势,拉大了与发展中国家的距离。技术创新能力未与制造加工环节同步转移,出现了技术中心与制造中心相分离的态势。

在信息化和后工业化时代,知识产品构成了最终产品价值的主要部分,世界制造中心的地位开始弱化。美国、德国、日本等技术领先国家通过发挥自身比较和竞争优势,以科技创新活动控制和管理世界制造中心,获取比物质产品生产多得多的利润,并通过跨国公司内部分工、扶持委托加工制造中心、强化核心技术对生产性技术的控制以及"专利包围"等方式来实现对制造业中心的控制。发展中国家虽在承接发达国家产业转移中促进了经济增长,但由于缺乏技术创新能力,所以产业的核心和关键技术仍掌握在技术中心国家,产品的设计、生产、销售都要受到技术创新中心的控制。另外,近年来跨国公司出现的研发中心全球化的趋势仍未从根本上改变发达国家以技术创新中心对世界制造工厂进行控制的态势。

3. 信息化推动先进制造业的创新与发展

从20世纪80年代开始,信息技术在制造业中广泛应用,彻底改变了传统业务流程和工作方法,推动了先进制造业提高生产效率、竞争力和全球化的进程。信息技术的出现和应用,不仅创造了计算机、通信设备、集成电路等新兴电子信息产品制造业,而且通过渗透和辐射,使机械、冶金、化工、纺织等传统制造业的生产方式、制造技术和经营理念发生了根本变化。表现在:设计技术不断现代化,成形技术向精密成形的方向发展,加工技术向着超精密、超高速以及发展新一代制造装备的方向发展,企业装备向着制造工艺、设备和工厂的柔性和可重构性方向发展,以提高市场快速反应为目标的制造技术得到迅速发展和应用等。

4. 绿色化是先进制造业创新与发展的重要方向

绿色化或环保化制造是目前所倡导的循环经济的一个重要方面,也是21世纪制造业的发展方向之一。其目标和宗旨是使所制造的产品在从设计、制造、包装、运输、使用、维护直至报废处理和善后处置的整个产品生命周期中,对环境的不利影响最小,而对资源的利用效率最大。制造业的绿色化或环保化趋势是经济社会协调发展的要求。

5. 先进制造模式的创新和应用

先进制造业对信息化水平、企业组织形式、经营开放性等都有较高要求,需要制造模式相应地创新与应用。20 世纪 80 年代以来,制造业的发展技术和发展模式发生了较大变化,新的生产方式同时具备了质量可靠性、个性化设计和合适的价格,并出现了准时制(JIT)、精益生产(lean production)、计算机集成制造系统(CIMS)、敏捷制造、虚拟制造等新型制造模式。根据国际生产工程学会(CIRP)近10 年的统计,发达国家所涌现的先进制造系统和先进制造生产模式多达 33 种。目前,正在开发下一代制造和生产模式,如并行工程和协同制造(HM)、生物制造(BM)、远程网络制造(RM)、全球制造(GM)和下一代制造系统(NGMS)等。这些新制造模式使制造方式发生了根本变化,表现在:在营销方面提供个性化服务并能快速响应;在生产方面根据顾客需要任意批量地制造产品和提供服务;在设计方面从设计开始就产生出一套整合供应商关系、生产过程、经营过程、顾客关系以及产品使用和最终处理的方法;在组织结构方面,由垂直型的科层组织向扁平的网络型组织转变;等等。

6. 先进制造业集群创新特征日益明显

产业集群成为世界制造业发展的普遍现象,表现为生产某类产品或产品链上的若干同类企业,以及配套上下游企业、相关服务业、管理结构聚集在一定区域,形成有机功能创新群体。随着先进制造业的发展,国际上又出现了优势和特色产业支柱、创新要素集聚的现代工业园区,在工业园区内形成了企业和结构的产业关联、研发和各项业务关联的协同效应,产生了专业化分工的企业群体和高效率的生产组织方式。

7. 制造业加速与服务业的融合

近年来,世界制造业与(生产)服务业之间呈现出相互促进和融合的发展趋势,主要受两个因素的影响:一是由于制造业总体上利润呈递减趋势,跨国制造公司将战略竞争重点从产品制造转向客户服务,以提高获利能力。二是目前制造业的竞争力已不仅取决于产品研发设计和制造能力,还包括从市场调研到售后服务以及为客户方和供应链提供全方位服务的水平和能力,"服务"成为产品增值的重要渠道。目前,发达国家生产性服务的增加值总量已经占到全部服务业增加值的一半以上。

二、我国制造业现状

大而不强是我国制造业发展的基本现状:"十五"期间,我国工业经济增长迅速,制造业则是工业的主体。目前,我国已成为世界制造业大国,制造业生产总值已从 2002 年的世界第 6 位上升到 2005 年的第 4 位,仅次于美国、日本和德国。据统计,我国已有 172 种产品的产销量居世界首位,包括钢材、水泥、玩具、鞋类、自行车、电脑显示器、数据程控交换机、移动电话、空调和冰箱等。我国制造业虽然获得了很大发展,并已发展成为世界制造业大国,但同主要制造大国相比,在规模、质量与效益上都还存在较大差距。可以说,"大而不强"是我国制造业发展的基本现状,这主要体现在:我国制造业总量占全球的份额偏低、制造业增加值率低、劳动生产率低,物耗能耗污染高、企业规模效益低,缺乏世界级大企业,产品技术含量和附加价值低,缺乏国际竞争力,创新乏力也成为制约我国制造业发展的"瓶颈"。

过去一个时期,我国制造业以跟踪仿制和模仿创新为主,自主创新比较少。企业把资金更多地用于设备进口上,而花在自主研发和消化吸收上的资金却严重不足,导致创新乏力。自主创新能力薄弱已成为制约我国制造业发展的"瓶颈"因素,这主要体现在以下几个方面。

1. 我国制造业的传统优势因缺乏自主创新而日渐萎缩

中国的制造业,凭借庞大的市场优势、低成本的生产要素(劳动力、土地、原材料、智力资源等)、相当实力的产业基础和生产能力等综合优势,融入了国际产业分工体系之中,逐渐形成了加工、组装环节的比较优势和竞争优势。但我国制造业这种低成本比较优势不仅获利能力小,而且难以保持长久。因为资源总有枯竭的时候,劳动力成本低的优势也会被低劳动生产率的劣势部分抵消,能源、资源、环境问题已成为制约我国制造业持续发展的重要障碍性因素。

由于我国制造业自主研发与技术创新能力薄弱以及大量劳动密集型企业和低素质劳动力的存在,导致产品低端,在全球品牌竞争和产业分工中处于劣势地位。我国制造业的传统优势因缺乏技术支撑而难以为继,以低价优势扩大出口的空间在新的国际贸易格局中也将日渐萎缩,因此,必须推进我国制造业增长方式从资源驱动型向创新驱动型的转变。

2. 先进制造技术发展水平和关键技术自给率低,专利拥有量少

产业的技术创新能力高低与其研发投入强度息息相关,中国的制造业经济总量占全球的 6%,而研发投入仅占 0.3%。由于我国制造业研发经费投入严重不足,加之研发结构不健全,产业共性技术研究队伍萎缩,所以导致我国制造业创新乏力,先进制造技术的研究与应用水平低,缺乏关键、核心技术。在现代设计技术、精密与复合加工技术、柔性制造技术、集成制造技术、智能制造技术、标准技术以及数控技术、工业机器人技术、芯片制造技术、汽车电子技术、清洁生产技术等的开发与应用方面,我国与世界先进水平相差甚远。据资料显示,目前我国的技术依存度高达 50%,制造业关键、核心技术受制于人。

第二节　制造业发展历程

一、制造业发展历史回顾

回顾 200 年来的制造业技术发展历程,按时间的先后,其大概可以分为以下八个阶段:

(1)18 世纪以蒸汽机和工具机的发明为标志的英国工业技术革命,揭开了工业经济时代的序幕,开创了机器占主导地位的制造业新纪元,造就了制造业企业雏形——工厂式生产。

(2)19 世纪末 20 世纪初,交通与运载工具对质轻、高效发动机的需求是诱发内燃机发明的社会动因,而内燃机的发明及其宏大的市场需求继而引发了制造业产业的又一次革命。

(3)人类社会对以汽车、武器弹药为代表产品的大批量需求促进了标准化、自动化的发展,福特·斯隆开创的大批量流水线模式和泰勒创立的科学管理理论导致了制造业技术的分工和制造业系统的功能分解,从而使制造业的生产成本大幅度降低。

(4)第二次世界大战以后,市场需求多样化、个性化、高品质的趋势推动了微电子技术、计算机技术、自动化技术的飞速发展,导致了制造技术向程序控制的方向发展,柔性制造单元、柔性生产线、计算机集成制造技术、精益生产等相继问世,制造技术由此进入了面向市场多样需求的柔性生产的新阶段,引发了生产模式和管理技术的革命。

(5)1959 年提出的微型机械的设想最终依靠信息技术、生物医学工程、航空航天、国防及诸多民用产品的市场需求推动得以实现,并将继续拥有灿烂的发展前景。

(6)以集成电路为代表的微电子技术的广泛应用,有力推动了微电子制造工艺水平的提高和微电子制造装备业的快速发展。

(7)20 世纪末信息技术的发展促成了传统制造技术与以计算机为核心的信息技术和现代管理技术三者的有机结合,形成了当代先进制造技术和现代制造业。

(8)激光的发明导致巨大的光通信产业及激光测量、激光加工和激光表面处理工艺的发展;无线通信、手提电话的发明激发了人类对移动通信的新需求。

二、产业生命周期理论

美国哈佛大学教授弗农于 1966 年 5 月首次提出了产品生命周期理论。这一理论认为,产品都是有生命周期的,这个周期分为形成期、成长期、成熟期、衰退期四个阶段。根据产品生命周期的研究结论,产品从引进市场后必然要经历一个销售量逐渐扩大,且扩大速度越来越快(成长期),到市场需求量逐渐被满足,产品销售量的增长速度逐渐降低(成熟期),接着因为新的更能满足市场特定需求的产品的出现而最终退出市场(衰退期)的过程。而对于任一产业来说,由于其生存的基础是产品,因此,根据产业的生物性,每一个产业也都有自己产生、壮大和衰亡的过程,或者说也有类似的产业生命周期概念。产业生命周期相应地也可分为四个阶段,这四个阶段可以分别称为形成期、成长期、成熟期和衰退期,如图 1.1 所示。

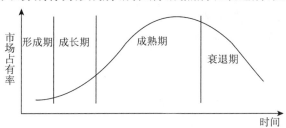

图 1.1 产业生命周期示意图

形成期:在产业的形成阶段,某类产品由于各种原因,其原来的潜在需求逐渐被市场所认可,转化为现实需求。但此转化过程一般不会很顺利,即在此阶段的产业,有时发展得较快,有时却发展得十分缓慢。因此,此阶段的产业生命周期曲线,呈现出不同的形状。

成长期:当产业的产出在整个产业系统中的比重迅速增加,并且该产业在产业结构中的作用也日益扩大时,就可以认为该产业已渡过了形成期而进入成长期阶段。成长期产业的一个主要特征是产业的发展速度大大超过了整个产业系统的平均发展速度,该产业的技术进步显著且日渐成熟,其市场的需求有明显的扩大。这一阶段周期曲线上的表现一般来说其斜率比较大。

成熟期:当某个产业经过成长期的迅速增长后,其发展速度将会放慢。这是由于一方面其产出的市场容量相对稳定,另一方面,该产业在产业结构中的潜在作用也基本得到了发挥。此时,就标志着该产业从成长期进入了成熟期。成熟期产业的生命曲线变化比较平缓。

衰退期:当技术创新向市场推出了在经济上可替代传统产业的新产业时,传统产业就逐渐萎缩,一步步退出市场,这就表示该产业已步入了衰退期。衰退期产业的周期曲线具有不断下降的趋势,其斜率一般为负数。

产业生命周期同产品生命周期具有某些相似之处,这是由于产业是由产品生产企业所组成的,但是同一产业内的不同产品一般处于不同的生命周期,这又使得二者之间存在很大差异,造成这种差异的原因也决定了如果某一产业的代表性产品比较集中,则此产业的生命周期与代表产品的生命差异就会比较小。概括来讲,产业生命周期相对于产品生命周期具有如下特点:

(1)产业生命周期曲线的变化率更为缓慢。由于一个产业集中了众多的产品,因此对于从某个角度反映了众多产品的产业生命周期而言,其曲线的变化率自然要小于某一特定产品生命周期的变化率。这一特点也可从产业的形成和发展过程一般总是要慢于产品的投入和生产过程中得到验证。

（2）产业生命周期具有明显的"衰"而不"亡"的特征。相对于新产业的不断形成而言，真正"死亡"的产业并不多见，更多的产业是"衰"而不"亡"。导致这一现象出现的主要原因是技术进步和经济发展，技术的进步和经济的发展可使产业起死回生。

（3）产业生命周期曲线的表现时有不规范性。对于一个产业来说，其资源是可流动的，当该产业的某一代表产品进入衰退期时，该产业可通过生产要素的转移，生产其他的同类产品。因此，有些产业虽已进入衰退期，但由于技术或市场的原因，也往往会"重焕青春"，再次显示出成熟期甚至是成长期的一些特征。所以相对于产品生命周期而言，产业的生命周期有时会表现出不规范性。

三、制造业产业生命周期

制造业作为产业系统的一个分支，它的发展也要经历形成期、成长期、成熟期和衰退期。

1. 制造业产业形成期

形成期是制造业产业发展的初始阶段。在这个阶段，制造业技术创新可以分为两类：一类是技术自主创新；另一类是技术的引进与吸收。

走技术自主创新道路的国家，首先需要具备相关领域内基础研究的重大突破；其次具备现有或潜在的市场需求；第三需要有完备的相关基础条件。比如爱迪生对电灯的发明与推广，在爱迪生之前已经有斯塔尔、斯旺等人发明了碳丝灯。爱迪生的过人之处在于他首先想到了仅仅发明灯泡是不够的，需要建造一套包括发电、输电，以及开关、电表等在内的照明系统，而且这套系统的建造和维护成本与当时美国的煤气照明系统相比要有竞争力。为此，爱迪生于1882年在纽约市创建了世界上第一座商业电站，专门为该市的白炽灯供应直流电，这样就用电力照明取代了煤气照明，进而促成了现代电力产业的形成与发展。一位德国经济学家指出，这一事例说明基础技术发明的应用与产业化要系统地解决。

在这个阶段，大部分国家都是从引进和吸收国外技术开始的，因而称为导入期。在形成期的制造业技术创新主要解决两方面的问题：一是本国的资源及科技现实，确定导入技术的种类与水平；二是为制造业的发展创造必要的条件，包括发展相关工业、相关技术，培训技术人员和管理人才，建立生产基地等。这一阶段导入国制造业的技术创新都是走消化吸收的道路，重点根据本国的现实情况，引进先进制造业国家的技术和人才，以后发优势，缩短制造业的形成期。

值得注意的是，在形成期，走自主创新道路的国家，一切都要从头做起，对相关制造领域内的技术成果进行广泛的实验研究，一步一步取得成功后才得到发展，因此，制造业的形成期比较长。比如欧美等国的汽车制造业，都经历了20~30年的形成期,日本更是由于战争的原因,汽车产业的形成期延至半个多世纪。而走引进与吸收技术道路的国家,可以借鉴自主创新国家的成功经验,制造业的形成期一般比较短,韩国、巴西等国汽车产业的发展即是如此。

形成期是制造业发展最困难的时期。这个时期内,制造业及相关产业问题和矛盾都很多,需要各方面协调配合并不懈努力才能解决和克服。处于形成期的制造业发展水平低,竞争能力弱,为此,各国政府普遍制定了各种政策和措施以保护和扶持一些对国民经济影响重大且关联性比较强的制造业的发展。

2. 制造业产业成长期

产业成长就是指产业形成以后,通过融进和吸纳其他产业由于结构性过剩而溢出以及由于社会新增加投入而提供的各种资源不断壮大自身的过程。它包含两方面的内容:一是指在内涵意义上的成长,如管理素质的提高、技术的发展、工艺水平的进步、产品的升级换代等,这些因素都从内涵意义上推进了产业的成长和向更高产业层次的演进;二是指外延意义上的成长,如同一产业内同一产品的企业数量的增加、规模的扩大、区域的延伸等。

产业成长中,市场需求量增大,需要大批量生产,而大批量生产体系要求设备大型化、生产专业化。大批量生产刺激了技术创新,特别是工艺创新活动。反过来,工艺创新又使产业在成长时期产品的生产迅速实现标准化,聚集资源,形成规模优势。当然,这仅仅是对率先进行产品创新的国家而言的,产品成长期的技术创新特征类似。对于以引进吸收技术为主开展制造业的国家来讲,在制造业成长时期的技术创新,必须在消化吸收导入技术的基础上,培养自主创新能力,针对市场需求,不断寻求新的技术突破点。另外,对于成长期的制造业来说,还有一个必须重视的问题,就是扩大创新扩散。从某种意上讲,在产业快速成长过程中,技术创新扩散比任何其他因素的作用都明显。

3. 制造业产业成熟期

制造业成长时,随着产业产量的扩大,各单位产品的边际成本和平均成本都是递减的,从而总成本增加的幅度小于产量增长的幅度。但是,当边际成本开始递减,平均成本不再下降,而总成本开始与产量同步增长,甚至超过总产量的增长幅度时,制造业就进入成熟期。制造业在成熟阶段,不仅规模达到空前,而且大多已在国民经济体系和经济生活中起着举足轻重的作用。

在成熟期内,制造业的技术创新并没停止,还必须进行产品性能、质量等方面的改进、完善和提高。只有这样,才能降低生产成本,提高劳动生产率,扩大生存空间。当然,制造业成熟时,由于产品、工艺、组织等逐步成熟,其技术创新空间日益缩小,对制造业的发展作用逐步弱化,这一阶段的产品创新、工艺创新等都具有渐进性质。事实上,技术创新中,绝大多数都是渐进性的,很多制造业产业能长盛不衰,也在于有渐进性的技术创新做支撑。这期间,技术创新不要求再追加太多的资产方面的投入,能在现有条件下源源不断地生产出产品,获得较高而且稳定的收益,制造业企业往往容易忽视技术创新工作。这时,应在支持鼓励渐进技术创新的同时,采取措施使其注重技改更新。

4. 制造业产业衰退期

一般而言,制造产业衰退期具有两个显著特征:①生产能力大量过剩,并伴随大批产品的老化。②衰退时间较长,在产业生命周期的各个阶段,制造业衰退往往是一个漫长的过程。衰退期是一个无尽头的阶段,并非到了衰退期创新就停止了。这期间制造业技术创新向高新科技方向发展,通过引进新的技术使制造业步入下一个技术创新循环,世界制造业的发展历程就是这样一个过程。比如在西方发达国家,由于第二次世界大战后原子能、电子、宇航等新兴工业部门的迅速崛起,钢铁、汽车、家电、食品、纺织等诸多传统制造业相对衰落,被称为"夕阳工业"。以汽车产业为例,其虽然是传统产业,但是在传统制造业衰退的过程中,汽车产业不断吸收高新技术进行自我改造,并通过信息技术、电子技术、新材料技术和新能源技术的应用,推动了汽车产业新一轮的技术创新,使汽车产业重新焕发了青春。

第三节　制造业产品创新过程

创新与经济增长的关系已催生了对技术创新不同侧面的大量研究,技术已经被确认为很多企业应对长期竞争战略的重要竞争武器。为了确保技术创新的成功,重要的是技术创新方法、过程及其有效的管理,没有创新及其过程的广泛知识,无论是创新过程的管理,或是创新实施本身都是非常困难的。需要对创新的内涵及其复杂性进行研究,创新的复杂性是一种自然属性,为了更好地克服这种复杂性及创新中的困难,过去的几十年已开发了多个技术创新过程模型。

一、基本概念

与制造业创新有关的基本概念为创造(creation)、发明(invention)与创新(innovation)。

创造是原始设想的一种表达,如头脑中的影像、材料、模型、草图或图形等。创造过程具有结构化或非结构化的自然属性,精确预测创造发生的时间是困难的。创造可分为自然创造与组织创造两类。前者指设想来自于某人,如某人头脑中突然产生了某个问题的一种解决方案,并以草图表达出来,该草图是创造的一种结果。后者基于创新技法激发人的潜能,提高其创造力,典型的如头脑风暴法、平行思维法等。

发明是原始设想得到某种技术可行性证明的结果,证明的方法如计算、仿真、建立物理模型进行试验等。即发明是导致某种有用结果的技术设想或技术创意。发明阶段的结果可以申请专利或某种知识产权加以保护。

创新是发明在某企业商品化开发,企业通过产品与市场获得了效益。1934

年,Schumpeter 提出了创新的五种案例:引入一种新产品,引入一种新的生产方法,实现一种组织的新形式,开启一个新的市场,采用某种原始材料或半成品为来源的一种新资源。可以将这些案例归纳为四种创新:技术创新、商业创新、组织创新、社会结构创新。Trott 给出了一种创新的分类,如表 1.1 所示。

表 1.1 创新分类

创新类型	案 例
产品创新	一种新产品或改进产品的开发
流程创新	一种新制造流程的开发
组织创新	新的投资部门、新的内部沟通系统、新的会计手段
管理创新	全面质量管理系统、业务流程再造
生产创新	质量周期、精益生产
商业/营销创新	新的财务安排、新的销售手段
服务创新	网络金融服务

二、早期的创新过程模型

为了更好地理解创新过程,已开发了很多技术创新过程模型,从简单的管道或黑箱模型,到复杂模型。一些模型适合于消费类产品创新,其他的面向工业品。虽然已开发了多种过程模型,但还没有通用的创新模型。

1984 年,Saren 开发了部门—阶段模型(depertment stage model),如图 1.2 所示。这类模型也被称为"管道模型"(pipeline model),因为模型中的一个活动接着一个活动,活动为顺序过程。该类模型中的每个活动或部门内部是独立的,与其他活动或部门处于隔绝状态,每个活动或部门是一个"黑箱"(black box)。该模型虽然描述了产品创新是从设想,经过若干阶段,到产品的过程,但没有考虑部门之间的相互影响,或非线性特性。因此,不能很好地描述创新过程的复杂性。

图 1.2 Saren 的部门—阶段模型

1980 年,Twiss 提出了输入与输出之间转换过程描述的技术创新过程模型,如图 1.3 所示。图中的输入是原材料与知识,通过转换,变成了产品并输出给市场。转换过程包括研发、设计和制造。

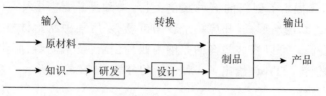

图 1.3 Twiss 的输入与输出之间转换模型

1980 年,Twiss 在研究多个成功与失败的创新后,提出了一种受不同因素影响的创新过程模型,如图 1.4 所示。他强调,不同因素对不同项目的变化影响程度也不同。模型中包括创新过程的内部环境与外部环境。虽然该模型考虑了不同因素,但创新过程中的不同路径未表达清楚。

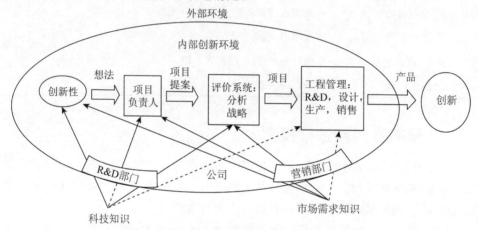

图 1.4 受各种因素影响的创新模型

三、五代技术创新过程模型

基于企业微观视角的技术创新管理的研究始于 20 世纪中叶。正如 Cyert and Kum ar (1994) 所说:"40 年前,很少有人意识到技术创新管理的重要性,这一领域刚刚开始……"Donald Schoen 1969 年在《哈佛商业评论》上也指出:"奇怪的是,关于技术创新管理的文献直到现在还是贫乏的。"

最初是关于产业技术创新过程的研究。由于当时创新活动的规模和复杂化日益发展,而人们对于创新过程的认识还是初步的,因此对于深入了解创新过程产生了迫切的需求。根据 Rothwell 对产业创新模式的划分,20 世纪 50 年代以来,技术创新过程的研究经历了五代有代表性的模式。

第一代:简单线性的技术推动型模式(technology push model)(20 世纪 50~60 年代中期)。如图 1.5 所示。

该模式假设从来自应用研究的科学发现到技术发展和企业中的生产行为,并最终导致新产品进入市场都是一步步前进的。该模式的另一个基本假设就是更多的研究与开发就等于更多的创新。当时由于生产能力的增长往往跟不上需求的增长，所以很少有人注意市场的地位。

图 1.5 第一代创新过程模式

第二代：线性的市场拉动型模式（demand market pull model）（20 世纪 60～70 年代）。如图 1.6 所示。

20 世纪 60 年代后期是一个竞争增强的时期，这时生产率得到显著提高，尽管新产品仍在不断开发，但企业更多关注的是如何利用现有技术变革，扩大规模，多样化实现规模经济，获得更多的市场份额。许多产品已经基本供求平衡，企业创新过程研究开始重视市场的作用，因而导致了市场需求拉动模式的出现。该模式中，市场被视为引导研发的思想源泉，而研发是被动地起作用。

图 1.6 第二代创新过程模式

第三代：技术与市场的耦合互动模式（interactive and coupling model）（20 世纪 70 年代后期～80 年代中期）。如图 1.7 所示。

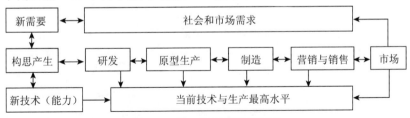

图 1.7 第三代创新过程模式

大量研究显示，对科学、技术和市场三者相互联结的一般过程而言，线性的技术推动和市场拉动模式都过于简单和极端化，并且不典型。于是，Mowery 和 Rosenberg 总结提出了创新过程的交互（或称耦合）模式。

第四代：一体化（并行）模式（integration parallel）（20 世纪 80 年代早期～90 年代早期）。如图 1.8 所示。

进入 20 世纪 80 年代，企业开始关注核心业务和战略问题。当时领先的日本企业的两个最主要特征是一体化（integration）与并行开发（parallel development），这对于当时基于时间的竞争（time based competition）是至关重要的。

虽然第三代创新过程模式包含了反馈环，有些职能间的交互和协同，但它仍是逻辑上连续的过程。Graves 在对日本汽车工业的研究中总结提出了并行模式，其主要特点是各职能间的并行性和同步活动期间较高的职能集成。

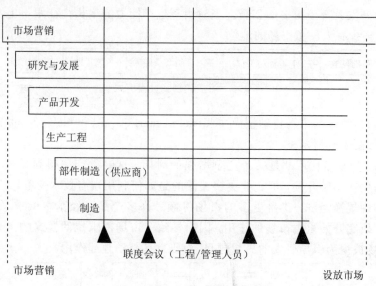

图 1.8　第四代创新过程模式

第五代：系统集成与网络化模式（system integration and network model, SIN）（20 世纪 80 年代末 90 年代以来）。如图 1.9 所示。

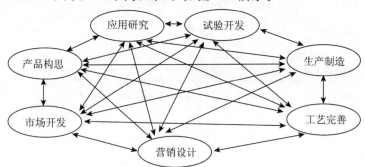

图 1.9　第五代创新过程模式

越来越多的学者和企业意识到，新产品开发时间正成为企业竞争优势的重要来源。但产品开发周期的缩短也往往意味着成本的提高。Graves 指出，新产品开发时间每缩短 1%，开发成本将平均提高 1%～2%。为此，在这种基于时间的竞争环境下，企业要提高创新绩效，必须充分利用先进信息通信技术和各种有形与无形的网络进行集成化和网络化的创新。

Rothwell 指出，第四代和第五代创新过程模式的主要不同是后者使用了先进的 IT 和电子化工具来辅助设计和开发活动，这包括模型模拟、基于计算机的启发式学习以及使用 CAD 和 CAD-CAE 系统的企业间和企业内开发合作。开发速度和效率的提高主要归功于第五代创新过程的高效信息处理创新网络，其中先进的电子信息通信技术提高了第四代创新的非正式（面对面）信息交流的效率和效果。

以上模式是通过分析创新过程而得出的。其中前两种模式实际上是离散的、线性的模式。线性模式把创新的多种来源简化为一种，没有反映出创新产生的复杂性和多样性。离散模式把创新过程按顺序分解为多个阶段，各阶段间有明显的分界。交互作用模式的提出一定程度上认识到线性模式的局限性，增加了反馈环节，但基本上还是机械的反应式模式。第四代和第五代创新过程模式的出现，是技术创新管理理论与实践的飞跃，标志着从线性、离散模式转变为一体化、网络化复杂模式。由于创新过程和产品对象的复杂性大大增强，所以创新管理需要系统观和集成观。而现代信息技术和先进管理技术的发展为第四代、第五代模式的应用提供了有力支撑。

四、产品创新模糊前端模型

按照 Specht(2002)的观点，技术开发及预开发活动属于技术管理，增加上游的基础研究及下游的产品及过程开发是研发管理，再增加产品及市场引入则为技术创新管理，如图 1.10 所示。该图指明了技术管理、研发管理及创新管理的关系。创新管理包含技术管理与研发管理，创新管理可以定义为一种系统化的计划与控制过程，该过程包括开发新产品及其过程所有活动。

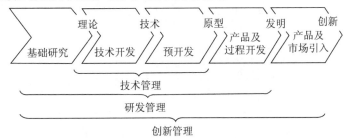

图 1.10　技术管理、研发管理及创新管理

Thom(1980)认为，创新过程可以分为设想产生、设想接受、设想理解三个阶段，如图 1.11 所示。设想产生首要的是确定领域，之后发现设想，并提出建议设想。设想接受包括测试及评估设想，产生并确定计划。设想理解包含理解新设想、传达新设想及接受设想。

新产品开发及创新的研究集中到一过程研究。创新过程是敲开未知世界大门的过程，创新过程模式提供创新的基本定律，它们可以解释管理创新中的过程、顺序、路径。近年来，图 1.12 所示的漏斗模型被广泛采用。

显然，每项创新都基于公司内部或外部的一个设想或创意。为了获得尽可能多的创新产品及过程设想，全面描述创新过程的观点是需要的。Thom 的基本方法是收集尽可能多的有希望的设想，确定不同的搜索领域对创新全过程是关键。因此，深刻理解创新模糊前端十分重要。

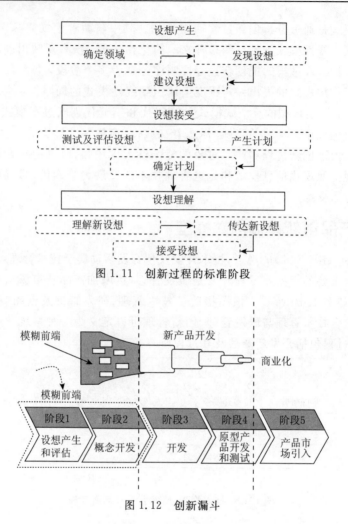

图 1.11　创新过程的标准阶段

图 1.12　创新漏斗

图 1.12 所示的过程分为模糊前端(fuzzy front end,FFE)、新产品开发(prod-
uct development,NPD)及商业化(commercialization)三个阶段。该图的过程被限
制在一个封闭的环境或漏斗之中。

创新最初的阶段通常被称为模糊前端,其重要性在于有效的 FFE 活动将对后
续新产品开发的成功作出重要贡献。为了使 FFE 阶段更有效,关键是理解 FFE
过程、该过程中的各种活动及过程的输出。创新设想产生是 FFE 过程中最重要的
活动,包括所花费的时间、所有的活动,一直到正式讨论这些设想的阶段。设想是
产品最初的形式,蕴涵了问题解决方案的高层观点。通常认为 FFE 阶段的创新设
想产生是神秘及困难的,也吸引了很多研究。设想可以来自于企业外部,也可以内
部产生。

模糊前端与新产品开发是创新过程不同的阶段,深刻理解这两个阶段的内涵
有助于创新过程的理解。表 1.2 表明了这两个阶段的不同点。

表 1.2 模糊前端与新产品开发的不同点

	模糊前端(FFE)	新产品开发(NPD)
自然属性	试验性质,通常处于混沌状态,很难制订计划	有项目计划,所有的活动具有结构化、专业化与目标化特点
商业化	不可预测	可以定义
资 金	处于变化状态、一些项目还处于个人兴趣状态,另一些需要资金	在预算控制下进行
回报预期	通常不确定,有时确能获得大的利用	能产生回报的确定性增加
活动特点	既可以是个人行为,也可以是团队行为,在风险最先、潜力最大的领域进行	多功能产品/过程开发团队

1995 年,Deschamps 等提出了一种面向流程的 FFE 漏斗模型,如图 1.13 所示。该模型的入口是多个设想,通过收集或创造得到。之后通过评估不断废弃部分不合格的设想,最后输出选定的设想,并启动项目。

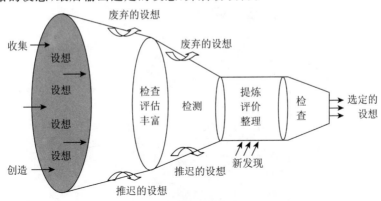

图 1.13 多级漏斗模型

2009 年,以上述模型为基础,Brem 提出了模糊前端高级漏斗模型,如图 1.14 所示。在前述模型的基础上,增加了设想收集、设想产生及反馈通道。该模型的不同阶段均由市场、技术及诀窍支持,使得输出的设想更容易实现。

模糊前端阶段涉及新概念的初步产生。为此,2001 年,Koen 等提出了面向模糊前端的新概念开发模型,并认为该模型提供了描述模糊前端活动的通用语言,如图 1.15 所示。模型由中央、中部与外部组成。中央是创新的发动机,由企业领导与企业文化等元素组成,这些组成元素对推动企业产品或技术创新起重要作用。外部是创新的影响因素,如国家政策、经济与技术发展状况等。中部是决定创新设想产生的五个主要元素:机会确认、机会分析、设想产生、设想筛选、概念产生。模型的输入是外部机会,输出是确定的初步概念。

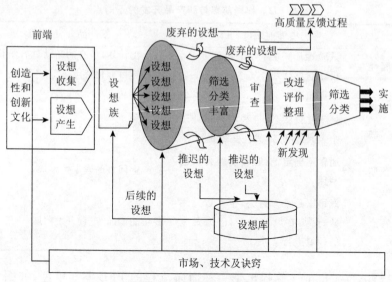

图 1.14　高级漏斗模型

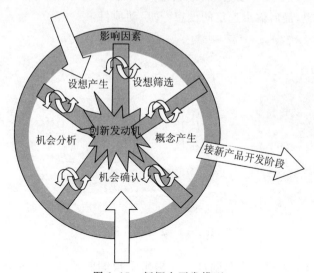

图 1.15　新概念开发模型

2004 年,Sandmerier 提出了一个具有广泛意义的 FFE 模型,如图 1.16 所示。该模型分为三阶段:市场及技术机会、产品及商业设想、产品及商业初步概念。第一阶段按照公司战略,考虑公司的市场和技术机会,并向下一个阶段输出一两个机会。第二个阶段是设想产生及评价,包含多个子过程,以便在产品及商业之间作出平衡。最后一个阶段将设想转换成商业计划,并作为 FFE 阶段的输出。

阶段1: 场及技术机会　　　　阶段2: 产品及商业设全　　　阶段3: 产品及商业初步概念

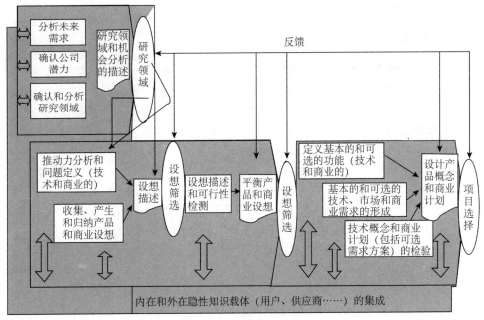

图 1.16　通用漏斗模型

Henry Chesbrough 提出了开放式创新的模型,如图 1.17 所示。该模型能够更好地理解外部资源,表明来自于企业外部的设想及技术对创新的贡献。创新的成果不一定是本企业应用,也可以中间转让给某些企业,使本企业获利。

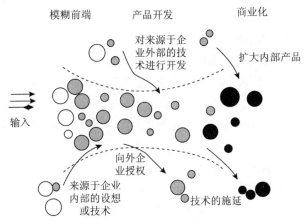

图 1.17　开放式创新模型

技术创新管理领域的专家将产品创新模糊前端从产品创新过程中分离为一个独立的阶段意义重大。该阶段的重要性,使企业更加注意该领域的人力、物力、财力投入,产生更多很有市场潜力,且能够在企业实现的设想,推动产品创新的过程。

但该领域的研究还不完善,广泛适用且得到公认的 FFE 过程模型还有待开发。但已有的成果可供设计者选择应用。

五、阶段—门模型

为了在竞争中取胜,企业必须经常推出新产品。企业面临减少新产品开发时间及提高成功率的压力,为了管理产品创新过程,阶段—门模型提供了一种有效的管理、引导及控制的工具。阶段—门模型既是一个概念,也是一个推动从设想到新产品的操作模型。它是一个更有效、更迅速的管理新产品开发过程。图 1.18 是 1990 年 Cooper 提出的阶段—门模型。

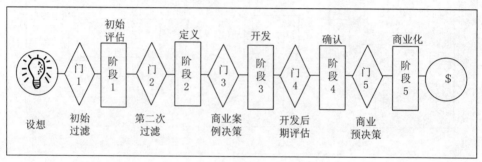

图 1.18　产品创新阶段—门模型

设想(idea)

新产品开发过程起始于新产品设想,该设想作为第一道门的输入。

门 1:初始过滤(initial screen)

初始过滤是第一次对项目提交资源的决策:项目从此诞生了。假如决策是前进(go),项目移动到初始评估阶段(preliminary assessment stage)。门 1 提供了初始且具有试验性质的设想,为项目的启动亮起了绿灯。

通过该门有"必达要求"与"愿望要求"要满足。这些涉及战略平衡、可行性、机会数量、不同优势以及企业核心商业、资源及市场吸引力的和谐性。金融约束不作为该门的限制条件。通常采用"必达要求"目录及"愿望要求"评分模型讨论为项目排续。

阶段 1:初始评估(preliminary assessment)

第一阶段成本很低,其目的是决定项目的技术和市场价值。初始市场评估是该阶段的一个重要方面,包括一系列低成本的活动:资料查询,与关键客户接触,兴趣小组,甚至通过少量潜在客户的快速概念测试。结果均是为了决定市场规模、市场潜力及市场接受的程度。

同时要开展初始技术评估。包括对所建议产品的内部快速评价。其目标是确定开发及制造的可行性、所需的时间及成本等。

在阶段 1 以低成本快速收集市场及技术信息,以便项目在门 2 内作更深入的评估。

门 2：第二次过滤(second screen)

该门是第一道门的重复,但基于阶段 1 提供的信息。如果该门的决策结果是前进(go),项目将进入更加深入的开发阶段。

在门 2 内,项目要用门 1 的"必须满足"、"应该满足"标准检验。同时以销售能力、客户反应及阶段 1 的信息作为检验"应该满足"的条件。清单及评分模型可以用于决策。

阶段 2：定义

这是产品开发前的最后一个阶段。该阶段必须确认该项目的诱人之处,以便开始大规模开发。也是在该阶段,必须清楚地定义项目。要开展市场研究,确定客户需求、希望、偏好,这些将有助于定义获利新产品。市场研究的另一方面是概念测试,确定客户的接受程度。

该阶段的技术评估是将客户需求转变为技术及经济的可能解决方案。可能包括一些初步的设计或试验。作为一种选择,可以研究产品的可制造性、成本、投资等。如果可能要申请专利或知识产权。

最后,要进行金融分析并作为门 3 的输入。典型的金融分析包括按现值计算的现金流、完整的敏感性分析。

门 3：商业案例决策

这是开发阶段之前的最后一道门。在该门内项目在进入大的投入前还可以被废弃。如果通过该门,投资的兑现就变得十分重要。门 3 意味着进入大规模投资阶段。

项目再一次满足门 2 中的"必达需求"与"愿望需求"限制,同时定量评价门 2 中的内容。检查所有从事过的活动、实施的质量等。最后,为了对投资负责,金融分析是重要的内容。

门 3 第二部分任务是关注醒目定义,如产品目标市场定义、产品概念定义、产品战略位置确定、产品收益、产品基本的及理想的特征、属性及规格说明等。

在该门内,图形表达的项目计划,包括其中的各种活动均应得到认可。

阶段 3：开发(development)

该阶段包括产品开发、测试、市场等的计划,随项目进展的金融分析、专利、版权等申请是需要的。

门 4：开发后期评估(post－development review)

开发后期要检查产品及项目进展及持续的吸引力。开发工作要按质量完成。根据最新的数据及金融分析结果,检查项目所涉及的经济要求是否得到满足。要提出下一阶段的测试计划,检查下一步的市场及操作计划。

阶段 4：确认(validation)

检验项目、产品、生产过程的生存能力,客户需求的可接受程度、项目的经济性。本阶段的所有活动为:

(1)产品内部测试:检查产品质量及产品性能。

(2)产品客户或实地考察:实地考察应用中的产品功能,测试潜在客户对产品的反应。

(3)生产过程的试验与引导:试验生产过程,确定更精确的生产成本及速率。

(4)市场预测试、测试、试销售:测试客户反应、销售计划的有效性,确定期望的市场份额及收益。

(5)校订金融分析结果:基于新的及更精确的收益及成本数据,检查项目连续的经济生存能力。

门5:商业预决策

这是面向商业化及还可以将项目废弃的最后一道门。该门集中于质量保障活动。金融预估起推进项目的作用。最后,检验阶段5中的市场计划与作业计划实施情况。

阶段5:商业化

实施市场及作业计划。

事后评估

从两个方面对整个过程进行评估:采用什么方法实现计划,以及从中学到了什么。

虽然很多企业,特别是美国的企业已成功地应用阶段—门模型开发新产品,但该模型一直处于研究与发展之中。2006年,Cooper建立了适应不同对象的下一代阶段—门模型,如图1.19所示。

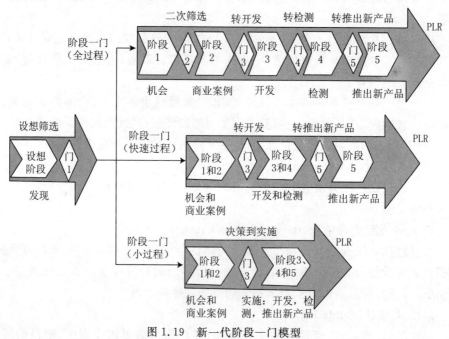

图1.19 新一代阶段—门模型

　　Cooper 教授认为,阶段—门模型不能仅有一个形式,应为多种形式,以适应不同的需求。因此下一代模型中包括全过程、快速过程、小过程三种模型。其中的快速过程适用于改进、修改或延伸。小过程适用于小项目,如客户需求的微小变化。

　　阶段—门模型依然处于发展之中,与其他模型结合或集成是一种选择。图1.20是模糊前端模型与阶段—门模型的一种集成。模型中有两道门:概念选择与市场测试。分别控制模糊前端及新产品开发的输出。

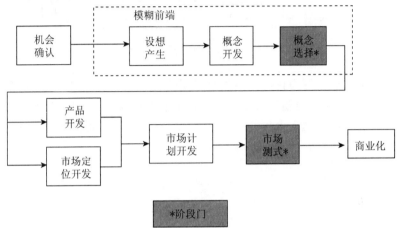

图 1.20　阶段—门与模糊前端集成型模型

第四节　制造业技术创新方法

一、产品创新过程中的问题

　　产品创新包含模糊前端、新产品开发、商品化三个阶段,从管理的角度看还存在若干道门,如图 1.21 所示。产品创新的模糊前端阶段要根据市场机遇产生多个设想,并根据企业能力,通过评价确定若干个设想,这些设想启动新产品开发项目。新产品开发包括产品设计与制造,该阶段通过客户需求分析、概念设计、技术设计、详细设计、工艺设计及制造,将上阶段输入的设想转变成产品,并输出到商品化阶段。经过市场运作,在商品化阶段将产品转变成企业效益。

　　在产品创新过程的每一个阶段,研发人员要遇到很多问题,这些问题可分为通常问题与发明问题两类。依赖自身、企业的经验或与外界的交流可以解决通常问题,但不能解决发明问题。该类问题的解不是唯一的,含有相互矛盾的需求,求解过程不清楚或存在至少一步很难通过的路径。

　　无论是解决通常问题还是发明问题,都希望获得高质量的解或问题的答案。图 1.22 表明,知识利用是获得高质量解的障碍。知识被分为若干个领域,如力学、电子学、化学、物理学等,每个领域又分为不同的掌握范围:个人、企业、本行业、外

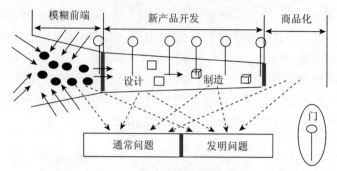

图 1.21　产品创新过程模型

行业、社会、全人类。图中待解决的领域问题处于力学领域、企业掌握范围，但为了得到高质量解，解决该问题所需要的知识处于电子学或化学领域，熟悉问题所在领域的设计人员往往不熟悉多领域的知识，因此，高质量解很难产生。不同领域中的知识利用成为高质量解的主要障碍。

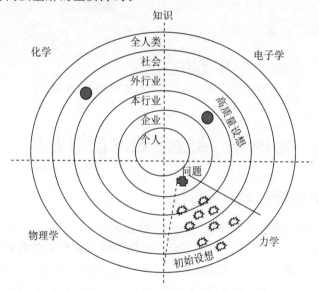

图 1.22　知识利用过程的障碍

二、问题解决方法

为了解决产品创新中产生的各种问题，很多学者在不同领域开展研究，旨在发现或提出解决问题的具体可操作的方法，以便推广应用，提高企业或研发人员的创新能力。这些方法是可用于技术创新的方法，或称为技术创新方法。图 1.23 是技术创新方法应用的原理图。图中的输入是各种问题，也包括发明问题，经过技术创新方法的应用，并与研发人员的经验相结合，将各种问题转变为问题的解。

多年来，技术创新方法的研究在发达国家受到广泛的重视。如机械工程领域

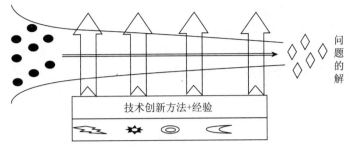

图 1.23 创新方法是解决发明问题的利器

中设计理论与方法(design theory and methodology,DTM)专门研究产品设计阶段的创新方法。DTM 将设计过程作为一个整体及该整体所包含的概念设计、技术设计及详细设计等阶段,在独立于领域的框架下进行研究,研究目的是建立整体及各阶段的设计过程模型,提出各阶段的设计方法,以使设计者在科学规范的过程中完成创新设计。DTM 的前身是设计方法学(design method 或 design methodology)。第二次世界大战后,由于市场竞争的加剧,快速、低成本、高质量地推出新产品逐渐成为很多企业的经营战略,从而推动了设计方法或设计方法学的诞生。设计方法学 20 世纪 50 年代起源于德国,70 年代形成体系。1962 年 9 月,在英国伦敦召开了国际设计方法会议(the conference of design methods),这次会议被认为是设计方法学作为一个新研究领域的开始。20 世纪 70 年代后期,WDK 小组成立,ICED 国际会议召开。在这期间德国工程师协会发表了 VDI 系列文件倡导新产品的开发。此后 20 年间,德国与日本在设计方法学领域走在了世界前列,极大地促进了这两个国家机械产品在世界市场上的竞争力。为了应对市场竞争,美国国家自然基金(NSF)开始长期资助设计方法学的研究,并将该领域命名为"设计理论与方法",极大地推动了 DTM 理论及其应用进展。到 2008 年,NSF 资助 ASME 的 DTM 系列国际会议已是第 20 届,并已成为 DTM 顶级国际会议。DTM 国际会议的目的是推进设计科学理论、设计环境基础、设计过程模型、设计教育方法、设计管理、面向质量的设计、扩展及理解设计过程的研究及知识转播。同时与 DTM 有关的国际著名国际会议还有 ICED、CIRP、IFIP。

通过不同领域学者及专家的努力,国际上已诞生了多种技术创新方法。如头脑风暴法、戈登法、仿生法、形态分析法等。由于产品越来越复杂,出现了很多发明问题,其求解非常困难,一些创新方法也并非十分有效。因此,新的技术创新方法研究或已有方法的发展一直是学术界关注的焦点,也是企业界急需应用的研究成果。

三、面向制造业研发人员的技术创新方法

解决问题有多种方法,试凑法是典型的传统方法之一。图 1.24 是该方法解决问题的模型。模型中的"问题"即创新过程出现的某个问题,模型中的"解"指新概

念或新的工作原理,该概念或工作原理的实现即为新产品。设计人员首先根据经验,沿方向 1 寻找,该方向可能根本无法满足设计要求,设计人员返回到起始点,沿方向 2 继续寻找,该方向可能根本不能满足要求,设计人员再返回到起始点沿其他方向寻找,一直找到一个认为满意的"解"为止。由于设计人员不知道满意"解"的位置,在找到该"解"或较满意"解"之前,一般要试凑多次。图 1.24 所示的试凑法效率较低,为了提高其效率,需对其改进。

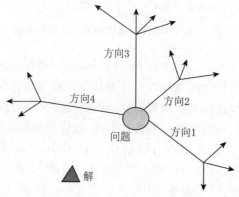

图 1.24　试凑法模型

1953 年,美国心理学家 Osborn 试图改进试凑法,提出了基于小组参与的头脑风暴法,如图 1.25 所示。Osborn 认为一些人适合于提出新想法,而另一些人则适合于分析新想法的可行性。因此,头脑风暴法分为产生想法与分析想法两个阶段。一般小组成员为 6~9 人。该方法的规则为:

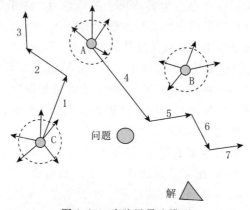

图 1.25　头脑风暴法模型

(1)小组成员必须由不同领域的人员组成。

(2)为了产生尽可能多的想法,小组中的任何人可发表任何意见,包括错误的、可笑的、稀奇古怪的,甚至是荒谬的意见。所有的想法都要记录下来。

(3)在产生一系列想法的过程中要保持和谐、平等、自由与友好的气氛,不允许批评、讽刺、嘲笑。一个人提出的想法,其他成员可以发挥与延伸。

(4)在分析不同想法的过程中,看上去错误的、荒谬的想法也要加以分析。以便提出新的、确实可行的产品概念或工作原理。

为了讨论问题方便,图中所示的小组有 A、B、C 三人参加。由于每人的知识结构不同,所以对同一问题求解的出发点也不同,每个人先是在自己所熟悉的领域(图中虚线圆所示的区域)及附近发表意见。C 沿方向 1 提出了设想,B 在此基础上向方向 2 延伸,A 又向方向 3 延伸,方向(1—2—3)形成了设想链(chain of ideas)。方向(4—5—6—7)形成了另一条设想链。小组讨论的结果可形成多条设想链。经过对所有设想的分析,确定可行解,即选定工作原理。该解作为后续设计的出发点。

除头脑风暴法外,635 法、陈列法、戈登法等也都是小组成员参与的方法。这些方法均属于传统方法。传统方法的缺点是从"问题"到"解"的路径长,不易找到理想的答案,如图 1.26 所示。

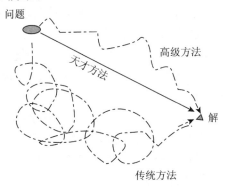

图 1.26 问题解决的三条路径

图 1.26 中有三条路径,分别是采用传统方法、天才方法、高级方法所获得解的路径。天才方法是指设计者是天才,无论什么问题,总能找到解决这些问题的捷径(直线表示),不走弯路,获得问题的答案。另一条路径是采用高级方法所获得答案的过程,该类方法路径虽然存在曲折,但在一定范围之内,是制造企业研发人员应该掌握的方法。

技术创新方法本身处于进化状态。图 1.27 所示是技术创新方法本身进化示意图。随时间的延续,某些方法的适应性不断提高,而另一些方法不适应复杂产品创新的需要而很少被采用。能被经常采用的方法被称为高级方法,均是系统化或结构化的方法,能引导设计者利用前人积累的知识解决目前的问题。制造业研发人员应能掌握一两种高级技术创新方法,以提高个人及企业的自主创新能力。

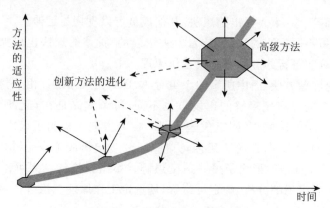

图 1.27　技术创新方法的进化

到目前为止,发明问题解决理论(TRIZ)与精益生产、六西格玛并列为制造业产品创新、扩大生产规模及降低成本、保证产品质量的三种世界级方法。所谓世界级方法是指国际大公司都采用的方法。这三种方法是高级方法。

纵观国际制造业产品创新领域所采用的技术创新方法,可以确定经常被研发人员所采用的方法为德国 Pahl 及 Beitz 的系统化设计理论、美国 MIT 的 Suh 提出的公理设计(AD)、以色列物理学家 Eliyahu M. Goldratt 提出的约束理论(TOC)等。这些方法也是技术创新方法中的高级方法。

技术创新方法处于进化状态,今天研发人员经常采用的方法不能表示未来还被经常采用,为适应复杂产品创新的需要,新的技术创新方法不断诞生。今天的传统方法,经过完善与发展,明天也可能会成为高级方法。今天的高级方法,如不进一步发展,未来也会变成传统方法。

第五节　高级技术创新方法简介

近些年公司一直致力于降低产品成本、减小产品体积、提高产品质量,今天这些活动已远远不能保证企业的长期生存与发展。以低成本生产过时的产品,生产高质量却即将被新一代产品替代的产品的企业,未来毫无竞争力。竞争力来自于企业的自主创新能力,能经常不断地推出新市场上需要的新产品。新产品开发过程需要应用技术创新方法,国际上很多机构、大学都在开展研究,目标是推出能被企业研发人员广泛应用的技术创新方法。

本节介绍几种高级技术创新方法:发明问题解决理论(TRIZ)、德国 Pahl 及 Beitz 的系统化设计理论、美国 MIT 的 Suh 的公理设计(AD)、以色列 Goldratt 的约束理论(TOC)及六西格玛。

一、发明问题解决理论

苏联发明专家 G. S. Altshuller 认为,只有 1‰的专利是真正的首创,其余都是利用前人已知的想法或概念,加上新奇方法。发明问题解决理论(TRIZ)是俄文(Teorija Rezhenija Inzhenernyh Zadach)的词头,其英文缩写为 TIPS(theory of inventive problem solving)。该理论是 Altshuller 等人自 1946 年开始,花费1500 人/年的时间,在研究世界各国 250 万份高水平专利基础上,提出的一套具有完整体系的发明问题解决理论与方法。20 世纪 80 年代中期以后,随着苏联的解体,TRIZ 专家移居各发达国家,逐渐把该理论介绍给世界,对产品开发与创新领域产生了重要的影响。Altshuller 坚信解决发明问题的基本原理是客观存在的,它被整理而形成一套理论,掌握该理论的人不仅可以提高发明成功率,缩短发明周期,也可使发明问题有可预见性。今天,世界 500 强多应用 TRIZ 理论从事如下的创新活动:

(1)快速解决问题,产生新设想。

(2)预测技术大发展,跟踪产品进化的过程。

(3)对本企业的技术形成强有力的专利保护。

(4)最大化新产品开发成功的潜力。

(5)合理利用资源。

(6)改善对客户需求的理解。

(7)在新产品开发过程中节省时间与资金。

TRIZ 理论分为三个层面:哲学层、宏观层与操作层,如图 1.28 所示。TRIZ 在哲学层面上提出了"理想解"的概念,认为最终理想解是产品或技术进化的终级状态。目前的技术或产品均处于进化状态,目前的状态是向最终理想解进化的中间状态。无论是技术驱动、市场拉动,或是混合驱动,技术或产品必将进化到高级状态。本企业不开发新技术或新产品,其他企业也会开发新技术或新产品,制造业产品竞争是不可避免的。

图 1.28 TRIZ 理论分层

TRIZ 的宏观层给出了技术进化定律或模式,每条定律都给出了技术进化的一个方向,使得设计者有可能按每条定律分析预测技术的发展方向,从宏观上判断未来技术的发展,为企业决策提供依据。

TRIZ 的操作层给出了很多工具与方法,如 40 条发明原理、76 个标准解、4 条分离原理、发明问题解决算法、物质—场分析、冲突分析、效应知识库等。使设计人员能应用前人积累的知识解决所遇到的问题。图 1.29 是应用 TRIZ 解决问题的结构。

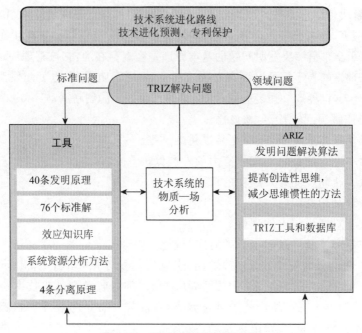

图 1.29　TRIZ 解决问题的路径

二、系统化设计理论

20 世纪 70 年代,德国的 Pahl 和 Beitz 继承了可以追溯到 19 世纪的研究成果,提出了系统化设计理论。他们著作的德文版发表于 1977 年,1984 年被译成英文,目前的版本是第 3 版(1995),并已被英国剑桥大学的 Ken Wallace 等译成英文。设计方法学的研究在德国较普遍,Pahl 及 Beitz 的设计理论是一种被世界所接受的理论,并被学术界认为是经典的设计理论。该理论的德文第 1 版被张直明教授等人译成中文并已于 1994 年出版。

系统化设计理论基本思想是,首先抽象出复杂问题,之后将其分解为多个简单问题并分别求解,再将其合成得到复杂问题的解。Pahl 和 Beitz 建立设计过程模型,将设计分为产品计划与明确任务、概念设计、技术设计、详细设计四个阶段。而每一个阶段又可分为一系列具有特定目标的设计活动,上一个设计活动的输出是下一个活动的输入,最后一个活动的结束标志着设计的结束,最后的设计结果用图纸或数据文件表示所设计的产品。

概念设计是产品创新的核心。系统化设计理论首先根据客户需求确定待设计产品的总功能,之后将总功能分解为分功能及功能元,由能量、物料、信号三种流与功能元组成的网络结构即为待设计产品的功能结构,确定每个功能元的原理解,并将所有功能元的原理解合成得到待设计产品的原理解。该过程将复杂问题变成简单问题求解,使得概念设计具有可操作性。

三、公理设计

公理设计(axiomatic design,AD)概念是由美国麻省理工大学的 Nam Suh 教授于 20 世纪 70 年代首先提出的。1990 年,Suh 出版了第一本公理设计的专著《The Principles of Design》,标志着该理论的形成。

Suh 教授研究并提出公理设计的动力是想建立设计领域的科学基础,总结设计制造领域的理论规律,更系统、更一般化、更准确地讲授和学习设计领域的相关科目和知识。在设计领域,Suh 教授的观点可以总结为:设计是工程学应用的集中体现,工程学通过新产品开发、加工,软件、系统以及组织的建立来满足社会的需求和期望,为社会发展作出贡献。公理设计理论没有将设计活动和设计群体的一般性活动联系在一起,而是把重点放在设计中如何正确地进行设计决策。

公理设计将设计过程归纳为客户域、功能域、结构域、工艺域之间的映射,其四个域的描述向量分别是客户属性(CAS)、功能需求(FRS)、设计参数(DPS)、功能变量(PVS)。Suh 提出了功能独立性公理和信息量最少公理。按照这两个公理,设计是四个域之间的映射。虽然多数工程设计实际上都是耦合的,但这两个公理为质量功能布置(QFD)、基于特征的设计(feature based design)、计算机辅助工艺规划(computer aided processes planning)等其他方法提供了一个框架。公理性设计理论的优点在于两条公理能指导设计者在设计过程中判断正在进行中的设计在结构上是否是优化的,如果发现设计不满足独立性公理,设计者只能凭借经验去修改。

最初 Suh 教授认为设计主要应用在三个领域:生产加工设计、产品设计、结构设计。虽然在三个领域的应用经验非常有限,但是,他意识到了公理设计理论在其他领域的应用潜力。目前公理设计已经从工业应用扩展到了其他领域,现在它的应用范围包括:产品设计、制造生产设计、软件设计、控制系统设计、组织结构设计以及公司发展计划等多个方面,得到了广泛的应用。

四、约束理论

约束理论(theory of contraints,TOC)是以色列物理学家 Eliyahu M. Goldratt 博士提出的一种基于"约束"的管理理论。其基本理念是:限制系统实现企业目标的因素并不是系统的全部资源,而只是其中某些被称为"瓶颈"的个别资源。发现并转化这些"瓶颈",使它们发挥最大的效能。TOC 就是一种帮助找出和改进"瓶颈",使系统(企业)效能最大化的、事半功倍的管理哲理。

约束理论根植于 OPT[原指最优生产时刻表(optimized production timetables),后指最优生产技术(optimized production technology)]。最初,Goldratt 博士与其他人合作开发的 OPT 软件仅用于有限能力排程、车间控制和决策支持。1986 年创立 Goldratt 研究结构,OPT 管理理念逐步成熟起来,经过 10 余年发展形成了今天的 TOC。《The Goal》、《The Race》这两本书最初介绍了 TOC,从而引起广泛关注和实施这套理念的热情。TOC 最初被理解为对制造企业进行管理、解决"瓶颈"问题。1991 年,当更多人了解 TOC 时,它又发展成一种逻辑化、系统化解决问题的思维过程(thinking process,TP)。

TOC 主要构成要素是思维过程 TP,该逻辑思维工具是一门发现并确定产品冲突问题的技术,它严格按照因果逻辑和假言逻辑来回答系统改进设计中所必然提出的三个问题:需要改进什么(What needs to be changed?),需要改成什么样子(What does it need to change to?),怎样改进才得以实现(How should the change be caused?)。TP 技术是一套逻辑图表,包括当前实现树(current reality tree,CRT),冲突解决图表(contradiction resolution diagram,CRD),未来实现树(future reality tree,FRT)、必备树(prerequisite tree,PT)和转变树(transition tree,TT)。这套逻辑图表指导设计者依次构造设计问题,确认约束问题,建立求解规则,确定要克服的障碍和实施求解的五个步骤。五个图表建立在充分逻辑或必要逻辑基础上,成套的逻辑规则(categories of legitimate reservation,CLR)用于检查和纠正逻辑中常见的错误,以保证分析的严密性。

五、六西格玛方法

自六西格玛于 1987 年诞生以来,经过 20 年的发展,已成为许多公司的文化理念,并形成了一套以顾客为中心持续改进质量和成本的哲学。最初的西格玛(σ)仅是统计学中的一个统计量,即标准差,是衡量差异水平的指标。西格玛值的大小关系到过程的单位缺陷数和失效的概率。在六西格玛(6σ)管理方法中,西格玛(σ)表示一个业务流程、产品或服务在多大程度上满足顾客的要求。而六西格玛则表示不满足顾客要求的可能性不超过百万分之三点四(3.4DPMO)。

六西格玛的含义已超出统计学的范围,如 Tomkius(1997)将六西格玛定义为"一个瞄准从任何产品、过程和业务中排出缺陷的过程";Mikel Harry(1998)定义六西格玛为"一个促进收益率、增加市场份额和通过能导致质量突破的统计工具来改进顾客满意的主动策略"。六西格玛作为一种管理策略,表现在三个方面,即统计测量、经营战略和质量文化。当用六西格玛告诉我们当前的产品、过程和服务的质量水平有多好时,六西格玛就是统计测量的方法;当领导层用六西格玛进行质量创新和达成全面顾客满意时,六西格玛就是经营战略;当六西格玛作为通过数据第一次就把事情做对的方法以及使用六西格玛来提供一个解决关键质量特性(CTQ)的氛围时,六西格玛就是一个质量文化。

六西格玛诞生于美国的摩托罗拉公司,是伴随着摩托罗拉公司抵御商业竞争,特别是来自日本的商业竞争的威胁产生和发展起来的。摩托罗拉公司是 Paul V. Galvin 于 1929 年创建的,开始以制造收音机为主。第二次世界大战后,公司开始兴旺并且拓宽了其产品范围,从电视机到高科技电子,包括移动通信系统、半导体、发动机电子控制系统和计算机系统等。Bob Galvin 在 1956 年继任了他父亲的职位而成为摩托罗拉公司的董事长,并且在 1964 年成为 CEO。20 世纪 70 年代后期,Galvin 认识到摩托罗拉公司正面临着来自日本竞争的威胁,并且他也收到了顾客不满的反馈。为了改变公司的处境,他首先在 1981 年决定去实现一个全面顾客满意的公司目标,并决定在未来 5 年把过程性能的指标改进 10 倍。他开始授权员工用适当的工具来改进质量,他请求 Juran 和 Shainin 等质量专家给予帮助。Juran 提供的方法是如何去识别慢性质量问题以及如何通过改进小组去改进这个问题;Shainin 帮助他们用统计改进的方法学去改进质量问题。在 1981～1986 年期间,建立了系列的研究会,并使大约 3500 人接受了培训。1986 年年末,摩托罗拉公司已投入 22 万美元用于改进活动,直接节约成本就达 640 万美元。此外,其确实的性能和顾客满意度等无形利益也得到了提高。

尽管摩托罗拉公司取得了一些成功,但仍然面临来自日本的严峻挑战。通信产品是摩托罗拉公司的主要产品,市场竞争要求对这一部分的改进程序提出他们的想法。当时,Galvin 看到了一篇题目为"六西格玛机构设计公差"的文献,而那时摩托罗拉所拥有的数据显示它们的过程性能为四西格玛或 6800DPMO。据说,Galvin 喜欢六西格玛这个名字,因为它的发音很像一款新的日本轿车,而且他需要某些新奇以引起注意。

1984 年,Mikel Harry 从美国亚利桑那州立大学获得博士学位后加入摩托罗拉公司,用 Harry 的话来说他是"六西格玛之父"。在 1985 年,Bill Smith 写了一篇内部质量研究报告,引起了 CEO Galvin 的注意。Smith 发现了一个产品好的程度与这个产品在制造过程中需要多少次返工之间的关系。他还发现产品在交付给顾客之后所表现的具有很少的不一致性是最好的。虽然摩托罗拉管理层同意 Smith 的看法,但所面临的挑战则是如何创造消除缺陷的可行方法。使用"逻辑过滤器"概念(这个概念出现在 Harry 在亚利桑那州立大学时的论文中),Harry 同 Smith 一起开发了一个四阶段的解决问题的方法,即测量、分析、改进和控制(MAIC)。后来 MAIC 成为实现六西格玛质量的路线图。

在 1987 年 1 月,Galvin 发起了被称为"六西格玛质量"的新的梦想战略,并制订了新的公司目标:在 1989 年改进产品和服务质量 10 倍;在 1991 年至少 100 倍;在 1992 年达到六西格玛能力。为了使公司达到六西格玛目标,一个具有挑战性的培训开始了,以此来教授人们有关变异的知识和采用什么工具来减小它。摩托罗拉大学是摩托罗拉公司的培训中心,在广泛的六西格玛培训计划的实施中起着积极的作用。公司里有非常好的专家,他们对六西格玛概念的开发和推广有重要的贡献。他们包括 Bill Smith、Mikel Harry 和 Richard Schroeder。Smith 负责统计方法,Harry 和 Schroeder 帮助将学到的知识用到工作中去。

摩托罗拉公司注重高层管理承诺以增强六西格玛的动力,在那时的质量方针中也反映了公司六西格玛的开始。例如,对于半导体产品的质量方针为:"根据顾客期望的规格和交付时间来生产产品,我们的系统具有摆脱错误的六西格玛水平的性能,这个结果来自于每个员工的共同努力。"1988 年,摩托罗拉公司运用六西格玛程序节省了 4.8 亿美元,并且不久公司所推行的六西格玛就得到了外界的赞誉。同年,摩托罗拉公司获得了"马尔科姆鲍德里奇"美国国家质量奖。不久,摩托罗拉公司又获得了日本制造业的日经奖(Nikkel Award)。1987~1997 年通过减少过程变异,其成本节省总计为 130 亿美元,并且劳动生产率提高了 204%。随着摩托罗拉公司的成功,IBM、德州仪器等电子行业的公司于 1990 年也发起了六西格玛活动。特别是 1995 年,当通用电气(GE)和联合信号公司将六西格玛作为战略后,六西格玛开始在全世界的非电子行业迅速传播开来。

目前,六西格玛在全世界都很受欢迎,这有四个方面的原因。首先,它被看作是一个全新的质量管理策略,许多公司在实施 TQC、TQM 不十分成功的情况下,都寄希望于六西格玛。在基于知识和信息的社会里,六西格玛作为系统的、科学的和统计的方法对于质量改进是一个适合的管理创新方法。六西格玛的本质综合了四方面的因素以进行管理创新活动,如图 1.30 所示。

图 1.30 六西格玛创新本质

六西格玛为所有过程通过质量水平的测量进行质量评价提供了一个科学的和系统的基础。第一,六西格玛方法可以对所有的过程进行比较以得出过程的状况,通过这些信息,高层管理者可以认识到应该沿着怎样的途径才能达到过程的创新和顾客的满意。第二,六西格玛提供了有效的人才培养和使用方法。六西格玛方法使用了一个"带"系统,也就是根据掌握知识的多少和水平将人员分类为"绿带"、"黑带"、"黑带大师"和"倡导者"。通常,一个黑带是一个项目组和为此项目而工作的几个绿带的领导。第三,已有许多六西格玛应用于世界级公司成功的例子。在摩托罗拉公司于 1987 年发起六西格玛之后,许多极有声望的世界级公司也发起了六西格玛运动。第四,在最近的 10 年里,市场的变化使得人们的注意力已经从生产者向顾客转移。面向制造者的工业社会已经结束,面向顾客的信息社会已经到来,顾客在订货上已有全部的权利。因此,企业在质量和生产力的竞争上将愈来愈激烈,而六西格玛将为企业的管理提供适宜的方法。

当前,企业间的商业竞争已日趋白热化。越来越多的组织感受到了提高运行能力的重要性。企业认识到要在竞争中生存就必须进行变革,在变革中谋求机遇、成长和赢利的增长。六西格玛方法最早由摩托罗拉公司于20世纪80年代开发出来,其基本的思想就是产品的检验和测试并不能检验出所有的缺陷,顾客仍会发现缺陷,致使产品失败。因此,要有效解决产品的缺陷问题,就必须改进生产过程,即从源头减少或消除产品缺陷。因此制定了六西格玛标准,即一个近于完美的标准。

六西格玛作为一个方法学、过程和想象力,在对完成一个过程的改进方面得到了广泛的赞誉。摩托罗拉是最先研究六西格玛的公司,他们认为"缺陷"是任何导致顾客不满意的事情。随着摩托罗拉公司推行六西格玛管理方法的成功,美国的联合信号公司(现霍尼韦尔公司)和通用电气公司也将六西格玛引入了自己的公司,结果联合信号公司1年内就节约了5亿美元,3年内节省了18亿美元;通用电气公司4年内节约近44亿美元。这一收获都是通过消除制造过程的差异而取得的。看到这些公司取得的成绩,越来越多的公司开始认识到六西格玛管理方法具有的战略意义的内涵,如德州仪器、花旗银行、杜邦公司、联邦快递、强生、柯达、索尼、飞利浦电子、东芝、三星和LG等都积极地实施了六西格玛管理方法。

1996年之前,国内企业对有关六西格玛的管理了解较少。2001年以来,摩托罗拉、通用电气等公司应用六西格玛管理的成功以及更加激烈的市场竞争形势,使得不少企业不仅关注六西格玛的管理,而且也进行了实践。国内企业导入六西格玛主要有两条途径,其一是通过跨国公司直接移植。例如,随着摩托罗拉和通用电气等跨国公司的业务在中国的不断发展,六西格玛管理方法也随之引入到中国的分公司,以提高其产品质量和管理水平。其二是通过咨询公司的咨询。如上海质量管理科学研究院与美国朱兰研究院合作成立了上海朱兰质量研究院,专门把六西格玛管理的理论研究和实践探索作为工作重点,以帮助企业实施六西格玛。目前,国内已有许多企业在实施六西格玛,如上海气轮发电机有限公司、上海宝钢集团宁波不锈钢有限公司、上海三菱电梯有限公司、上海外高桥造船有限公司、联想、中兴等。

参考文献

[1] 保罗·特罗特. 创新管理与新产品开发[M],北京:中国市场出版社,2007.

[2] 卢显文,郑刚. 企业技术创新过程模式的发展演进及启示[J]. 大连理工大学学报(社科版),2004,25(3):37-41.

[3] 檀润华,杨伯军,张建辉. 基于TRIZ的产品创新模糊前端设想产生模式研究[J]. 中国机械工程,2008,19(16).

[4] 张武成. 技术创新方法概论[M]. 北京:科学出版社,2008.

[5] 陈子顺. 理想化六西格玛原理及应用研究[D]. 天津:河北工业大学,2007.

［6］刘晓敏.基于情景的产品创新设计过程若干关键技术研究［D］.天津:河北工业大学，2007.

［7］HE X. , PROBERT D. R. , PHAAL R. Funnel or Tunnel? A Tough Journey for Breakthrough Innovations，Proceedings of the 2008 IEEE ICMIT.

［8］JANET EFORREST. Models of the process of technological innovation. Technology analysis & Strategic Management，1991，3(4): 439-453.

［9］ROBERT G. COOPER. Stage-gate systems: a new tool for managing new products. Business Horizons，1990,(5-6): 44-53.

［10］ROBERT G. COOPER. Formula for success. MM，2006，(3/4): 19-24.

［11］ROTHWELL R. Towards the fifth-generation innovation process. Int Market Rev,1994，11(1): 7-31.

［12］SILVERSTEIN D, DECARIO N, SLOCUM M. Insourcing Innovation. Breakthrough Performance Press，Longmont，2005.

［13］PAHL G, BEITZ W. Egineering Design，Second Edition，Springer，3rd Printing，2001.

［14］TAN RUNHUA, MA LIHUI, YANG BOJUN. Systematic method to generate new ideas in fuzzy front end using TRIZ. Chinese Journal of mechanical Engineering，2008，21(2): 114-119.

第二章

系统化设计理论与案例

第一节　概　述

系统化设计理论是优秀设计过程所积累经验的总结。该方法将设计分为产品计划与明确任务、概念设计、技术设计、详细设计四个阶段,每一个阶段又可分为一系列具有特定目标的设计活动。一个特定产品的设计可完全按该过程模型进行,也可选择其中的一部分使用。

概念设计的主要任务是产生满足需求功能的设计方案,是产品创新的核心。概念设计是基于功能分析给出建立功能结构的过程与方法,将总功能分解为分功能及功能元,功能与能量、物料、信号三种流组成的网络结构即为待设计产品的功能结构,确定每个功能元的原理解,并将所有功能元的原理解合成得到待设计产品的原理解。

系统化设计理论建立了设计人员在每一设计阶段的工作步骤计划,这些计划包括策略、规则、原理,从而形成一个完整的设计过程模型。目前全世界发表的很多论文、研究报告都引用系统化设计理论的研究成果,有些论文认为他们的理论是经典的设计理论。

第二节　产品概念设计的一般过程

设计是一个复杂的过程,不同企业所采用的设计过程一般也不同。为了对这些不同的设计过程进行描述,需要采用设计过程模型,该类模型是工业界真实设计过程的一种抽象,并能回答真实设计过程中的问题。这些模型一方面应与工业界真实的设计过程基本相符,另一方面又要提出规范的或优化的设计过程,并为设计者提供设计方法与工具,以达到提高设计质量、降低设计成本、缩短开发周期、提高产品竞争力等目的。

概念设计由产品设计的规格说明(product design specification,PDS)或设计要求开始,然后抽象并确认基本问题。功能结构是将待设计产品或系统的总功能分解为分功能,再将分功能分解,一直分解到功能元,功能元可由已有系统、部件实现。寻找工作原理,选择合适的组合,形成不同的原理解,评价并确定原理解。如果评价的过程认为原理解不能满足要求,则重新进行综合,或返回到PDS,修改PDS;如果评价的过程不能确定原理解是否满足要求,也要返回到PDS,修改PDS。该过程如图2.1所示。概念设计的结果是用草图或简图表示的产品概念。该概念设计结果是后续设计的输入。

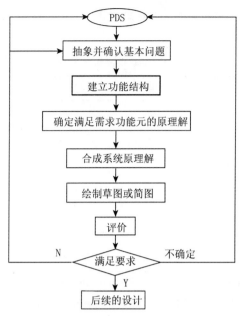

图 2.1 概念设计的一般过程

一、设计要求的表达

确定客户新的、潜在的需求是企业日常新产品开发活动的组成部分。需求通常是通过需求管理过程获得的,包括需求提取、需求分析、需求确认,其输出是待开发产品的设计要求。产品的设计要求一般以 PDS 形式描述。图 2.2 所示就是编写 PDS 涉及的信息。

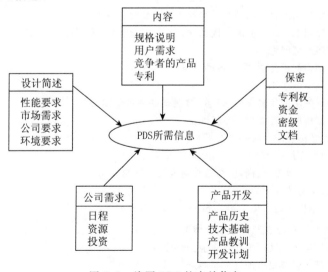

图 2.2 编写 PDS 的有关信息

PDS有不同的格式,表2.1是家用混水阀的PDS,表2.2是一种推土机驾驶室座椅减振器的PDS。

表 2.1　家用混水阀 PDS

单手操作混水阀的特性	
流　　量	10 L/min
最大压力	0.6 MPa
工作压力	0.3 MPa
热水温度	60℃
连接尺寸	10mm

外观美观,公司商标要永久清晰可见,产品2年后推向市场,每件成本160元,月生产能力3000件

表 2.2　座椅减振器 PDS

PDS:座椅减振结构	时间:2002.06.18	编号:PDS014

设计背景:自1975年本企业生产推土机以来,驾驶员座椅一直没有专门的减振系统,减振功能主要由轮胎完成,效果较差。最近的研究表明,工程机械及拖拉机的驾驶员长期处于振动的环境中,其背部有受损伤的危险。因此,需要为驾驶员座椅设计专门的减振系统。

设计目标:(1)为驾驶员座椅设计专门减振结构

　　　　　(2)所设计的结构使座椅位置可调

　　　　　(3)所设计的结构使驾驶员所承受的振动降低到可接受的程度

应用范围:结构为机械结构,封闭式驾驶室及敞开式驾驶室均采用该设计

性能要求:(1)结构允许座椅全方位的调整,满足 ISO4253

　　　　　(2)座椅与驾驶员合成系统的固有频率<2.5Hz

　　　　　(3)结构在垂直方向的最大移动距离不超过11mm

　　　　　(4)计划工作时的温度范围为-10~50℃,仓储温度可达-30℃

　　　　　(5)湿度范围为0~80%

　　　　　(6)结构能承受雨、雪及各种污染物

　　　　　(7)成本低于450元

　　　　　(8)驾驶员的年龄:19~65岁;驾驶员的体重范围:60~230kg

　　　　　(9)结构的质量必须与整机匹配

　　　　　(10)结构寿命:10000工作小时

　　　　　(11)可靠性是10000工作小时的90%

　　　　　(12)结构覆盖物材料应与驾驶室内饰材料相同

　　　　　(13)结构的总重量<50 kg

　　　　　(14)结构的最大尺寸:0.5 m×0.5 m×0.5 m

制造要求:(1)结构在10工位装配线上装配,装配时间<20 min

　　　　　(2)结构加工装配均在本企业内部完成

　　　　　(3)满足性能要求的任何材料均可采用

　　　　　(4)年生产规模6000件

续表

PDS：座椅减振结构	时间：2002.06.18	编号：PDS014

验收标准：(1)结构与座椅安全带之间满足 ISO3776

　　　　　(2)每一件结构在装机之前都要检验

　　　　　(3)5 个结构要进行满负载循环实验,以验证结构的可靠性

　　　　　(4)结构不能与有效专利发生冲突

材料要求：结构不能采用任何有害材料,所用高分子材料要确认无害

操作要求：(1)驾驶员在座椅位置上能在 30min 内很容易地调整座椅位置及阻尼水平

　　　　　(2)30min 内,一个人能将该结构移动

　　　　　(3)每次调整后要确保锁死

　　　　　(4)在任何条件下驾驶员的手指都不会卡到结构中去

二、功能结构的建立

功能是系统输入量和输出量之间的关系。这些输入量和输出量(或实体)被称为流,通常分为能量流、物流和信息流。产品的总功能分解成若干功能元,将系统的各个功能元用流有机地组合起来就得到功能结构。如图 2.3 所示。

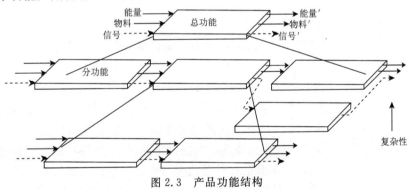

图 2.3　产品功能结构

建立功能结构的步骤如下：

第 1 步：建立产品功能模型

建立产品功能模型。该模型描述了产品功能与输入/输出之间的关系。产品功能用"动词＋名词"形式表示,输入/输出由客户需求确定。如图 2.4 所示。

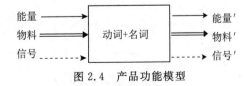

图 2.4　产品功能模型

第 2 步:建立每个输入的功能链

对每个输入建立功能链。设想设计者变成流,考虑从输入到输出或到转换处对流的每个操作,以"动词+名词"的形式表示各分功能。按操作发生的时间顺序排列各分功能,并建立串行功能链与并行功能链。串行功能链是按时间的先后发生的对流的一系列操作,如图 2.5 所示。并行功能链是按时间同时发生的操作,如图 2.6 所示。

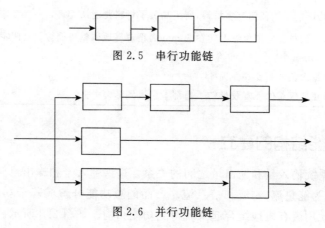

图 2.5　串行功能链

图 2.6　并行功能链

第 3 步:建立功能模型

将各功能链合成功能结构,该结构即为功能模型。在合成的过程中可能还需要增加新的功能。

图 2.7~图 2.9 是以拉伸实验装置为例建立功能模型的过程。图 2.7 是该装置的总功能,方框中的拉伸试件是对总功能的一种描述,其中拉伸是要进行的操作或处理,试件是操作或处理的对象。描述总功能输入的能量、物料、信号分别是克服负载的能量、试件及控制信号。描述总功能输出的能量、物料及信号分别是试件的变形能、已变形的试件、检测到的试件受力及试件变形量。图 2.7 所示的总功能处于该装置最高层抽象,很难实现,需要进一步将其分解为较容易实现的分功能。图 2.8 是将总功能分解为 4 个分功能的模型。图 2.9 是将分功能继续分解为功能元后的模型,即功能结构。图 2.9 所示的功能结构中有 8 个功能元,每个功能元与已有部件或子系统对应,较容易实现。因此,功能结构的建立提供了一种分别处理功能元的具体方法,使抽象的、复杂的设计问题得以实现。

图 2.7　拉伸实验装置总功能

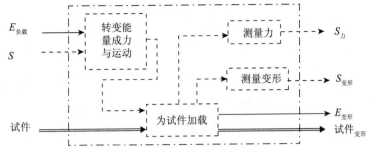

图 2.8 拉伸实验装置分功能

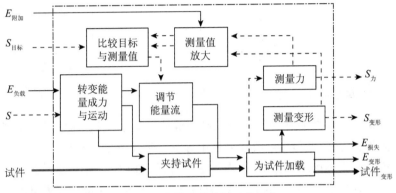

图 2.9 拉伸实验装置功能结构

三、功能元求解与合成

功能元求解有以下三类方法：

（1）传统方法：文献检索法、自然系统分析法、已有技术系统的分析法、类比法、模型实验法等。

（2）基于直觉的方法：头脑风暴法、635 法、展示法、Delphi（德尔菲）法、共同研讨法、组合法等。

（3）推论法：物理过程的系统化研究、基于分类的系统化寻找、设计目录的应用等。

确定了各功能元的解之后，通过合成确定系统原理解。表 2.3 是确定系统原理解的形态学矩阵法。

表 2.3 给出了两个系统原理解 Ξ 与 Ψ 的合成过程。通过形态学矩阵将不同功能的不同解匹配可得到多个系统原理解。

原理解 $\Xi = S_{11} + S_{22} + \cdots + S_{n1}$

原理解 $\Psi = S_{11} + S_{2j} + \cdots + S_{nn}$

表 2.3 形态学矩阵

功能元 \ 解		1	2	…	j	…	m
1	F_1	S_{11}	S_{12}		S_{1j}		S_{1m}
2	F_2	S_{21}	S_{22}		S_{2j}		S_{2m}
⋮							
i	F_i	S_{i1}	S_{i2}		S_{ij}		S_{im}
⋮							
n	F_n	S_{n1}	S_{n2}		S_{nj}		S_{nm}

Ξ ψ

四、方案评价

多方案选优指在 m 个方案 n 个准则的群体决策中，给出衡量群体决策者意见一致性的指标，并以此指标解决在群体中寻求一致性意见的问题。

在产品定义和阐明任务阶段，由下达任务的部门对产品以必达要求和愿望的方式提出各种要求，即编写出要求表，以便于后续的方案评价。将提出的要求归为两类：一是目标类要求，即新产品需实现的功能目标；二是约束类要求，即产品实现其功能时在某方面的限制或约束。评价指标的权值选择一般受人的主观因素影响很大，它不但与专业科技知识有关，还需要丰富的实践经验，需要全面衡量各项目标进行综合评价，才能得到正确的方案选择。

层次分析法(analytic hierarchy process，AHP)是美国匹兹堡大学的 Saaty 教授提出的一种系统分析方法，它是定性分析和定量分析相结合的系统分析方法。AHP 被用来解决许多领域的多目标决策问题和冲突解决问题，这些应用证明 AHP 是方案评价的有力方法。

AHP 方法的一个关键步骤是根据某种判别标度构造一个具有满意一致性的判断矩阵 $\boldsymbol{P}$，$\boldsymbol{P}$ 的最大特征值对应的特征向量 $\boldsymbol{\omega}=(\omega_1,\omega_2,\cdots,\omega_m)^{\mathrm{T}}$ 就是 m 个方案的重要性排序向量，其分量 $\boldsymbol{\omega}_i$ 就是第 i 个方案的重要性权值。

AHP 中采用了 1-9 比例标度对两两元素之间的重要程度赋值，如表 2.4 所示。

表 2.4 1-9 标度的含义

标 度	含 义
1	两个元素具有同样的重要性
3	前者比后者稍重要

标　度	含　义
5	前者比后者明显重要
7	前者比后者强烈重要
9	前者比后者极端重要
2,4,6,8	上述相邻判断的中间值
倒数	如元素 x_i 与元素 x_j 的重要性之比为 c_{ij}，则元素 x_j 与元素 x_i 的重要性之比为 $c_{ji}=1/c_{ij}$

例如，如果认为元素 x_i 比元素 x_j 明显重要，则它们的重要性之比的标度应取 5，而元素 x_j 与元素 x_i 的重要性之比的标度应取 $1/5$。这样相对于某个准则，m 个比较元素将构成一个两两比较的比较矩阵。

$$C = \begin{bmatrix} c_{11} & c_{12} & \cdots & c_{1j} & \cdots & c_{1m} \\ c_{21} & c_{22} & \cdots & c_{2j} & \cdots & c_{2m} \\ \vdots & \vdots & \vdots & \vdots & \vdots & \vdots \\ c_{i1} & c_{i2} & \cdots & c_{ij} & \cdots & c_{im} \\ \vdots & \vdots & \vdots & \vdots & \vdots & \vdots \\ c_{m1} & c_{m2} & \cdots & c_{mj} & \cdots & c_{mm} \end{bmatrix}$$

其中，c_{ij} 是元素 x_i 与 x_j 相对于某个准则的重要性的比例标度。

显然比较矩阵具有下述性质：

$$c_{ij} > 0 \quad c_{ji} = 1/c_{ij} \quad c_{ii} = 1$$

矩阵 C 被称为正互反矩阵，这样，在计算过程中只需要给出其上（或下）三角的 $m(m-1)/2$ 个元素就可以了。也就是说只需要做 $m(m-1)/2$ 个判断即可。

在特殊情况下，比较矩阵 C 的元素具有传递型，即满足等式：

$$c_{ij} \cdot c_{jk} = c_{ik} \tag{2.1}$$

例如，当元素 x_i 与 x_j 相比的重要性比例标度为 2，而 x_j 与 x_k 的重要性比例标度为 4，如果 x_i 与 x_k 的重要性比例标度为 8，则它们之间的关系就满足等式 (2.1)。当等式 (2.1) 对 C 的所有元素均成立时，比较矩阵称为一致性矩阵。但一般并不要求比较矩阵满足这种传递性和一致性。这是由客观事物的复杂性与人的认识的多样性所决定的。

对于某个准则的比较矩阵，需要求出 m 个元素对于该准则的相对权重 ω_1，$\omega_2, \cdots, \omega_m$，写成向量形式 $\boldsymbol{\omega} = (\omega_1, \omega_2, \cdots, \omega_m)^T$。权重的计算方法有求和法、求根法、特征根法、对数最小二乘法和最小二乘法等。用求和法计算权重的步骤如下：

（1）将矩阵元素按列归一化。

（2）将归一化后的各列相加。

(3)将相加后的向量除以 m 即得到权重向量 $\boldsymbol{\omega}$。

$$\boldsymbol{\omega} = \begin{bmatrix} \omega_1 \\ \omega_2 \\ \vdots \\ \omega_m \end{bmatrix} = \begin{bmatrix} \dfrac{\dfrac{c_{11}}{\sum_{i=1}^{m} c_{i1}} + \dfrac{c_{12}}{\sum_{i=1}^{m} c_{i2}} + \cdots + \dfrac{c_{1m}}{\sum_{i=1}^{m} c_{im}}}{m} \\ \\ \dfrac{\dfrac{c_{21}}{\sum_{i=1}^{m} c_{i1}} + \dfrac{c_{22}}{\sum_{i=1}^{m} c_{i2}} + \cdots + \dfrac{c_{2m}}{\sum_{i=1}^{m} c_{im}}}{m} \\ \vdots \\ \dfrac{\dfrac{c_{m1}}{\sum_{i=1}^{m} c_{i1}} + \dfrac{c_{m2}}{\sum_{i=1}^{m} c_{i2}} + \cdots + \dfrac{c_{mm}}{\sum_{i=1}^{m} c_{im}}}{m} \end{bmatrix} \tag{2.2}$$

多方案解的数目一般较大,其中有很多是理论上可以设想但实际上不可加工的,应尽可能早地缩减其数目。因此,最终的方案评价只是对那些经过筛选得到的、较为合理的设计方案进行的。根据已确定出的各评价因素权值,建立方案评价表,按照表中权重及标准化数据确定产品最终原理解。

第三节 应用案例

一、中药搓丸机的改进设计

中药丸剂有水丸、蜜丸、糊丸、蜡丸、浓缩丸等。由于中药的加工工艺特殊,所以浓缩丸的制备不能使用西药的通用加工设备。目前浓缩丸的制备普遍采用塑制法,其工作原理为将混合均匀的药料投入到药斗内,通过进药腔的压药翻板,在螺旋推进器的挤压下推出多条相同直径的药条。在自控导轮的控制下同步进入制丸刀后,连续制成大小均匀的药丸。其原理如图 2.10(a)所示,图 2.10(b)为制丸结构示意图。该设备具有以下缺点:搓出的药丸表面粗糙,圆整度差,丸重差异大,因而只能是中间丸型,然后还需要补重,如搓制后 17g/百粒,还需补重至 21g/百粒。然后再经过选丸、干燥、过筛、上光、包衣等工序方可最后成型。在此过程中,药丸需经过反复搬运,劳动强度大,而且增加了药物污染的可能性,质量不稳定。

获取客户需求信息,对原始的客户需求进行分类、整理和分析,形成系统的、有层次、有条理的客户需求表,并用加权来表示客户需求的相对重要性,如表 2.5 所示。

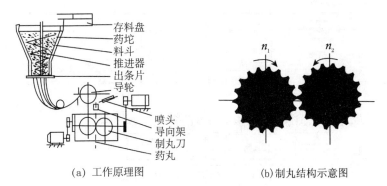

(a) 工作原理图　　　　　　　　(b)制丸结构示意图

图 2.10　中药制丸原理

表 2.5　中药制丸机械客户需求竞争能力表

客户要求	客户要求权重	市场竞争能力		
		改进前	改进后	国内同类产品
(1)故障率低	4.2	4.2	4.3	4.1
(2)丸圆整度高	4.2	3.7	4.3	4
(3)丸重差异小	4.2	4.3	4.3	4.2
(4)丸表面光亮	4.6	4.3	4.7	4.2
(5)丸粒坚实	4	3.7	4.1	3.9
(6)提高生产效率	4.5	3.2	4.5	3.5
(7)自动化程度高	4.3	4.0	4.4	4.1
(8)连续生产	4.7	3.0	4.7	3.0
(9)投料一次成丸	4.9	4.8	4.9	4.2
(10)缩短工艺流程	4.5	4.0	4.6	3.7
(11)工艺复杂度低	4	3.2	4.2	3.1
(12)符合 GMP 标准	4.6	4.3	4.6	4.3
(13)操作维护简便,易拆卸、清洗	3.8	4.0	3.9	3.8
市场竞争能力指数		0.78	0.89	0.77

基于中药制丸机械客户需求竞争能力表,确定设计要求为:投料后一次成丸,缩短工艺流程,连续制丸,丸形圆整、光滑、均匀,无须筛选,丸剂经干燥灭菌即可包装。

1. 功能结构的建立

图 2.11 是中药搓丸机的总功能模型。通过将总功能分解为分功能(图 2.12),最终得到的功能结构如图 2.13 所示。

图 2.11　中药搓丸机的总功能模型

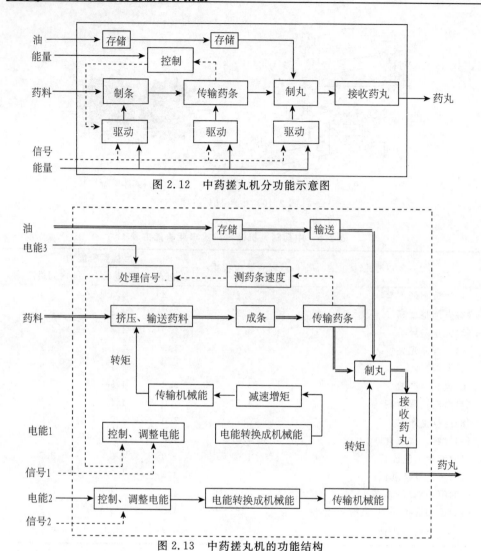

图 2.12 中药搓丸机分功能示意图

图 2.13 中药搓丸机的功能结构

2. 寻求各分功能的解

在图 2.9 的功能结构中,除了制丸功能以外的其他功能,例如挤压输送药料、成条、传输药条、接收药丸、存储油、输送油等功能,均可以用已有设备中的结构来实现。对于制丸功能,现有结构不能满足投料后一次成丸、缩短工艺流程、连续制丸等要求。因此需要寻求新的制丸功能作用原理。

图 2.10(b) 所示的制丸原理,制出的药丸圆度和光亮度差,药丸制出后,还需进行滚制。若在此基础之上将其与滚圆结构结合,形成搓丸滚圆结构,则可实现一次成丸。图 2.14 所示制丸原理采用两搓辊外啮合,若将两搓辊构成内啮合的搓丸结构,其重合度比外啮合的要大,同样条件下,药丸搓的时间要长,成丸效果要好,其结构如图 2.15 所示。图 2.16 是三辊制丸结构的制丸原理。丸在螺旋搓辊的支撑和推动作用下向前滚动,辊 3 为托辊,起托住药丸的作用。该结果同样可以实现

一次成丸。方案汇总见表2.6。

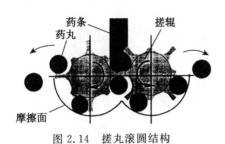

图 2.14 搓丸滚圆结构

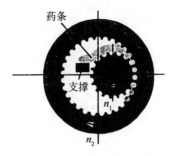

图 2.15 内啮合搓丸结构

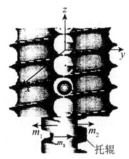

图 2.16 三辊制丸结构

表 2.6 方案汇总表

制丸结构原方案	示意简图	改进后的方案	示意简图
搓丸结构	n_1 n_2	制丸机分割结构	n_1 n_2
		内啮合搓丸结构	
		搓辊材料的改变 用电磁力压丸	
		搓滚结构	药丸 药条 搓辊 摩擦面
对辊造粒		气体或液体压制	
挤出滚圆制丸 结构	空气过滤器 给粉机 球头变截面螺杆 排风 电机 热风 旋转整球盘	三辊制丸结构	z y x m_1 m_2 m_3
		不同直径搓辊	z y x m_1 m_2

续表

制丸结构原方案	示意简图	改进后的方案	示意简图
三辊制丸结构		小托辊制丸结构	
		气体托丸搓丸结构	
		内啮合制丸结构	
同轴三盘研磨		三同旋向螺旋辊搓丸	

3. 方案评价

针对上面提出的制丸方案,应用层次分析法对其进行评价,选出最优方案。

(1)建立递阶层次结构模型。将问题中所包含的因素划分为不同的层次,用框图形式说明层次的递阶层次结构与因素的从属关系。中药机械制丸结构的层次结构如图 2.17 所示。

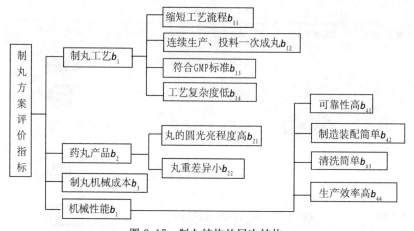

图 2.17　制丸结构的层次结构

(2)建立判断矩阵。在图 2.17 所示的模型中,用层次分析法表示各因素对方案决策的影响,可将各层因素两两进行比较,对重要性给出比较判断,将这些判断通过引入合适的标度用数值表示出来,构成比较矩阵,再通过计算将各因素的影响程度量化,如表 2.7、表 2.8、表 2.9、表 2.10 所示。从以下各表中,能得到各评价因素的权值,这些权值将应用在方案评价矩阵中。

表 2.7 下层权值计算

a	b_1	b_2	b_3	b_4	几何平均值	权值
b_1	1	2	8	3	2.632148	0.50
b_2	0.5	1	4	2	1.414214	0.28
b_3	0.125	0.25	1	0.5	0.353553	0.04
b_4	0.333	0.5	2	1	0.759836	0.18

表 2.8 b_1 的下层总排序权值计算

b_1	b_{11}	b_{12}	b_{13}	b_{14}	几何平均值	权值	总权值
b_{11}	1	1	4	4	2	0.4	0.20
b_{12}	1	1	4	4	2	0.4	0.20
b_{13}	0.25	0.25	1	1	0.5	0.1	0.05
b_{14}	0.25	0.25	1	1	0.5	0.1	0.05

表 2.9 b_2 的下层总排序权值计算

b_2	b_{21}	b_{22}	几何平均值	权值	总权值
b_{21}	1	1	1	0.5	0.14
b_{22}	1	1	1	0.5	0.14

表 2.10 b_4 的下层总排序权值计算

b_4	b_{41}	b_{42}	b_{43}	b_{44}	几何平均值	权值	总权值
b_{41}	1	2	0.8	0.4	0.894427	0.187726	0.03
b_{42}	0.5	1	1	0.3	0.622333	0.130618	0.02
b_{43}	1.25	1	1	0.2	0.707107	0.148411	0.03
b_{44}	2.5	3.33	5	1	2.540664	0.533245	0.10

(3)方案评价矩阵。根据实际情况,建立的方案评价如表 2.11 所示。根据权重及标准化数据,选出的方案中三辊制丸结构的权重最大,为 5.92。因此,将三辊制丸结构作为最优方案,进行后续设计。

表 2.11 方案评价矩阵

判断因素		权值 w_i	内啮合搓丸结构	搓滚结构	三辊制丸结构
制丸工艺 b_1	缩短工艺流程 b_{11}	0.20	7	7	9
	连续生产、投料一次成丸 b_{12}	0.20	9	9	9
	符合 GMP 标准 b_{13}	0.05	3	3	4
	工艺复杂度低 b_{14}	0.05	5	6	9

续表

判断因素	权值 w_i	内啮合搓丸结构	搓滚结构	三辊制丸结构
药丸产品 b_2 丸的圆光亮程度高 b_{21}	0.14	5	2	9
丸重差异小 b_{22}	0.14	4	4	8
制丸机械成本 b_3	0.04	4	5	6
机械性能 b_4 可靠性高 b_{41}	0.03	5	5	8
制造装配简单 b_{42}	0.02	5	5	6
清洗简单 b_{43}	0.03	4	4	5
生产效率高 b_{44}	0.1	4	4	5
方案权重值 $P_j = \sum W_i \cdot P_{ij}(i=1,2,\cdots,11 \quad j=1,2,3,4)$		4.03	3.65	5.92

(4)确定原理解。图 2.18 为制丸功能的原理解。电机通过连轴器带动托辊转动,托辊经传动齿轮带动两搓辊转动。药丸在搓辊螺旋的推动和托辊的支撑下,沿辊的轴线方向运动,在药丸达到圆、光、亮的程度时,药丸从两搓辊中掉下(托辊长度应小于搓辊长度),落入药丸接收滑道。

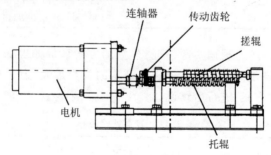

图 2.18 制丸功能原理解

二、土豆收割机的概念设计

图 2.19 是土豆收割机的总功能模型。通过将其总功能进行分解得到最终的土豆收割机功能结构,如图 2.20 所示。该系统的主流是物料流,即存在于土中的土豆经过垦掘、筛分、茎叶分离、石子分离、分选、收集等功能的处理,最后完成土豆收获的全过程。图 2.20 清楚地表明了每个功能的输入与输出。为每个分功能选择作用原理,建立形态学矩阵,如表 2.12 所示。表 2.12 中所示的形态学矩阵表明

了每个功能的实现,如筛分土豆可以通过链筛、栅筛、鼓筛、轮筛等原理来实现。通过形态学矩阵的匹配,图 2.21 给出了一种可行的土豆收割机原理解。该原理解是后续技术设计及详细设计的基础。

图 2.19　土豆收割机的总功能模型

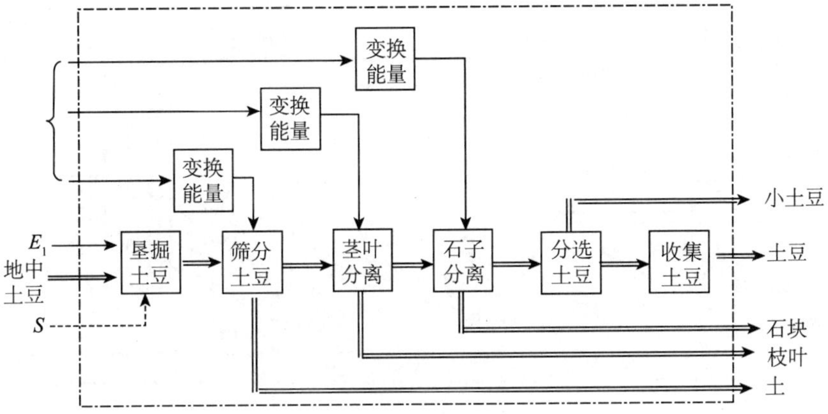

图 2.20　土豆收割机的功能结构

表 2.12　土豆收割机的形态学矩阵

解功能		1	2	3	4	⋯
1	垦掘土豆	 加压辊	 加压辊	 加压辊	 加压辊	⋯
2	筛分土豆	 链筛	 栅筛	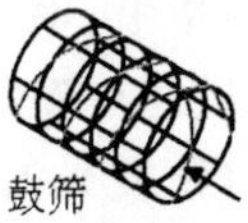 鼓筛	 轮筛	⋯
3	茎叶分离	 叶　土豆	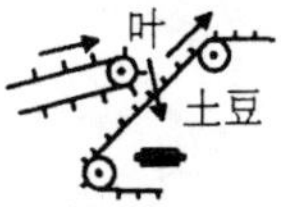 叶　土豆	 扯辊	⋯	⋯
4	石子分离				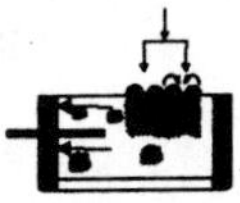	⋯

续表

解功能		1	2	3	4	...
5	分选土豆	用手	用摩擦 (斜面)	检验粗细 (孔板)	检验分量 (称重)	...
6	收集土豆	翻斗	翻底斗	装袋设备	...	...

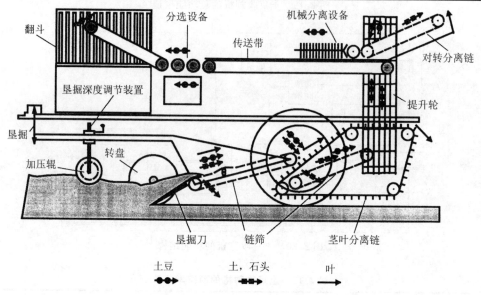

图 2.21 土豆收割机原理解

三、指甲刀的概念设计

图 2.22 是指甲刀的总功能模型,其输入流为指甲、手、手指力、手力、指甲刀开/关信号,输出流为剪掉的指甲、手、清洁的手指、反作用力、动能和声音。通过将指甲刀的总功能进行分解,最终得到细化的产品功能结构,如图2.23所示。通过该功能模型,创建形态学矩阵,如表 2.13 所示。在表 2.13 中每个功能都有一系列可选择的解。通过将这些解进行组合,舍弃那些不兼容的解,可以得到若干原理解。图 2.24 给出的是一种指甲刀的原理解。

图 2.22 指甲刀的总功能模型

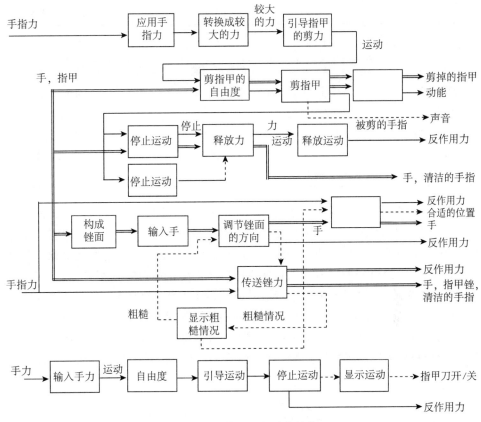

图 2.23 指甲刀的功能结构

表 2.13 指甲刀的形态学矩阵

功能＼解	1	2	3	4
打开指甲刀	旋转和翻转			
感觉粗糙或长	人			
使用或释放	人			
使用手指力	成型/有特定断面形状的顶部	塑性搭锁	橡胶层	平滑锻件
转换成较大的力	支点和杠杆	剪刀杠杆 胡桃钳杠杆	楔子	联动装置
引导剪切	弹性臂	线性滑动 齿轮齿条	旋转轮	销
剪切	刀刃快速移动	剪切刀片	闸刀	刀片和滑块
停止运动	刀刃接触			
释放运动	簧片弹起	拉伸弹簧	蜗卷(锥形)弹簧	压缩

续表

功能 \ 解	1	2	3	4
存储指甲	无	存储指甲腔	框架腔	人机工程体
控制锉面	旋转锉刀	固定在臂上	横袋	固定在机身上
传递锉力	人			
显示粗糙情况	振动/音响			
形成运动面	锯齿状	砂纸		粗糙面
重新设置锉面	回转锉刀	相同		

  图 2.24 是一个有趣的机械装置,但过于复杂,而且制造成本也比较高。为了避免这种不必要的复杂性,在形成原理解的过程中往往需要反复利用功能共享原则,即使一个对象具有多种功能,但也必须避免产生过分复杂的组件及由此产生的矛盾。图 2.25 给出三种运用功能共享原则后产生的指甲刀的原理解。图 2.25(a) 的结果非常紧凑,而且用起来也很舒适。锉刀位于上臂,并在顶部和底部设计了适合手握的形状。图 2.25(b) 增加了机械方面的优势,在闭合的位置利用了联动装置,从而获得了较大的机械利益。图 2.25(c) 利用剪刀原理来施加力,从而去掉了力臂。其机械利益在悬臂梁上仍然得以体现,刀刃从指甲刀的端部到另一边经历了平移和旋转运动。

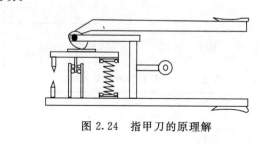

图 2.24　指甲刀的原理解

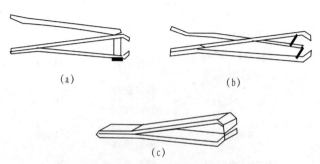

(a)　　　　　　　　　　(b)

(c)

图 2.25　指甲刀原理解的变形

四、舱底排水装置的概念设计

设计一种排水装置来清除游船舱底的积水。客户所要求的是利用天然的能量,这样的能量包括风、船相对于系泊桩的运动、船相对于水的运动、电、燃料、太阳能、水的温差、水的浓度差异、活性混合物、雨水、水波、压力变化以及水相对于系泊桩的运动。

基于自动排水的全部需求,其性能指标包括:排水能力(至少 8L/h),在盐水及自然条件下的耐久性,使工具最小化,在小体积下的装载能力,成本少于 50 美元,寿命大于 10 年,尺寸小于 $1m^3$。

图 2.26 显示了该产品的总功能模型。通过将产品的总功能逐步分解为若干分功能,得到排水装置工作状态下的功能结构,如图 2.27 所示。基于该功能模型,采用直接搜索来形成产品子功能的原理解,如表 2.14 所示。以可选择的能量为中心,创建功能组合。表 2.15 为着重于一个概念变量组合的形态矩阵子集。图 2.28～图 2.32 显示了四种产品的原理解。

图 2.26　舱底排水装置的总功能模型

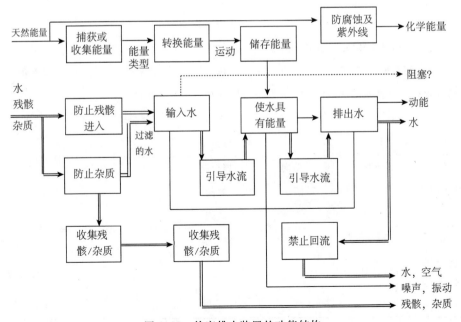

图 2.27　舱底排水装置的功能结构

表 2.14 舱底排水装置的形态学矩阵

能量\子功能	机 械		流 体		电	其 他
	原理	原理	原理	原理	原理	原理
捕获能量	波—弹簧	移动的圆柱	风—叶片	蓄水池—雨水	电池	太阳能电池板
	波—钟摆	块体/弹簧	风—杯	海水—压力	电容	活性混合物
	波—弹性	改变盐水浓度	浮动—船坞	波—气泡		盐水
	船的运动		多重浮动	流水		浓缩物
	扭转弹簧		螺旋推进器	风车		Delta 温度
转换能量	四杆	锥齿轮				
	钟摆	正齿轮				
	凸轮	带式链轮				
	万向接头	曲柄轴				
		齿轮齿条				
	提升机	转盘式传送装置	抽气			固化—冷冻
	弗累斯转轮		汽化			
	阿基米德涡螺旋		雾化			吸收—海绵
	铲		虹吸管			吸收—化学制剂
			压力水头			
传送水	弗累斯转轮	旋转—向心力	管子	水柱		蒸汽
	阿基米德涡螺旋	漏斗	压力	活塞		雾化
	活塞		水柱	喷塞		
			水道	挤压气囊		
			导流坝			
禁止回流	促动阀	单向	挡板阀		螺线管	
		阻力	蝶阀			
			球阀			
防止残骸/杂质	筛子		撇乳器			吸收—海绵
	渗透膜					化学黏合剂
						食油生物

表 2.15   着重于一个概念变量组合的形态矩阵子集

能量　　　　　　子功能	机　　械	流　　体	其　　他
捕获能量	线性弹簧,扭转弹簧,钟摆,块体/弹簧	空气:螺旋推进器,叶片,杯水:液压压头,涡轮,浮体	太阳能电池,电池,燃料,化学反应,扩散
转换能量	曲轴,齿轮,带/链轮,四杆,凸轮,齿轮齿条	钟摆/水压	电/机械
输入水	提升,轮(旋转),阿基米德涡螺旋,传送带	吸水管,虹吸管	固化,吸收
引导	传送带,提升机,阿基米德涡螺旋	管子,漏斗,喷射器,V型槽	雾化,汽化
提供能量	往复式,螺旋,旋转泵	喷射泵,汽化,水柱	热
引导	提升机,轮(旋转),阿基米德涡螺旋,传送带	吸水管,虹吸管	固化,吸收
排出水	提升	压力,喷射	
禁止回流	挡板阀,球阀,蝶阀		
防止残骸/杂质	筛子,过滤器,渗透膜	浮体,涡流,撇乳器	

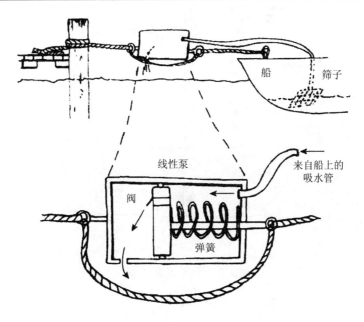

图 2.28   基于表 2.15 中所选原理的第一种产品原理解

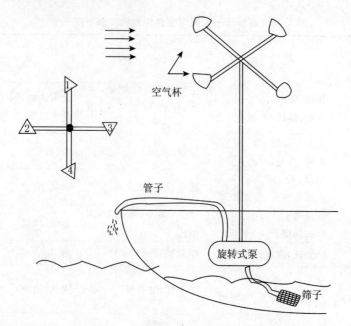

图 2.29　使用风能的第二种产品原理解

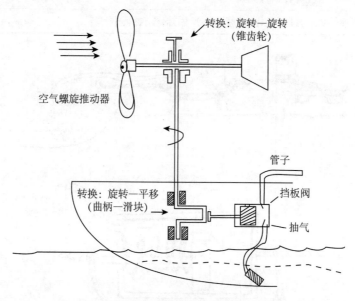

图 2.30　风能系统的变体

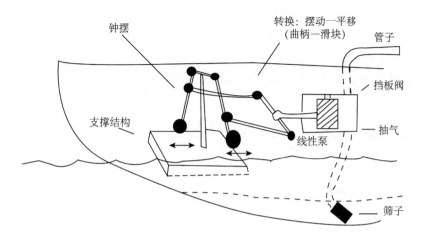

图 2.31 基于双重摆动(第三种)的产品原理解

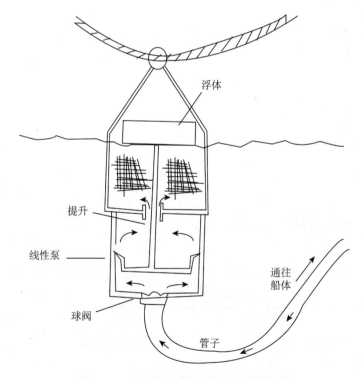

图 2.32 基于浮动(第四种)的产品原理解

五、适于残疾人的智能餐勺的概念设计

该产品的设计目标是为残疾人设计一种厨房用具装置。产品的主要市场是中学生,还有那些因残疾不能使用厨房用具的人。

表 2.16 列出了智能餐勺的客户需求。表中的重要度为 1~5,5 为最大值。产品的规范为主观的需求提供了一种量化的方法,并用来评估产品相对于特殊需求的性能,且包含了描述达到期望目标的度量标准和数值。相应于较为重要的需求,产品规范见表 2.17。

表 2.16　智能餐勺的客户需求

客户需求	重要度
功能:	
提供正确的方向和锁定	5
能舀起食物	5
操作:	
不需要操作技能就可使用	5
在手摆放的任何位置上都起作用	5
容易握住	3
容易拿起和放下	3
对其他用具具有适应性	2
不影响吃饭的动作	4
安全性:	
没有锋利边或尖角	4
使用 FDA 改进材料	4
加工性和维护性:	
主要为木制设备	4
易清洗	3
人机性:	
与现存产品的形状相似	3
手持舒适	3
成本低	5

表 2.17　智能餐勺的产品规范

号码	需　　求	主要度量标准	目标值
1	不需要操作技能就可使用	操作所需要的步骤数	1
2	提供正确的方向和锁定	与水平面的夹角	0°
3	在手摆放的任何位置上都起作用	所能给予的手持方式数	3
4	没有锋利边或尖角	锋利边的数目	0
5	容易制作	加工设备的可获得性	普通的木制设备
6	低成本	低于 20 美元	10 美元

图 2.33 为该产品的总功能模型。在该装置中,功能定位为餐具。将该主功能

分解为若干分功能,得到其功能结构,如图 2.34 所示。利用所分解的功能,创建形态学矩阵。每个功能都分开来考虑,并采用头脑风暴法搜索必要的功能。表 2.18 显示了餐勺的部分形态矩阵。在形态矩阵中,一些比较合理且有希望得到应用的想法为:使用者手握的圆柱形体必须完全对称,而且必须容易制作;缺乏某种认知技能的人能够正确识别其工作面;能通过旋转来定位。

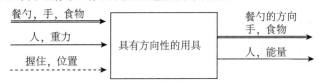

图 2.33　智能餐勺的总功能模型

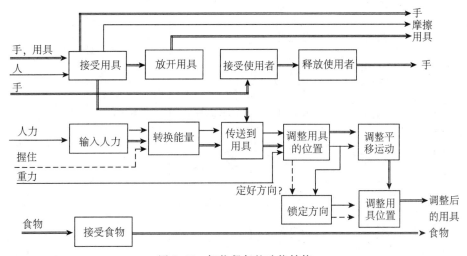

图 2.34　智能餐勺的功能结构

表 2.18　智能餐勺的部分形态矩阵

解 功能	1	2	3	4	5
转换能量	偏心移动块	平移	电		
传送到 用具	夹紧齿	摩擦垫	黏附	磁力	
调整用具	预定位	锥形	离心块	轨道(固定)	相对转动

解\功能	1	2	3	4	5
锁定装置（硬锁）	夹钳	摩擦	磁力		
重新定位（软锁）	轮辐	旋转块	电磁场	滚销	螺丝
平移食物	轨道	使用者			
接受使用者（形状）	圆柱状	环形状	三棱柱	外部手柄	变形柱体
（表面）	斑点	纹线			
接受用具	夹钳	永久性黏附	槽孔	磁力	
接受能量	离心块	控制杆	按钮	夹紧管	光电池

　　“硬锁”是表示两个表面不能产生相对转动的状态，而“软锁”表示部分锁定，还存在有限的相对运动。前者主要用于单向运动，而后者主要用于方向连续的运动（餐勺与水平面的夹角始终接近 0°）。如表 2.18 所示，销锁是一种完全的锁定，它与摩擦锁定和依靠磁场锁定不同。基于这些功能的解，就可以产生若干概念结构。由这些结构可以导出以下若干实例。

结构1：组合手柄

组合手柄结构是所考虑的方案中最简单的一种。一般说来,该结构的设计目标是增大餐勺手柄的尺寸,提供一个舒适的手持面,如图2.35所示。它由三部分组成,如图2.36所示。

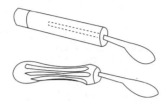

图2.35 组合手柄结构(适合手以不同姿态把持)

图2.36 组合手柄结构分解图

结构2：预调结构

图2.37所示预调结构的目的是对餐勺进行调节,使其在使用前处于合适的位置。该方案主要依靠附于圆柱上使餐勺旋转到合适位置的偏心块。如图2.38所示)。

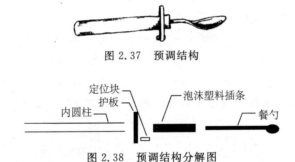

图2.37 预调结构

图2.38 预调结构分解图

结构3：带有手锁结构的预调装置

图2.39所示带有手锁的预调结构可以使餐勺旋转到正确的位置,然后再将其锁定。通过两个托架使餐勺离开桌子的表面,然后再使餐勺和内圆柱相对于桌面转动,就可实现这些功能,如图2.40所示。这两个托架可以使餐勺和内圆柱不需要相对于桌子表面移动就能进行旋转和定型。当使用者把食物放到手巾或其他表面上,而预调模块不起作用时,该功能就显得尤为重要。

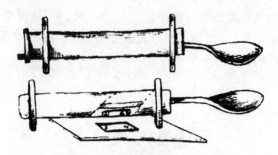

图 2.39 带手锁的预调结构(借助磁力和偏心定位块)

图 2.40 带手锁的预调结构分解图

在该结构中,护板被放到了圆柱的尾部,这样可以使其远离使用者的面部。尽管该位置对餐勺的使用并无太大的影响,但它可以使装置过渡得相对自然一些,并有助于餐勺保持平衡。

结构 4:采用重力锁定的预调结构

图 2.41 显示了采用重力(摩擦)锁定的预调结构。该体系采用机械锁定对餐勺定向,然后使其位置固定,是一种最为复杂和高级的结构。除了在内部圆柱上增加一个外部柱体,并将锁定装置安装到餐勺的后部之外,该结构基本上与预调结构相似。图 2.42 的分解视图显示了该结构的主要部件。

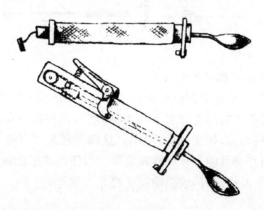

图 2.41 锁定预调结构(采用重力—摩擦锁和杠杆—摩擦锁定位方案)

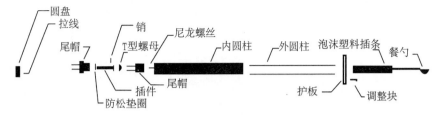

图 2.42 采用重力锁定的预定位装置的分解图

参考文献

[1] 帕尔 G,拜茨 W. 工程设计学:学习与实践手册[M]. 张明直等,译。北京:机械工业出版社, 1992.

[2] 柯勒 R. 机械、仪器和器械设计方法[M]. 吕持平,译. 北京:科学出版社,1984.

[3] 刘万里,雷治军. 关于 AHP 中判断矩阵校正方法的研究[J]. 系统工程理论与实践,1997, 17(6):30-39.

[4] 陈迁,浣尘. AHP 方法判别尺度的合理定义[J]. 系统工程,1996,14(5):18-20.

[5] 徐泽水. 关于层次分析中几种标度的模拟评估[J]. 系统工程理论与实践,2000,20(2): 122-125.

[6] KEVIN N OTTO, KRISTIN L WOOD. 产品设计[M]. 齐春萍,宫晓东,等译. 北京:电子工业出版社,2005.

[7] PAHL G, BEITZ W. Engineering design:a Systematic Approach,3rd. London:Sprubfer-Verlag,2001.

[8] ZAVBI R, DUHOVNIK J. The analytic hierarchy Process and Functional Appropriateness of Components of Technical Systems. Journal of Engineering Design,1996,7(3):313-327.

[9] PARTOVI F Y, HOPTON W E. The Analytic Hierarchy Process as Applied to Two Types of Inventory Problems. Production and Inventory Management Journal, 1994, 35 (1): 13-19.

第三章

公理设计理论与案例

第一节 概 述

公理设计是美国麻省理工学院的 Suh 教授提出的关于如何正确进行设计决策的设计理论。公理是经过人类长期反复实践的验证，得到的不需要再证明的、没有任何特例的、普遍的、显而易见的理论和方法。公理性方法在科学技术的各个领域都有非常重要的影响，欧几里得公理至今仍是几何学的理论基础，牛顿的三大定律也是经典力学的公理。在设计领域也急需设计公理，指导整个设计过程，为设计过程提供科学的理论依据。设计是工程学应用的集中体现，工程学通过新产品开发、加工、软件、系统以及组织的建立来满足社会的需求和期望，为社会发展作出贡献，公理设计正是在这种情况下应运而生的。公理设计理论没有将设计活动和设计群体的一般性活动联系在一起，而是把重点放在设计中如何正确地进行设计决策。

20 世纪 80 年代，设计理论领域的主要研究内容是如何科学地描述设计过程。其中，美国麻省理工大学的 Nam Suh 教授的研究最为突出。Suh 教授早在 20 世纪 70 年代就提出了公理设计（axiomatic design，AD）的概念，1990 年 Suh 出版了第一本公理设计的专著《The Principles of Design》，标志着该理论的形成。Suh 教授研究并提出公理设计的动力是期望建立设计领域的科学基础，总结设计制造领域的理论规律，更系统、更一般化、更准确地讲授和学习设计领域的相关科目和知识。Suh 教授在多年研究成果的基础上提出了公理设计理论，他的主要研究工作是如何将设计的综合分析过程标准化，力图建立一种设计生产的理论规律，即如何正确进行设计决策、评判设计优劣的理论方法。

在设计领域，Suh 教授的观点可以总结为：设计是工程学应用的集中体现，工程学通过新产品开发、加工、软件、系统以及组织的建立来满足社会的需求和期望，为社会发展作出贡献。公理设计理论没有将设计活动和设计群体的一般性活动联系在一起，而是把重点放在设计中如何正确地进行设计决策。最初 Suh 教授认为设计主要应用在三个领域：生产加工设计、产品设计、结构设计，同时他也意识到公理设计理论在其他领域的应用潜力。目前公理设计理论已经从工业应用扩展到了其他领域，包括：产品设计、制造生产设计、软件设计、控制系统设计、组织结构设计以及公司发展计划等多方面，公理设计理论得到了广泛的应用。

第二节 公理设计基本概念

公理设计虽然没有规定如何正确进行设计，但是它能缩短设计周期，判断设计的优劣。公理设计以两个设计公理（功能独立性公理和信息最少公理）为判断依据，评判设计的优劣。公理设计中耦合分析和功能要求、设计参数之间的映射关系变换是判断设计优劣的关键。

一、设计域

公理设计理论将设计问题分为四个域。设计是"想得到什么"和"如何选择以满足需求"相互作用的过程。为了将这种相互作用的过程系统化,引入了"域"的概念,"域"是四个不同的设计活动的分界线,是公理设计的一个重要基础。公理设计理论认为设计问题可分为四个设计域:客户域(consumer domain)、功能域(function domain)、结构域(physical domain)和工艺域(process domain)。每个域都对应各自的设计元素,即客户需求(customer needs)[①]、功能要求(function requirements)、设计参数(design parameters)和工艺变量(process variables)。

产品设计过程就是彼此相邻的两个域之间参数相互转换的过程,如图3.1所示。相邻的两个设计域是紧密联系在一起的,两者的设计元素均有一定的映射关系,每相邻的两个域之间的关系可以表示为:左侧设计域表示我们要完成的或我们想要完成的工作(要求),右侧设计领域表示我们实现功能要求的方法或要完成的工作。

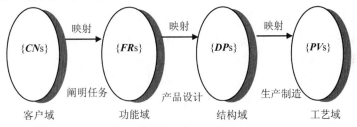

图 3.1 设计领域的四个域

1. 客户域

产品的设计和开发以满足市场需求为目的。客户域是对整个市场和客户的一个抽象概括,以保证设计目标和方向的正确性。客户包括内部客户和外部客户。外部客户指消费者,产品不但要保证外部客户满意,而且要让他们对产品的价值、用途和质量产生正面的认识,对企业来说,在产品上市期内保持其价值及客户对产品的信任度是衡量产品质量最重要的尺度。内部客户指产品的制造、销售、售后服务等部门,他们的要求直接涉及产品的生产效率、生产质量和生产成本。客户需求指市场和客户对产品的要求,它包括消费者对产品的性能、用途、材料、外观等方面的要求;包括内部客户对产品的生产效率、成本以及质量等方面的要求;同时还包括提高产品的竞争力、产品创新方面的要求。设计开发人员分析客户需求,才能提出产品的基本功能要求,客户域是产品设计的动力和源泉。

2. 功能域

20世纪40年代,美国通用电气公司工程师迈尔斯首先提出功能(function)的

---

① 在某些文献中,客户需求(Customer Needs)也用(Customer Attributes)表示。

概念,并把它作为价值工程研究的核心问题。功能是对技术系统或产品能完成任务的抽象描述,它反映了产品所具有的特定用途与各种特性。迈尔斯认为顾客要购买的是产品功能而不是产品本身,功能体现了顾客的某种需要。功能可以定义为:某一系统所具有能量、物料、信息、运动或其他物理量转化的特性,是其输入量和输出量之间的关系。如图 3.2 所示。

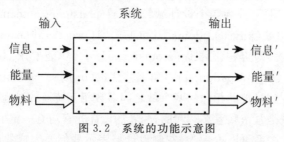

图 3.2 系统的功能示意图

功能域是满足客户需求的一系列产品功能要求的集合。在公理设计中,功能要求定义为对于要求的设计目标进行完整描述的相互独立需求的最小集合。功能要求是设计目标的描述,同时必须满足设计约束的制约。设计约束指产品设计过程中的各种约束以及客户和设计人员对产品进行的某些性质、功能、形状等方面的限定条件。它和功能要求的概念不同,但在设计中,某些设计约束在功能分解的过程中会转化成低级别的功能要求。

一个系统可以分解为若干个子系统,它的出发点就是功能和功能分解。由于要解决的问题复杂程度不同,一个系统所出现的功能复杂程度也不同,所以可以将复杂功能分解为若干个复杂程度比较低的、可以看清楚的分功能。分功能虽是总功能的组成部分,但一般不把功能分得过细,而是分解到功能单元的水平上。这样可以看清楚功能单元,它是既具有一定独立性,又具有一定复杂程度的技术单元。设计中对功能的要求是第一位的,客户购买产品时要求的不是产品的本身,而是产品所具有的满足某种需要的功能。因此,在设计全过程中要努力追求产品功能的最佳实现。

3. 结构域

结构域是实现功能要求的物理结构集合。结构域描述了产品的整体结构设计,产品设计从抽象阶段上升到具体的物理结构设计阶段。公理设计中,确定设计参数指能够实现功能要求的产品物理结构和分解功能要求应同时进行,两者之间有一定映射变换关系。设计参数的选择受设计约束的影响,只有在充分考虑设计约束的情况下才能确定比较合理的设计参数,最大限度地满足客户需求。

4. 工艺域

工艺域描述整个产品的生产过程和方法。工艺变量指实现设计参数的产品加工制造方法。在结构域和工艺域之间的映射变换是从生产、制造和装配的角度确定具体产品的过程,从并行工程的角度考虑,客户域到功能域以及功能域到结构域的映射应同时进行,这样,在设计开发过程中就将产品生命周期的所有因素都考虑了进去。

产品实现创新主要指在概念设计阶段开发出满足不同客户需求的新功能和技术原理,即公理设计过程的前两个映射过程(图3.1中前两部分):客户域到功能域的映射和功能域到结构域的映射。客户域到功能域的映射过程最能体现设计者的创造能力,在这一过程中,通过分析客户需求信息,即顾客对产品性能、外观等各方面的不同需求,确定实现这些需求的产品所应该具有的功能要求和产品设计生产时的约束条件。从功能域到结构域的映射,实际上是功能结构图中的每一个分功能与实现该部分功能的物理结构之间进行匹配的过程。在该映射变换过程中,根据功能分解结果,在现有的技术中选择不同的技术进行集成或开发新技术实现产品的功能要求,以达到产品的预期设计目标。

二、"之"字形映射关系变换

公理设计通过相邻的两个设计域之间进行"之"字形映射变换进行产品设计,并在变换的过程中利用设计公理判断设计的合理性及最优化。与其他的设计理论相比,公理设计不是单纯在每一个设计域中完成自身的设计,而是在相邻的两个设计域之间自上而下进行变换,充分考虑两者之间的相互关系,整个映射关系过程被形象地描述为"之"字形变换,如图3.3所示。

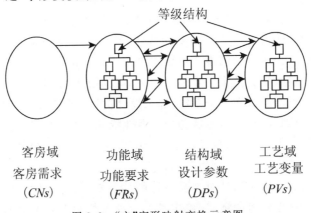

图3.3 "之"字形映射变换示意图

以功能域到结构域之间的变换为例,设计人员必须对所要设计产品的功能有详细的了解,即这个产品具体要完成什么样的任务以及完成任务需要什么功能要求,以确定产品基本功能要求。从基本功能要求出发划分出子功能要求,功能要求就可以分解并形成一个功能层次模型,相应的设计参数也可以划分为不同的级别。每一层都有自己的设计目标,高层的设计决策影响低层次问题的求解状态。

变换中设计者首先从基本要求出发,确定基本设计参数,当基本要求被满足后,根据基本参数来进行子功能划分,再根据子功能确定该级的设计参数,当子功能完全被满足后,再划分下一级子功能,以此类推,直到分解到子问题全部解决为止,即设计者进行分解直到完全知道自己该如何做就能完成设计为止。经过"之"字形交错变换,设计者就得到了功能层次模型、设计参数层次模型以及参数和功能要求之间的关系。子功能要求是在考虑父设计参数(父设计参数具有何功能才能实现父功能要求)的前提下进行分解得到的。

功能域和结构域以及结构域和工艺域之间是通过"之"字形映射变换联系在一起的。它们之间具有一定的映射关系,某设计域一个参数发生变化,相应的其他设计域参数也会发生变化,这样在设计过程中,只要改变参数,就会产生连锁反应,设计人员可以跟踪设计过程找到对应的变化,减少了设计的重复工作,提高了设计的准确性和设计人员的工作效率,降低了设计时的风险,缩短了设计周期。但是,公理设计并没有从理论的角度提出客户域和功能域之间的映射变换关系,也没有提供合理的方法。

三、设计等级树

在概念设计阶段,功能要求是设计过程的输入,根据功能要求定义的功能载体结构是相应的解决方案。在详细设计阶段,功能载体作为设计过程的输入,相应确定的组成部件、系统则作为过程的输出。在设计技术系统和装配组件时,结构模型既需要描述功能载体,又需要表示出技术系统。公理设计的"之"字形结构模型既可以用在概念设计阶段表示产品的功能载体,又可以用在详细设计阶段描述整个产品的结构组成。公理设计的整个过程主要指功能域和结构域以及结构域和工艺域之间的映射变换过程。整个设计是一个从高级别的抽象概括到低级别的详细描述的过程。如果把产品看作一个系统,那么设计就是一个把系统划分为子系统,然后划分为部件,再划分为零件,最后划分为零件特征的过程。设计最终结果是一个不同级别的功能要求、设计参数以及工艺变量组成的设计等级树,并且非常清晰地描述了各个设计域的工作目的,如图3.3所示。

设计等级树的最高级别是对产品设计的抽象概括,设计树中叶参数是产品的最终设计结果。在设计树的顶层,确定基本设计参数实现基本功能要求是设计的关键,基本设计参数是产品的主干,它决定了产品的设计方向。低级别的设计参数用来提供产品系统需要实现的功能。叶设计参数是设计的最终结果,它描述了产品的组成和结构。由此可见,产品的设计本质上就是设计参数由抽象到具体的过程,因此,产品可以看作是由所有设计参数而不仅仅是设计树最底层的设计参数组成的,叶设计参数只是对产品的完整描述。

在设计过程中,设计者需要判断设计决策的正确性和合理性,以保证得到比较好的设计。根据功能要求的定义,设计人员必须在各级功能要求树中选择最少的功能要求以满足客户需求,设计方案会随着功能要求数的增加而变得复杂。在确定设计的功能要求和设计参数之后,设计者以设计公理为依据,结合自己的经验知识,判断选择的设计参数是否能够得到比较满意的结果。设计者按照公理设计提供的"之"字形变换设计路线,在每一级都进行设计的质量评判,分解到设计不需要进行任何决策即所有的设计问题完全解决为止,完成整个产品的设计。满足功能独立公理时,DP、PV 的数目应该和 FR 的数目相等。即理论上,$N_{PV} = N_{DP} = N_{FR}$,实际上满足公理设计的合理设计为:$N_{PV} \geqslant N_{DP} \geqslant N_{FR}$。在实际设计中力求做到功能要求、设计参数以及工艺变量一一对应,这样便于设计矩阵的确定和分析。

第三节 设计公理

Suh 教授通过对优劣设计的研究,分析了两种不同类型设计方案的特征和属性,总结了两条基本的设计公理以评价设计的优劣。

公理 1(独立公理):保持功能要求之间的独立性。

公理 1 主要说明功能要求和设计参数之间的关系,其焦点是功能要求和设计参数之间的变换关系。公理 1 通过分析功能要求和其他功能要求对应的设计参数之间的关系间接地判断两个功能要求之间的独立性。设计人员需要选择一个最恰当的设计参数集合以满足各个功能要求之间的独立性。需要强调的是,独立公理的"独立"指的是设计的"功能"彼此独立,而不是"设计参数"彼此独立。

公理 2(信息公理):设计包含信息量力求最少。

公理 2 表明在所有满足独立公理的设计中,包含的信息量最少的设计是最优设计。它是用来对设计进行评价和比较的检测方法。根据公理 2 的要求,设计人员在设计中应当尽量简化设计工作,建立数学模型,以减少设计中各种因素的影响,同时也减少产生功能耦合的可能性。此外,公理 2 只处理预先确定好的功能要求和设计参数之间的关系,这样就不会对其他必需的功能要求产生影响。信息公理表明在满足功能独立的条件下,可以通过合并设计参数的方法减少信息量。

一、公理 1:功能独立性公理

公理设计应用公理 1 对产品功能结构进行分析,通过定义功能要求和设计参数之间的相互影响关系,间接描述两个功能要求之间的相互作用。公理设计用公式的形式来描述功能要求和设计参数之间的关系:

$$
\begin{Bmatrix} FR_1 \\ \vdots \\ FR_n \end{Bmatrix} = \begin{Bmatrix} a_{11} & a_{12} & \cdots & a_{1j} & \cdots & a_{1n} \\ a_{21} & a_{22} & \cdots & a_{2j} & \cdots & a_{2n} \\ \vdots & \vdots & \vdots & \vdots & \vdots & \vdots \\ a_{i1} & a_{i2} & \cdots & a_{ij} & \cdots & a_{in} \\ \vdots & \vdots & \vdots & \vdots & \vdots & \vdots \\ a_{n1} & a_{n2} & \cdots & a_{nj} & \cdots & a_{nn} \end{Bmatrix} \times \begin{Bmatrix} DP_1 \\ \vdots \\ DP_n \end{Bmatrix} \qquad (3.1)
$$

矩阵 A 的元素根据方程(3.2)确定

$$\Delta FR_1 = \frac{\partial FR_1}{\partial DP_1}\Delta DP_1 + \cdots + \frac{\partial FR_1}{\partial DP_n}\Delta DP_n$$

$$\Delta FR_2 = \frac{\partial FR_2}{\partial DP_1}\Delta DP_2 + \cdots + \frac{\partial FR_2}{\partial DP_n}\Delta DP_n$$

$$\vdots$$

$$\Delta FR_n = \frac{\partial FR_n}{\partial DP_1}\Delta DP_1 + \cdots + \frac{\partial FR_n}{\partial DP_n}\Delta DP_n \qquad (3.2)$$

所以式中：

$$a_{ij} = \frac{\partial FR_i}{\partial DP_j} \quad i = 1,2,\cdots,n, \quad j = 1,2,\cdots,n \qquad (3.3)$$

设 $A = \begin{bmatrix} a_{11} & a_{12} & \cdots & a_{1j} & \cdots & a_{1n} \\ a_{21} & a_{22} & \cdots & a_{2j} & \cdots & a_{2n} \\ \vdots & \vdots & \vdots & \vdots & & \vdots \\ a_{i1} & a_{i2} & \cdots & a_{ij} & \cdots & a_{in} \\ \vdots & \vdots & \vdots & \vdots & & \vdots \\ a_{n1} & a_{n2} & \cdots & a_{nj} & \cdots & a_{nn} \end{bmatrix}$ ，称为设计矩阵。

依据公式(3.2)，在公理设计中每一个功能要求都能表示为设计矩阵中的某一行与相对应的设计参数相乘。公式(3.1)和公式(3.2)只表示了设计参数和功能要求之间的映射关系。公式(3.4)和公式(3.5)则主要用来判断功能要求之间的独立性。

$$R = \prod_{\substack{i=1,n-1 \\ j=i+1,n}} \left\{ 1 - \frac{(\sum_{i=1}^{n} A_{i1} \times A_{ij})^2}{(\sum_{i=1}^{n} A_{i1})^2 \times (\sum_{i=1}^{n} A_{ij})^2} \right\}^{\frac{1}{2}} \qquad (3.4)$$

$$S = \prod_{j=1}^{n} \left[\frac{|A_{ij}|}{(\sum_{i=1}^{n} A_{ij}^2)^{\frac{1}{2}}} \right] \qquad (3.5)$$

对于任何一个给定的功能要求 FR_i 来说，其他设计参数变化对它的影响不能超出设计规定的 FR_i 的误差范围。即：

$$\delta FR_1 \geqslant \sum_{\substack{i=1 \\ j \neq i}}^{n} \left| \frac{\partial FR_i}{\partial DP_j}\Delta DP_j \right| \qquad (3.6)$$

在一个设计中，如果调整满足自身的设计参数而没有对其他的功能要求产生影响，就能保证各个功能要求之间没有相互影响。根据设计矩阵的形式，将设计分为三种：非耦合设计、准耦合设计、耦合设计，如图3.4所示。当设计矩阵为对角阵时，表明功能要求通过设计参数可以满足其独立性原理，这样的设计为非耦合设计；当设计矩阵为三角阵时，设计参数必须按某一适当的顺序排列才能满足独立性原理，这样的设计称为准耦合设计；当设计矩阵为一般阵时，设计为耦合设计。

$$\begin{bmatrix} 1 & 0 \\ 0 & 1 \end{bmatrix} \qquad \begin{bmatrix} 1 & 0 \\ 1 & 1 \end{bmatrix} \qquad \begin{bmatrix} 1 & 1 \\ 1 & 1 \end{bmatrix}$$

非耦合设计 　　　　　准耦合设计 　　　　 耦合设计

图 3.4　设计矩阵的三种形式

（1表示强联系，0表示弱联系）

公理1表明：功能要求过多过高或过低过少都不是好的设计，两个或两个以上的相关功能要求，应被一个相当的功能要求所代替。功能要求的独立性并不是要求每个零件只满足一个功能要求。恰恰相反，如果一个零件能够相互独立满足所有必要的功能要求，那么它就是一个最佳设计。不满足公理1的设计将产生功能耦合，即这样的设计不能保证所设计的系统符合要求，而且需要对设计参数进行循环设计。结构域中设计参数必须满足特定的情况才能达到优化设计的目的。

现实设计中某些功能要求和设计参数的关系根本无法用公式的形式描述，公理1只是提供了一种评判标准。实际设计矩阵的元素判断依据：如果调整设计参数 DP_j，功能要求 FR_i 会相应地发生变化，那么设计矩阵中的 a_{ij} 就是1，表示功能要求 FR_i 和 FR_j 是相关的。否则 $a_{ij}=0$，则表示两者不相关。由此可见，设计矩阵是把功能要求之间的关系转换成功能要求和设计参数之间的关系，通过分析判断功能要求和其他设计参数之间的关系间接判断两个功能要求之间是否相关联。

实际上，各个级别设计矩阵很难达到都是非耦合的状态，但设计中应力求做到准耦合设计。在准耦合设计中，应根据 FR 与 DP 之间的关系，按照一定的顺序确定设计参数。即首先确定设计矩阵中不对其他功能要求产生影响的设计参数，选择受其他功能要求影响的设计参数时要预先考虑已经确定的设计参数对它们的影响，这样可提高设计的合理性以及成功率。

二、公理2：信息最少公理

公理2从功能要求实现的预期效果角度定义信息含量。对于给定的 FR_i，信息量 I_i 由满足一个给定 FR_i 的概率确定：

$$I_i = -\log_2 P_i \tag{3.7}$$

信息的单位是比特。选择对数函数是为了当有许多功能要求必须同时满足时，可以将信息量相加。也可以使用自然对数或常数对数。

如果有 m 个 FRs，则整个系统的信息量 I_{sys} 为：

$$I_{sys} = -\log_2 P_{\{m\}} \tag{3.8}$$

其中 $P_{\{m\}}$ 是所有 m 个 FRs 的联合概率。当所有的 FRs 相互独立，即设计为非耦合设计时：

$$P_{\{m\}} = \prod_{i=1}^{m} P_i \tag{3.9}$$

则 I_{sys} 可以表示为：

$$I_{sys} = \sum_{i=1}^{m} I_i = \sum_{i=a}^{m} \log_2 P_i \qquad (3.10)$$

当不是所有的 FRs 都相互独立，即设计为准耦合设计时：

$$P_{\{m\}} = \prod_{i=1}^{m} P_{i|(j)} \qquad j = 1,2,\cdots,i-1 \qquad (3.11)$$

其中 $P_{i|(j)}$ 是 FR_i 相对于其他所有相关 $\{FR_j\}_{j=1,2,\cdots,i-1}$ 的条件概率。则 I_{sys} 可以表示为：

$$I_{sys} = -\sum_{i=a}^{m} \log_2 P_{i/j} \qquad \{j\} = \{1,2,\cdots,i-1\} \qquad (3.12)$$

信息公理表明 I 最小的设计是最好的设计。当所有的概率为 1 时，信息量为 0，相反地，当一个或多个概率为 0 时，所需信息量为无穷大。也就是说，概率越小，设计人员就必须提供越多的信息来满足功能要求。

设计成功的概率越低，设计越复杂，也就是满足 FRs 所需的信息量越高。对于一个产品，当 FRs 的公差很小时，需要很高的精度。当产品有许多部件时，由于部件数量的增加，一些部件不满足给定需求的可能性也增加，这时也会出现设计复杂的情况。在这种意义上，由于复杂系统可能需要更多的信息满足系统功能，所以信息量是定量测量系统复杂性的方法。如果信息量低，一个大系统也不一定是复杂的系统。相反地，如果信息量高，小系统也有可能是复杂系统。也就说，系统的大小和复杂性是两个不同的概念。所以，复杂性的概念与 FRs 的设计范围有关：设计范围越小，越难满足 FRs。实际上，成功的概率是由设计人员定义的 FRs 设计范围和在给定范围内生产零件的系统能力的交集决定的。成功的概率可以通过对确定的 FR 的设计范围（design range，DR）和系统可以提供的满足 FR 的系统范围（system range，SR）计算来得到。图 3.5 是对两个范围的图形表示。

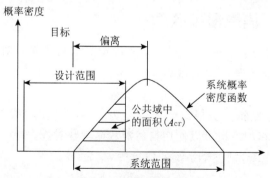

图 3.5 设计范围和系统范围示意图

纵坐标为概率密度（probability design），横坐标为 FR 或 DP（取决于所在映射域）。在图 3.5 中，对于特定的 FR，在系统域内绘制系统概率密度函数（system probability density function，system PDF）。设计域和系统域的交集称为公共域

(common range,CR),这是满足 FR 的区域。在公共域 A_{cr} 内的系统概率密度函数是满足给定目标的概率。信息量可以表示为：

$$I = \log_2 \frac{1}{A_{cr}} \tag{3.13}$$

根据信息含量的定义,必须最大限度地使设计参数满足功能要求,也就是说最好的设计应该是设计参数能最大限度满足功能要求的设计。即使非工程信息含量的测量相对比较困难,但是公理 2 仍旧提供了选择最优方案的一种方法。

公理设计虽然提供了两条设计公理作为设计优劣的判断依据,也给出了相应的定义公式,但是设计是一个主观的、以人为本的活动,因此很多情况下,设计很难用公式完全描述出来,这就需要设计人员有很丰富的设计经验、良好的专业知识以及大量的生活常识。此外,公理设计并没有提供理论方法的支持以保证设计遵循设计公理。Suh 也承认公理设计没有提供任何既符合功能独立性公理,又符合信息最少公理的方法。

第四节　公理设计分析框架

公理设计的目的是帮助设计人员提高设计决策能力,帮助设计人员在概念设计阶段获得比较好的设计方案。公理设计的设计过程不仅仅是选择恰当的设计方案来实现设计目标,还是从基本的产品功能要求出发,利用"之"字形映射变换方法,进行功能分解、确定设计参数和工艺变量的一个从抽象到具体的设计过程,也是解决设计问题过程以及设计信息组成有机体的过程。设计公理只提供了在分解的每一级如何选择恰当的设计参数满足功能要求的方法,但并没有从理论上指导设计人员如何进行分解活动。Tate 提出了一套详细的分析方法,在考虑功能独立性公理要求下指导设计者进行功能、物理结构分析。

一、公理设计过程中的设计活动

公理设计构建了一个基本的设计分解框架指导设计活动。在一个产品设计过程中,设计人员按不同的设计级别进行产品功能结构分解,在每一级中解决设计问题,选择合适的设计参数来实现对应的功能要求。设计就是对产品从抽象到具体的一个详细的分解过程。除了设计公理,公理设计还提供了一个通用的设计分解框架,指导设计人员进行功能结构分解,并进行合理的设计决策。通用设计分析框架描述了整个产品设计过程,将设计人员的活动、工具以及设计理论有机组合在一起,保证设计人员在设计分解过程中能够作出合理一致的设计决策。设计过程涉及产品设计过程、设计决策规则和标准以及特殊领域设计工具和方法三方面内容,它提供正确的设计方法并以设计公理等理论为依据,帮助设计人员清楚地记录自己的设计活动,作出正确的设计决策,得到合理的设计结果。

公理设计定义产品的设计过程是设计人员开发或选择合适的方法以实现一定目标,满足约束的设计活动集合。产品的设计过程就是设计人员人为的设计活动行为,产品的设计就是设计人员的活动结果。在公理设计过程中包括两类活动:分解活动和分析活动。

分解活动包括:

(1)子功能要求的生成。

(2)设计参数的物理集成。

(3)设计过程的分解顺序的确定。

(4)设计参数的描述(设计参数的位置布置和尺寸链的定制)。

(5)设计约束向下一级的转化和生成。

(6)功能要求、设计参数、设计矩阵、设计约束的一致性判断。

(7)相应的客户需求的确定。

分析活动包括:

(1)设计参数的综合分析。

(2)根据设计约束比较设计参数。

(3)耦合设计的降耦。

(4)耦合设计中设计参数的优化。

(5)非耦合与准耦合设计中的设计参数值的调整和设定。

公理设计的整个设计过程可以概括为设计活动相互结合在一起形成的整体人为设计活动的过程。各个设计活动不是相互独立的,它们之间有一定的因果关系和先后顺序,按照这种因果关系以及一定的顺序结合成一个有机整体。每一个设计活动都有自己的评判标准或行为准则,从整体上来讲,分解活动首先要考虑的就是设计的"一致性",如果设计分解中低一级的设计决策和上一级的设计决策保持一致,就减少了设计的重复,提高了工作效率,就能保证短时间内得到一个比较好的设计结果。

二、一致性

一致性是在分解过程中判定设计分解正确与否的依据。一致性定义为:设计的子功能要求及其设计变量(设计参数、设计约束等)的分解必须与设计决策和等级结构树中上一级的表示内容相符合。在分解过程中,好的设计决策能够帮助设计者在等级结构树每一级中抽象地描述一个设计目标,但是,设计的整个等级结构树描述了同一个设计的目标。

设计矩阵中的元素表示了功能要求和设计参数之间的关系,下面利用设计矩阵表示设计参数的变化对功能要求的影响,详细说明一致性要求的产生和判断方法,一致性在任意两个相邻级别的设计分解过程中都必须进行分析、判断。

假设在完成某一级分解后,功能要求和设计参数关系形式如下:

$$\left\{\begin{array}{c} \vdots \\ FR_{x.i} \\ FR_{x.j} \\ \vdots \end{array}\right\} = \left[\begin{array}{ccc} \cdots & \vdots & \\ & A_{x(i,i)} & A_{x(i,j)} \\ & A_{x(j,i)} & A_{x(j,j)} \\ & \vdots & \cdots \end{array}\right] \times \left\{\begin{array}{c} \vdots \\ DP_{x.i} \\ DP_{x.j} \\ \vdots \end{array}\right\} \tag{3.14}$$

在判断矩阵元素 $A_{x(i,j)}$ 和 $A_{x(j,i)}$ 时需要分析设计中的如下问题:当设计参数 DP_i 或 DP_j 变化时,功能要求 FR_j 或 FR_i 是不是也受到影响,即 DP_i 和 DP_j 两者之中某一个发生变化时,是否会影响另一个也要发生变化。设计矩阵的元素判断完成后,设计者通过设计公理分析设计的合理性,然后把设计矩阵调整成符合公理 1 的形式,根据调整后的设计矩阵描述的各个功能要求之间的关系,按顺序进行分解。

假设下一级功能要求和设计参数均分解为两个子功能要求和子设计参数,分解之后功能要求和设计参数之间的关系如下:

$$\left\{\begin{array}{c} \vdots \\ FR_{x.i}\left\{\begin{array}{c}FR_{x.i.1}\\FR_{x.i.2}\end{array}\right\} \\ FR_{x.j}\left\{\begin{array}{c}FR_{x.j.1}\\FR_{x.j.2}\end{array}\right\} \\ \vdots \end{array}\right\} = \left[\begin{array}{ccccc} \cdots & \vdots & & & \\ & A_{x(i1,i1)} & A_{x(i1,i2)} & A_{x(i1,j1)} & A_{x(i1,j2)} \\ & A_{x(i2,i1)} & A_{x(i2,i2)} & A_{x(i2,j2)} & A_{x(i2,j2)} \\ & A_{x(j1,i1)} & A_{x(j1,i2)} & A_{x(j1,j1)} & A_{x(j1,j2)} \\ & A_{x(j2,i1)} & A_{x(j2,i2)} & A_{x(j2,j1)} & A_{x(j2,j2)} \\ & & & \vdots & \cdots \end{array}\right] \times$$

$$\left\{\begin{array}{c} \vdots \\ DP_{x.i}\left\{\begin{array}{c}DP_{x.i.1}\\DP_{x.j.2}\end{array}\right\} \\ DP_{x.j}\left\{\begin{array}{c}DP_{x.j.1}\\DP_{x.i.2}\end{array}\right\} \\ \vdots \end{array}\right\} \tag{3.15}$$

在这一级别,设计者需要确定功能要求和设计参数分解之后的各自的设计矩阵以及分解后的设计一致性。设计者首先要确定设计矩阵中的元素 $A_{x(i.x,i.x)}$ 和 $A_{x(j.x,j.x)}$(x 代表 1 或 2),并保证设计符合公理 1 的要求。即使分解后各自设计矩阵是三角阵或对角阵,但是如果分解的结果和上一级发生冲突,如 FR_{xi} 在上一级不受 DP_{xj} 的影响,可分解后,$FR_{xi.1}$ 和 $DP_{xj.2}$ 有关联,那么设计分解结果就会发生不一致,所以在设计过程中,必须要考虑设计一致性,否则最终设计结果并不能保证是合理的。设计者通过比较公式(3.14)中的设计矩阵元素 $A_{x(i,j)}$ 和公式(3.15)中的设计矩阵元素 $\begin{array}{cc} A_{x(i1,j1)} & A_{x(i1,j2)} \\ A_{x(i2,j1)} & A_{x(i2,j2)} \end{array}$ 以及公式(3.14)中的 $A_{x(j,i)}$ 和公式(3.15)中的

$A_{x(j1,i1)}$ $A_{x(j1,i2)}$ 判断设计的一致性。
$A_{x(j2,i1)}$ $A_{x(j2,i2)}$

一个设计分解过程主要包括功能要求分解、设计参数选择、设计矩阵确定以及设计约束精炼,一致性在这几种情况下都有可能发生。所以设计过程中的一致性分析大致可以概括为:功能要求一致性分析、设计参数一致性分析、设计矩阵一致性分析以及设计约束一致性分析。根据各种情况发生前后矛盾的具体情况,采用不同方法进行判断。

各种设计变量发生前后矛盾的具体情况如下:

(1)功能要求的前后矛盾:子功能要求与父功能要求—设计参数对所要求的功能不符;功能要求分解后,产生多余或不必要的子功能要求;子功能要求没有完全实现预期父功能要求;子功能要求描述父功能要求的形式和父设计参数实现父功能要求的方式不一致。

(2)设计参数的前后矛盾:设计参数实现功能要求的能力不足;设计参数物理结构集成与父级别功能独立的要求产生矛盾;父设计参数满足自身设计约束的要求,但是子设计参数不满足自身设计约束的要求。

(3)设计矩阵的前后矛盾:在高级别设计矩阵中,某一对功能要求和设计参数不相关,在低一级设计矩阵中分解后的子功能要求和设计参数中至少有一对相关;或者说对于上一级设计矩阵中的一个非对角线元素表示某一对功能要求和设计参数相关,但是下一级设计矩阵没有一个元素来表示这个关系。

(4)设计约束的前后矛盾:子设计参数不满足从上一级设计参数提炼转化到下一级的约束条件。

保证设计矩阵一致性遵循的设计准则:

(1) 设计公式中设计参数的抽象程度不一定是完全一样的,有些设计参数需要分解,有些就不需要分解。

(2) 如果两个过程发生干扰,那么设计者确定与此相关的非对角元素值为1。

(3) 在确定两对功能要求—设计参数对的关系时,首先根据两者之间的相互影响,确定与此相关的非对角线元素。

设计者有三种方法保证设计的一致性。第一种,设计者可以从整体上忽略一致性问题。这种方法假设只有单个的设计人员来完成设计项目,此时设计人员对整个设计非常清楚,那么在整个设计过程中,功能要求和设计参数的分析以及设计决策就可以保证一致性。第二种方法是设计者通过比较分析新设计决策和原有设计决策,确定前后设计决策是否保持一致。第三种方法是设计者通过分析可能导致不一致的设计决策,判断设计的一致性,并把出现设计不一致性的概率降到最小。设计者必须充分理解设计分解过程,并应用设计分解模型提供的分析工具,避免这些矛盾的产生。

三、公理设计的分析过程

公理设计分析过程将分析活动组合为一个有机的流程,分析每一级的设计决策是否符合公理1的要求,并确定满足设计分解结果的设计参数。其包括两个设计目的:确定、选择设计参数;设定设计参数的值,公理设计分析过程如图3.6所示。

公理设计既可以进行新产品的开发设计,同时也可以对现有产品进行改进。在进行产品开发时,设计者完成分解后,根据父设计参数、客户需求、设计约束选择适当的设计参数,如果设计参数满足设计的约束,设计是准耦合或非耦合的,设计者通过调试确定设计参数的值;否则设计者要重新进行设计分解,直到获得符合功能独立公理的设计结果,只有每一级的设计分解结果满足功能独立性公理的要求,才能进行下一级的分解。

在进行现有产品的改进时,设计者根据客户需求、设计约束、现有产品设计,进行设计目标分析,确定产品的组成部分以实现分解后不同的功能要求。如果设计是耦合的或不满足设计约束条件,那么设计者可以通过两条途径来进行产品的优化。第一条途径为设计可以利用退耦的方法,把耦合设计转换成非耦合或准耦合的,通过调试确定合适的设计参数值;第二条途径为设计无法转换成非耦合或准耦合设计,那就说明这里需要进行改进,利用其他方法对产品重新设计改进。

功能独立性公理是设计者进行设计分析活动的依据,设计者每完成一级设计任务,就会通过分析设计矩阵,确定功能之间的耦合关系,确保产品符合功能独立的要求。设计本身是一个主观活动,设计者的设计活动也是随意的。最初的设计矩阵只表示分解后的功能要求之间的关系,是随机的,设计矩阵虽然可能不是三角阵,但是通过特殊的变换,某些设计矩阵就能够转换成三角阵。只有通过分析之后,才能确定设计矩阵是否可以转化成三角阵。设计矩阵分析转化后的结果是三角阵,那么设计是准耦合设计,只要设计时按照一定的顺序分解,即先分解功能独立的功能要求,再根据该功能要求对其他功能要求的影响分解其他功能要求,才能满足功能独立的要求。

设计矩阵每一个元素都具有一定的物理含义,它表示了设计参数和功能要求之间的影响关系,在变换过程中,每一个元素所对应的设计参数和功能要求不能发生变化,即变换时,相应的列也必须发生变化。

设计矩阵的转换方法是:

第一步:找到设计矩阵中只包含一个非零元素的行,将该行和非零元素所在列放到第1行、第1列。

第二步:除去转换后的第1行、第1列,再找到只包含一个非零元素的行,将该行和元素所在列放到第2行和第2列。

第三步:按照这种方法重复进行直到最后一行和最后一列。

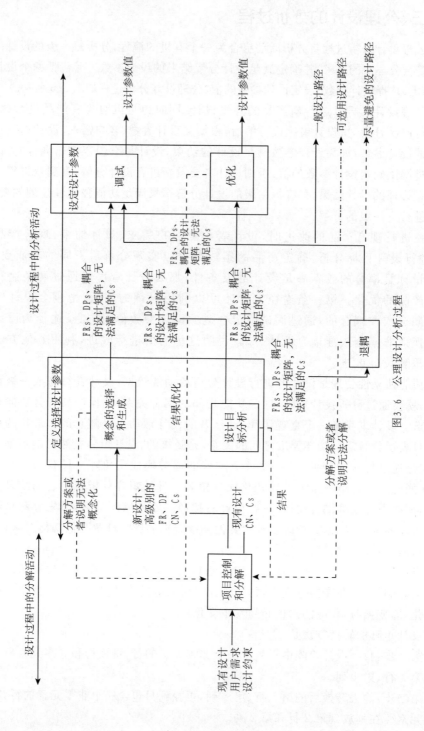

图3.6 公理设计分析过程

如图 3.7 所示,设计矩阵的第 3 行只包含一个非零元素 A_{33},所以将第 3 行和第 3 列转换到第 1 行、第 1 列;除去转换后的第 1 行、第 1 列,设计矩阵可以看成一个 3×3 矩阵,在这个简化后的设计矩阵中,A_{22} 所在的行只有它一个非零元素,所以将原来矩阵 A_{22} 所在的行和列放在第 2 行和第 2 列,依此类推,就可以将随机矩阵转换成三角阵。

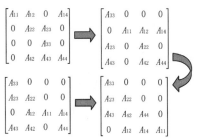

图 3.7 设计矩阵变换方法示意图

四、公理设计分解过程

公理设计中多个设计等级相互关联的分解活动联系起来实现分解过程,其目的是在满足功能独立公理的条件下,设计者在每一级更快、更简单地完成设计决策,公理设计分解过程如图 3.8 所示。设计者进行分解前要根据设计分析的结果,即通过设计矩阵来确定设计的顺序,分解是在考虑上一级设计参数的前提下,将父功能要求分解成能够体现出父设计参数功能的最少子功能要求;一般设计者根据父功能要求—设计参数进行分解,但是设计者也可以参考与所分解功能要求相关的客户需求,将父功能要求分解成实现客户需求的最少子功能要求。分解同时需要将与功能要求相联系的设计约束转换成下一级的设计约束或是功能要求,这样就完成了功能分解,但是还必须检验子功能要求和父功能要求之间的一致性。分析过程中分析、确定合适的设计参数,验证设计矩阵和子设计参数的一致性。此外,确定设计参数之后,在分解过程中也可以设定设计参数的大小、布置和结构集成。分解设计过程有它自身的起点和终点,设计活动按一定的顺序进行。每一个设计活动都是设计输入向输出的转变过程,设计者思考、解决典型设计问题来完成设计决策。

公理设计的最终设计结果,是用满足功能独立性公理和设计一致性要求的一系列叶设计参数来描述整个产品的组成或者结构特征。设计分解的每一级需要验证功能独立性,分解完毕需要验证设计的一致性,功能独立性通过每一级的设计矩阵验证,设计的一致性通过分析上下两级的设计矩阵验证,即从最高级开始,一直到设计分解完成,从最高级的设计矩阵扩展成一个只表示叶节点的功能要求和设计参数关系的最终设计矩阵。整个产品组成的确定过程根据叶设计参数对叶功能要求的影响关系表示的顺序进行,如图 3.9 所示。

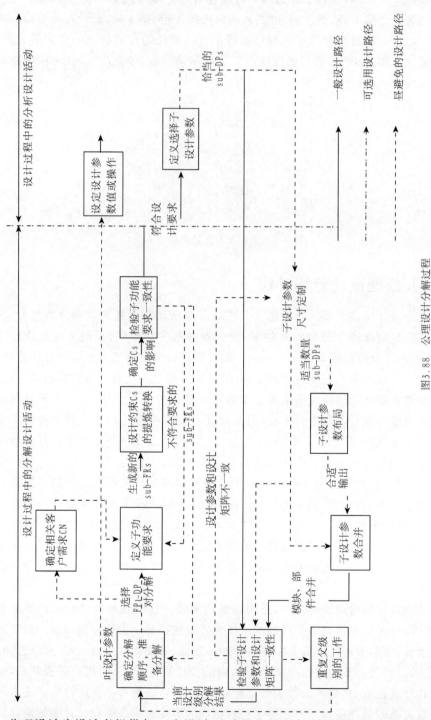

图3.88 公理设计分解过程

公理设计为设计者提供每一个设计活动的指导方针,架接起设计决策和设计

	DP_1	DP_3	DP_2
FR_1	1	0	0
FR_3	0	1	0
FR_2	1	1	1

第一级分解

	DP_{11}	DP_{12}	DP_{13}
FR_{11}	1	0	0
FR_{12}	1	1	0
FR_{13}	1	1	1

第二级分解

一致性分析

		DP_1			DP_3	DP_2
		DP_{11}	DP_{12}	DP_{13}		
FR_1	FR_{11}	1	0	0	0	0
	FR_{12}	1	1	0	0	0
	FR_{13}	1	1	1	0	0
FR_3		0	0	0	1	0
FR_2		1	1	0	1	1

图 3.9 设计过程一致性分析示意图

(图中 1 和 0 分别表示下一级分解设计参数和上一级功能要求的相关和不相关)

目标之间的桥梁,帮助设计者更好地完成任务。Tate 通过对设计活动的分析,以输入、输出的形式描述了设计活动以及分解过程中设计者需要考虑的关键性问题,详细说明了整个设计分解过程。设计活动的描述完全体现了设计活动的目的,可供设计者选择的方法,实现设计目的的设计准则。

整个公理设计过程由分析过程和分解过程两部分组成,设计者不同的设计活动将这两个过程有机地结合在一起,并把整个设计过程标准化,可适用于不同类型的设计,既可以进行产品的概念设计,又可以对产品的开发决策进行分析,同时还可以对产品进行详细设计。

第五节 应用案例

一、闸阀

闸阀是阀门的一种,主要起切断管路的作用,适用于高炉热风炉系统的烟道、冷风、助燃气、燃烧及煤气等管道,可对烟气、煤气、空气进行有效的切断。从公理设计角度看,闸阀实现的客户需求是控制管路的通断,闸阀的工作环境比较特殊,用于毒性、污染气体的管路控制中,因此设计必须保证闸阀的整体密封性,设计约束为保证闸阀整体的密封。闸阀结构简单,实现的客户需求相对也比较直观,因此就闸阀的分析而言,不需要进一步分析闸阀的客户需求。本节重点是如何应用公理设计进行闸阀功能分解,并判断功能独立性和设计一致性,根据闸阀的组成结构之间的关系确定设计的顺序。应用公理设计提供设计框架,采用"之"字形变换方法,从功能分解的角度,将该种闸阀分解为三级,得到闸阀的功能要求和设计参数的分解图,如图 3.10 所示。

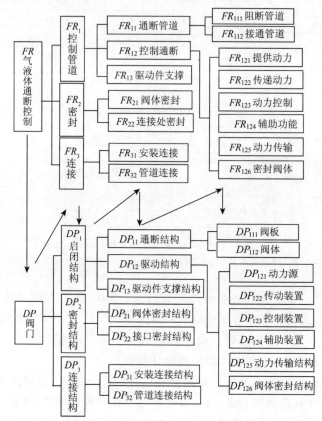

图 3.10　闸阀功能要求和设计参数分解等级结构

1. 闸阀第一级结构分解

公理设计采用从产品抽象概括到具体组成结构或结构特征的自上而下的分解方法。闸阀的基本功能 FR:气液体通断控制分解为三个功能要求:FR_1 启闭,FR_2 密封,FR_3 连接。相应的设计参数为:DP_1 启闭结构,DP_2 密封结构,DP_3 连接结构。通过分析设计参数和功能要求之间的关系得到第一级设计矩阵:

$$A_1 = \begin{bmatrix} 1 & 0 & 0 \\ 1 & 1 & 1 \\ 0 & 0 & 1 \end{bmatrix} \qquad (3.16)$$

经过矩阵调整(设计参数和功能要求的排列顺序的变化),第一级功能要求和设计矩阵的关系为:

$$\begin{Bmatrix} FR_1 \\ FR_3 \\ FR_2 \end{Bmatrix} = \begin{bmatrix} 1 & 0 & 0 \\ 0 & 1 & 0 \\ 1 & 1 & 1 \end{bmatrix} \times \begin{Bmatrix} DP_1 \\ DP_3 \\ DP_2 \end{Bmatrix} \qquad (3.17)$$

这一级主要是对闸阀功能的抽象概括,将闸阀分解成了三个功能模块:启闭结构、密封结构、连接结构。

2. 闸阀第二级结构分解

第二级结构分解是在考虑第一级设计参数前提下,确定能够满足第一级设计参数的功能要求,再根据分解获得的功能要求确定设计参数。实现设计参数 DP_1（启闭结构）必须具备以下功能:FR_{11} 通断,FR_{12} 驱动,FR_{13} 驱动装置的支撑;相对应的设计参数为:DP_{11} 通断结构,DP_{12} 驱动结构,DP_{13} 驱动件支撑结构。这一级的设计矩阵为:

$$A_{21} = \begin{bmatrix} 1 & 0 & 0 \\ 1 & 1 & 0 \\ 1 & 1 & 1 \end{bmatrix} \qquad (3.18)$$

设计参数和功能要求之间的关系为:

$$\begin{Bmatrix} FR_{11} \\ FR_{12} \\ FR_{13} \end{Bmatrix} = \begin{bmatrix} 1 & 0 & 0 \\ 1 & 1 & 0 \\ 1 & 1 & 1 \end{bmatrix} \times \begin{Bmatrix} DP_{11} \\ DP_{12} \\ DP_{13} \end{Bmatrix} \qquad (3.19)$$

设计参数 DP_2（密封结构）指对阀体本身的密封以及管道连接处的密封,所以,将 FR_2 分解为:FR_{21} 阀体密封,FR_{22} 连接处密封。相应的设计参数为:DP_{21} 阀体密封结构,DP_{22} 接口密封结构。很明显,FR_{21} 和 FR_{22} 之间没有明显的干扰,所以这一级的设计矩阵为:

$$A_{22} = \begin{bmatrix} 1 & 0 \\ 0 & 1 \end{bmatrix} \qquad (3.20)$$

设计参数和功能要求之间的关系为:

$$\begin{Bmatrix} FR_{21} \\ FR_{22} \end{Bmatrix} = \begin{bmatrix} 1 & 0 \\ 0 & 1 \end{bmatrix} \times \begin{Bmatrix} DP_{21} \\ DP_{22} \end{Bmatrix} \qquad (3.21)$$

设计参数 DP_3（连接结构）指闸阀通断阀和底座间的固定以及与管道间的连接。所以,根据 DP_3 将 FR_3 分解为:FR_{31} 安装连接,FR_{32} 管道连接,对应的设计参数为:DP_{31} 安装连接结构,DP_{32} 管道连接结构。很明显,FR_{31} 和 FR_{32} 之间也没有干扰,所以这一级的设计矩阵为:

$$A_{23} = \begin{bmatrix} 1 & 0 \\ 0 & 1 \end{bmatrix} \qquad (3.22)$$

设计参数和功能要求之间的关系为:

$$\begin{Bmatrix} FR_{31} \\ FR_{32} \end{Bmatrix} = \begin{bmatrix} 1 & 0 \\ 0 & 1 \end{bmatrix} \times \begin{Bmatrix} DP_{31} \\ DP_{32} \end{Bmatrix} \qquad (3.23)$$

设计参数 DP_{13}(驱动件支撑结构)、DP_{21}(阀体密封结构)、DP_{22}(接口密封结构)、DP_{31}(安装连接结构)、DP_{32}(管道连接结构)不需要进一步分解就可以满足功能要求,所以,这四个设计参数就是叶设计参数,即闸阀的组成部分。

3. 闸阀第三级结构分解

第三级的结构分解主要是为实现设计参数 DP_{11}(通断结构)和 DP_{12}(驱动装置)进行功能分解。类似上述分解过程,功能要求 FR_{11}(通断)分解为:FR_{111} 固定方式和 FR_{112} 活动方式;相应的设计参数为:DP_{111} 阀门主体和 DP_{112} 阀门芯。设计矩阵为:

$$A_{31} = \begin{bmatrix} 1 & 0 \\ 0 & 1 \end{bmatrix} \tag{3.24}$$

设计参数和功能要求之间的关系为:

$$\begin{Bmatrix} FR_{111} \\ FR_{112} \end{Bmatrix} = \begin{bmatrix} 1 & 0 \\ 0 & 1 \end{bmatrix} \times \begin{Bmatrix} DP_{111} \\ DP_{112} \end{Bmatrix} \tag{3.25}$$

功能要求 FR_{12}(驱动)分解为:FR_{121} 提供动力、FR_{122} 传递动力、FR_{123} 动力控制、FR_{124} 辅助功能、FR_{125} 动力传输、FR_{126} 阀体密封。相应的设计参数为:DP_{121} 动力源、DP_{122} 传动装置、DP_{123} 控制装置、DP_{124} 辅助装置、DP_{125} 动力传输结构、DP_{126} 阀体密封结构。这一子级别的设计矩阵为:

$$A_{32} = \begin{bmatrix} 1 & 0 & 0 & 0 & 0 & 0 \\ 1 & 1 & 0 & 0 & 0 & 0 \\ 1 & 1 & 1 & 0 & 0 & 0 \\ 0 & 0 & 0 & 1 & 0 & 0 \\ 1 & 1 & 0 & 0 & 1 & 0 \\ 0 & 0 & 0 & 0 & 1 & 1 \end{bmatrix} \tag{3.26}$$

经过调整,这一级的功能要求和设计参数之间的关系为:

$$\begin{Bmatrix} FR_{121} \\ FR_{122} \\ FR_{123} \\ FR_{125} \\ FR_{126} \\ FR_{124} \end{Bmatrix} = \begin{bmatrix} 1 & 0 & 0 & 0 & 0 & 0 \\ 1 & 1 & 0 & 0 & 0 & 0 \\ 1 & 1 & 1 & 0 & 0 & 0 \\ 1 & 1 & 0 & 1 & 0 & 0 \\ 0 & 0 & 0 & 1 & 1 & 0 \\ 0 & 0 & 0 & 0 & 0 & 1 \end{bmatrix} \times \begin{Bmatrix} DP_{121} \\ DP_{122} \\ DP_{123} \\ DP_{125} \\ DP_{126} \\ DP_{124} \end{Bmatrix} \tag{3.27}$$

功能要求 FR_{11} 和 FR_{12} 分解后的节点均为叶节点,所以整个设计分析过程完成,设计分解的最终结果如图 3.10 所示。以上是整个闸阀的分解过程,但是还需要对设计结果进行进一步的分析,以确定现有的闸阀结构是否满足公理设计的要求,并根据设计矩阵描述的设计参数和功能要求之间的关系,提出符合公理 1 的设计顺序。

功能分解得到了产品组成的等级结构图之后,如何应用得到的设计分析结果评价已有产品呢?设计者需要将设计参数和已有产品的各个组成部分联系在一起,判断产品的组成部件是否和各个设计参数一一对应,将产品的组成部件添加到设计的框架中,实现了一个具体的实例分析,根据设计矩阵进行设计的合理性判断。此外,根据叶设计参数之间的相互影响关系,可以确定设计的顺序:先确定功能独立的叶设计参数,然后再考虑它对其他设计参数的影响的前提下确定其他的设计参数方案。

由于闸阀的结构比较简单,实现的功能也相对较少,因此,在分析过程中没有出现功能耦合。在完成闸阀的功能结构分解后,设计者需要分析现有闸阀的实际结构和设计结果之间的对应关系,判断它现有结构的合理性,并根据叶设计参数之间的关系(相互影响关系),确定设计顺序。

4. 闸阀结构的分析

如何应用公理设计方法评价已有产品呢?设计者需要将设计参数和已有产品的各个组成部分联系在一起,判断产品的组成部件是否和各个设计参数一一对应,将产品的组成部件添加到设计的框架中,实现了一个具体的实例分析,然后根据设计矩阵进行设计的合理性判断。

现有闸阀主要结构如图 3.11 所示。分析分解结果和闸阀的组成,确定闸阀的设计结果和组成部分之间的对应关系为:阀门主体—阀体、阀门芯—阀板、动力源—电动装置和手柄(人力)、传动装置—减速器和链轮链条、动力控制—上下行程开关、辅助装置—配重、动力传输结构—阀杆、阀体密封结构—密封材料、管道密封结构—密封材料、阀体密封结构—阀盖、安装连接结构—底座、管道连接结构—法兰(焊接在阀盖上)、驱动件支撑结构—支架(设计参数中包括的两个阀体密封分别

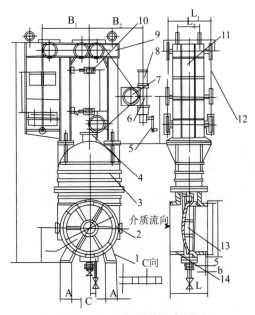

图 3.11　闸阀结构示意图

1.底座;2.法兰;3.阀盖;4.阀杆;5.手柄;6.传动装置;7.链轮;8.电动装置;
9.支架;10.行程开关;11.配重;12.传动链条;13.阀板;14.阀体

指整个阀门被包围成一个实体和如何密封因动力传输结构产生的缝隙,两者不在同一个设计分支上,虽然目的一样,但是实现方式不同)。因此,通过分析可知现有的闸阀结构符合公理设计的要求,是一个合理的设计。

在设计中,很难完全得到一个非耦合的设计,所以设计者在设计的过程中尽量获得准耦合的设计。准耦合设计的设计矩阵为三角阵,在选择设计参数时必须按照一定的设计顺序,考虑在设计参数间的相互影响的前提下才能保证各个功能之间的独立性。功能要求和设计参数之间的关系式 $FR_i = \sum A_{ij} \times DP_j$ 表明,设计矩阵中每一行中的元素表示每一个设计参数和该行对应的功能要求的关系;设计矩阵中的每一列代表每一个设计参数对整个设计的影响。

设计的最终结果是确定满足功能要求的产品的各个组成部分,即各个叶设计参数,因此,要确定各个叶设计参数的设计顺序,就必须根据各个级别的设计矩阵所表示的各个级别的功能要求和设计参数之间的关系,建立一个描述整体设计过程所有叶设计参数和功能要求之间关系的最终设计矩阵。通过分析最终设计矩阵中各个叶设计参数对应的各列中非对角线元素中的"1"的个数,确定出各个叶设计参数的影响程度,根据它们对设计的影响程度,确定出设计的先后顺序。

分解结果中,闸阀一共分解为 13 个叶设计参数,对应着 13 个功能要求。根据各个级别的设计矩阵描述的设计参数和功能要求之间的关系,得到一个 13 行 13 列的最终设计矩阵。采用列表的形式描述叶设计参数和各个功能要求之间的关系,如表 3.1 所示。

表 3.1　叶设计参数和功能要求关系表

DP \ FR	DP_{111} 阀门主体	DP_{112} 阀门芯	DP_{121} 动力源	DP_{122} 传动装置	DP_{123} 控制装置	DP_{125} 动力传输结构	DP_{126} 阀体密封结构	DP_{124} 辅助装置	DP_{13} 驱动件支撑结构	DP_{31} 安装连接结构	DP_{32} 管道连接结构	DP_{21} 阀体密封结构	DP_{22} 管道密封结构
FR_{111} 固定机构	1	0	0	0	0	0	0	0	0	0	0	0	0
FR_{112} 活动机构	0	1	0	0	0	0	0	0	0	0	0	0	0
FR_{121} 提供动力	0	0	1	0	0	0	0	0	0	0	0	0	0
FR_{122} 传递动力	0	0	1	1	0	0	0	0	0	0	0	0	0
FR_{123} 动力控制	0	0	1	1	1	0	0	0	0	0	0	0	0
FR_{125} 动力传输	0	1	1	1	0	1	0	0	0	0	0	0	0

续表

DP \ FR	DP_{111} 阀门主体	DP_{112} 阀门芯	DP_{121} 动力源	DP_{122} 传动装置	DP_{123} 控制装置	DP_{125} 动力传输结构	DP_{126} 阀体密封结构	DP_{124} 辅助装置	DP_{13} 驱动件支撑结构	DP_{31} 安装连接结构	DP_{32} 管道连接结构	DP_{21} 阀体密封结构	DP_{22} 管道密封结构
FR_{126} 阀体密封	0	0	0	0	0	1	1	0	0	0	0	0	0
FR_{124} 辅助功能	0	1	0	0	0	0	0	1	0	0	0	0	0
FR_{13} 驱动件支撑	0	1	1	1	1	1	0	1	1	0	0	0	0
FR_{31} 安装连接	0	0	0	0	0	0	0	0	1	1	0	0	0
FR_{32} 管道连接	0	0	0	0	0	0	0	0	0	0	1	0	0
FR_{21} 阀体密封	1	1	0	1	0	1	1	0	0	0	0	1	0
FR_{22} 连接密封	0	0	0	0	0	0	0	0	0	0	1	0	1

表中深颜色的部分表示叶设计参数和自身所在的分解级别的功能要求之间的关系；白色部分表示叶设计参数和其他功能要求之间的关系。深色部分的元素根据叶设计参数相关的设计矩阵确定，白色部分的元素则是从一致性角度考虑，根据上一级设计矩阵，确定叶设计参数和功能要求之间的关系。例如，DP_{11}（实现方式）的变化对 FR_{12}（驱动）产生影响，所以 DP_{111}（阀芯部分）和 FR_{125}（动力传输）之间有影响。

通过分析表 3.1，总结出一个描述闸阀设计顺序的流程图，如图 3.12 所示。根据闸阀设计的流程图，遵循从外向里的设计分析顺序，确定设计的顺序（图中的 M 代表设计参数，即各个级别的设计参数看成不同级别的模块）。整个闸阀由三个顺序模块 M_1 启闭结构—M_3 连接结构—M_2 密封结构组成，按照此顺序首先确定模块 M_1；M_1 由三个顺序模块 M_{11} 通断结构—M_{12} 驱动结构—M_{13} 驱动件支撑结构组成；M_{11} 由并行模块 M_{111} 阀门主体和 M_{112} 阀门芯组成，所以最先确定的是设计参数 DP_{111} 和 DP_{112}。依此类推，得到整个闸阀结构的设计顺序，如图 3.13 所示。

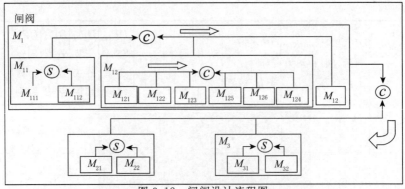

图 3.12　闸阀设计流程图

M 表示各个级别的设计模块　S 表示并行模块(非耦合关系,不需要考虑先后设计顺序)

C 表示顺序模块(非耦合关系,需要考虑先后设计顺序)　⟹表示设计顺序

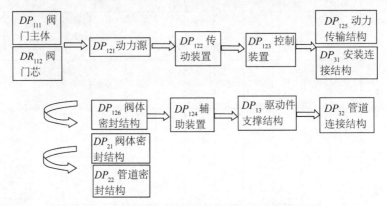

图 3.13　闸阀设计顺序图(并排表示没有先后顺序)

二、微孔发泡连续挤出系统的公理设计与分析

微孔发泡塑料(microcellular plastic)指泡孔直径在 $0.1\sim10\mu m$,泡孔密度在 $10^9\sim10^{15}$ 个/ cm^3 ,泡孔分布均匀的新型泡沫塑料。微孔发泡塑料以其良好的物理机械性能,如缺口冲击强度高、韧性高、比强度高、疲劳寿命长、热稳定性高、介电常数低和导热系数低等,可广泛用于制造食品包装材料、飞机和汽车部件、运动器材、保温绝缘材料、生物医学制品、微电子线路绝缘层等。

微孔发泡塑料的生产方法根据加工工艺的不同主要有三种:两步法、连续挤出法和注射成型法。生产微孔塑料的两步法是间歇生产法,该方法生产周期长、产量低,不能实现连续生产,限制了其商业化应用。而注射成型方法受到材料性能的限制,如气体溶解度对温度不敏感的塑料就不适用。

无论采用何种方法生产微孔塑料,其成型都包括如下三个步骤:①聚合物/气体均相体系的形成。②气泡成核。③气泡长大及固化定型。不同的微孔塑料制备方法实现这三个步骤的方法各不相同。聚合物/气体均相体系的形成在微孔发泡的过程中非常重要。因为未溶解的气体会在聚合物内产生大的空穴,在熔体进入成核口模前必须保证气体完全溶解进聚合物中形成均相体系,这可以通过改变气体在聚合物中的扩散距离来实现。由于螺杆运动产生的剪切场作用使得剪切场中的气泡被拉伸,扩散距离减小,有助于均相体系的形成。但螺杆的剪切扩散作用是有限的,可以通过加混合元件来增强气体的扩散,如加静态混合器来提高剪切混合作用,泡孔最后的结构由以上三个过程的加工条件所决定。

在实际的发泡成型技术研究中,包括进气时进气口的结构和尺寸,进气位置、进气压力、进气量,聚合物熔体的温度、黏度及密度,系统的工作压力和温度,螺杆的结构和转速,气体与熔体界面性质及界面流动,气体进入熔体后的混合条件、温控装置、冷却装置、定型装置等都会对微孔发泡成型的过程产生影响。

综上可见,由于微孔发泡过程中众多的影响因素和复杂技术难点的存在,有必要在塑料微孔发泡连续挤出系统设计的过程中引入一种全面细致的综合设计方法。为此,应用公理设计的分析过程,对塑料微孔发泡连续挤出成型系统进行分析和改进。

在微孔泡沫塑料连续挤出成型设备中,目前大量使用的是单螺杆挤出机。图3.14 所示为一种单螺杆连续挤出系统的功能结构图,这种挤出机的发泡剂可以在螺杆中部的减压段注入,一般要求在物料已基本塑化时加入。

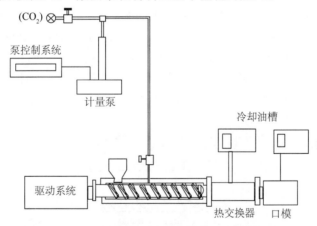

图 3.14 单螺杆连续挤出系统的功能结构

根据微孔发泡连续挤出成型过程的先后顺序,产生微孔聚合物的五个功能要求(FRs) 如下所示:

FR_1:聚合物的塑化;

FR_2:聚合物/气体均相体系的形成;

FR_3:微孔成核;

FR_4:泡孔长大;

FR_5:成型。

为了满足上述 FR_S 的要求，对应于每一个功能要求，分别列出相应的设计参数（DP_S）。则上述单螺杆挤出系统可由下面的五个参数生成：

DP_1：由挤出机塑化螺杆转动和加热器提供的热量；

DP_2：气体注入和混合分散装置；

DP_3：由快速压力降产生的热力学不稳定性；

DP_4：控制泡孔长大的冷却系统；

DP_5：成型口模。

对应于 FR_1，用单螺杆挤出机来塑化聚合物，系统中有两个热源。主要热源是塑化螺杆转动产生的摩擦热，另一个是加热器供给的热。加热器在开始塑化阶段是重要的。但由于聚合物热传导性低，所以它不能作为这一过程中唯一的热源。

为了形成聚合物/气体的均相体系，FR_2 用带有一个计量装置的气体注入系统和一个分散混合增强装置来满足。注入气体的量由气体计量泵调节。为了提高泡孔分布的均匀性，常在螺杆的进气段和计量段的过渡处加上混炼元件来进一步增强混合分散作用。当聚合物在挤出料筒中输送的时候，由螺杆运动产生的剪切力场可以拉伸气泡，增大分界面表面积，使气体分散进入聚合物母体中。为了更有助于气体分散和聚合物/气体混合物均相体系的形成，还可用静态混合器来增强混合分散作用。

对应于 FR_3，为了产生热力学不稳定性，并促进高密度的成核，目前一般都采用高压挤出快速降压成核元件，如图 3.15 所示。这种快速降压成核装置的热力学不稳定性是由于聚合物/气体混合物中的气体溶解性能突然降低所致。聚合物的气体溶解性和聚合物熔体的压力成比例。压力快速降低导致聚合物熔体中气体的溶解性很快降低，气体聚集成核。因此，可以通过快速地降低聚合物/气体混合物的压力来获得高的成核密度。

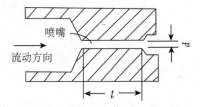

图 3.15　快速降压元件结构原理图

采用这种快速降压元件的不足之处在于它是依靠出口流道的摩擦阻力来建立压力，为了达到高压，流道截面要求非常小，因此只适用于小截面的微孔泡沫塑料的生产；挤出流率的波动直接影响压力降值和压力降速率，从而影响泡孔的均匀性，因此泡体的质量稳定性较差。

为满足 FR_4，需要设计一个冷却系统。影响泡孔长大的最主要的参数是熔体的温度。来自于聚合物熔体中的气体扩散进入到成核泡孔中，溶解气体的浓度在靠近泡孔的区域降低。这个结果导致了熔体中的气体浓度梯度,它驱使溶解气体进入到泡孔中。进入泡孔中的气体增多引起泡孔增长。泡孔的增长率随着温度升高而增加。但是如果熔体温度太高,气体将很容易地从聚合物中逸出而不是造成泡孔膨胀,而且高温可以促使泡孔之间产生连接,产生泡孔合并的现象。因为当温度升高时,熔体强度降低。由于泡孔膨胀和熔体强度的不足,泡孔之间的壁将很容易受拉伸造成破裂。因此,邻近的泡孔将连接在一起,泡孔结构和泡孔数量密度遭到破坏。由于降低温度可以提高熔体的强度,从而可以控制气体扩散和泡孔连接,故为满足 FR_4 需要设计一个专门的冷却系统用于控制泡孔的长大。对应于 FR_5,发泡制品的成型主要取决于口模的成型部分,可根据具体的需要来进行口模流道的结构和尺寸设计。

综上所述,可得到设计参数与功能要求之间的设计方程。该设计方程是 FR-DP 分级体系中的顶级设计方程。该方程的设计矩阵中对角线元素 A_{ij} 都是 1,这是因为每一个 DP_i 都是被直接选择来适应相关的 FR_i,故矩阵中所有的非对角线元素都需要被检查,以决定每一个 DP_i 对其他 FR_i 的影响。

由于气体是在聚合物完全塑化之后注入聚合物中的,它不会影响塑化的过程。因此,元素 A_{12} 应当为 0。而由热力学不稳定性引起的气泡成核是在塑化之后发生的,对聚合物的塑化过程也不会产生影响,所以元素 A_{13} 应当是 0。同理,冷却系统控制气泡的长大过程和成型口模对聚合物的最后成型过程都发生在塑化过程之后,对聚合物的塑化不会产生影响,所以 A_{14} 和 A_{15} 也应当是 0。

元素 A_{21} 应当不是 0,这是因为由塑化螺杆转动产生的剪切力场会影响聚合物/气体的混合,且螺杆转动产生的热量使得聚合物塑化,进而影响到聚合物/气体均相体系的形成。而由热力学不稳定性引起的气泡成核过程是在聚合物/气体均相体系形成之后的,故元素 A_{23} 应当为 0。因为控制泡孔长大的冷却系统的温度影响聚合物/气体混合流体的密度,混合物的流动速率会受到影响。而气体则是以固定的速率注射到聚合物中的,所以聚合物熔体中气体的量将会发生改变,故元素 A_{24} 应当不是 0。同样地,元素 A_{25} 也应当不是 0,因为成型口模出口的尺寸直接联系到体积流率,因此影响到聚合物熔体中气体的量。

塑化螺杆的转速会影响系统的压力以及聚合物流体的温度,进而影响到成核率,因此元素 A_{31} 应当不是 0。气体注入量的多少及其在聚合物中的混合分散程度会影响成核密度,故元素 A_{32} 应当也不是 0。由于在控制气泡长大的冷却过程中有显著的压力降,压力降的大小会影响口模中的压力,故元素 A_{34} 应当不是 0。成型口模的尺寸也会对系统压力产生影响,故元素 A_{35} 也不是 0。

如前所述,聚合物/气体混合物的压力会影响气泡的体积膨胀率。塑化段产生的剪切热会影响聚合物流体的温度,进而对气泡的膨胀产生影响,因此元素 A_{41} 应当不是 0。因为注射气体的量会影响到气泡的长大,故元素 A_{42} 不是 0。如果泡孔数量密度高的话,快速压力降造成的逸出到外部环境中的气体只是少量的,故元素

A_{43} 应当不是 0。成型口模出口的尺寸影响聚合物熔体中气体的量,进而会影响到气泡的体积膨胀率,故元素 A_{45} 也应当不是 0。

元素 A_{51}、A_{52}、A_{53}、A_{54} 应当都不为 0,因为聚合物/气体混合物的温度、注射入气体的量、由热力学不稳定性产生的气体成核密度、气泡的体积膨胀速率都会影响到最终的挤出成型。

综上可知,该设计方程的设计矩阵既不是对角阵也不是三角阵,系统属于耦合设计。上述这种单螺杆连续挤出系统全面地分析揭示了这种系统高度的耦合性。这种耦合性主要是聚合物熔体中气体的量容易受到大量的因素影响所致。为了获得可接受的设计方案,必须将功能要求或设计参数进行添加、删除或合并,使其转变为准耦合设计甚至是非耦合设计。一个可能的解决方法是引入一个齿轮泵到系统中,如图 3.16 所示。齿轮泵能够保持一个稳定的聚合物流动速率,使得聚合物熔体中气体的量不依赖于成型口模出口的宽度和由温度变化而引起的黏度变化。

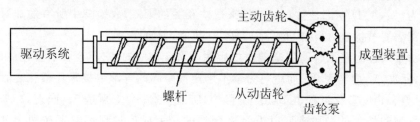

图 3.16　齿轮泵式快速降压元件的结构原理图

采用齿轮泵作为快速降压元件,齿轮泵与螺杆的驱动是相互独立的,可以分别调节。齿轮泵相当于限流阀,但它有动力。此结构的优点是建立机头压力不依赖出口流道的摩擦阻力,因此可以挤出大截面泡体;压力的调节比较方便,只需要改变螺杆的转速和齿轮泵的流率即可;可以成型高黏度熔体,有利于控制泡孔膨胀。

用公理设计方法来分析这种系统的配置以决定它在微孔聚合物连续挤出生产过程中的适用性。除了在 DP_2 和 DP_4 上有些修改,带有齿轮泵的新系统的设计方程有必要与上述单螺杆连续挤出系统保持一致。为了获得微孔聚合物,五个功能要求可简单描述如下:

FR_1:聚合物的塑化;

FR_2:聚合物/气体均相体系的形成;

FR_3:微孔成核;

FR_4:泡孔长大;

FR_5:成型。

为了满足上述的 FRs 功能要求,对上述单螺杆挤出系统做修改,新的设计参数(DPs)如下:

DP_1:由挤出机塑化螺杆运动和加热器提供的热量;

DP_2:气体注入和混合分散装置及齿轮泵;

DP_3：由快速压力降形成热力学不稳定性；

DP_4：不降低压力即可冷却均化段聚合物融体的冷却系统；

DP_5：成型口模。

基于前面所用过的同样的讨论，元素 A_{12}、A_{13}、A_{14}、A_{15}、A_{23} 都为 0。由于齿轮泵与螺杆的驱动是相互独立的，可以分别调节。齿轮泵进口压力由螺杆的转速调节，而出口压力则是由齿轮泵自身的转速来调节。故齿轮泵的引入提供了一个稳定的压力，A_{43} 应当也为 0。

正如在前面单螺杆连续挤出系统的分析中显示，聚合物熔体中气体的量依赖于 DP_4 和 DP_5。齿轮泵的加入使 FR_3 不受这些 DPs 的影响了。只要齿轮转速和挤出速度不变，齿轮泵将使聚合物流动速率稳定。这个特征表明注射进入聚合物熔体中气体的量一旦设定将不依赖于温度和口模出口大小的变化。因此，元素 A_{24}、A_{25} 和 A_{45} 都应当为 0。

为取代在上述单螺杆连续挤出系统中简单的冷却系统，需要设计一种新的控制泡孔长大的冷却系统。这种系统应能够使均化段聚合物熔体得到冷却，但不会显著降低熔体的压力。温度降低可以提高熔体的强度，从而可以控制气体扩散和泡孔连接。熔体的压力保持稳定则使得冷却系统对成核不产生影响。因此，元素 A_{34} 为 0。为了在一定合理的范围内限制成型口模出口的宽度，使其对成核密度不造成显著的影响，需要在成型口模中建立一定的压力。因此，元素 A_{35} 为 0。其他在上述单螺杆连续挤出系统中不为 0 的元素在新的系统设计中仍旧不为 0，设计方程如下：

$$\begin{Bmatrix} FR_1 \\ FR_2 \\ FR_3 \\ FR_4 \\ FR_5 \end{Bmatrix} = \begin{Bmatrix} 1 & 0 & 0 & 0 & 0 \\ 1 & 1 & 0 & 0 & 0 \\ 1 & 1 & 1 & 0 & 0 \\ 1 & 1 & 0 & 1 & 0 \\ 1 & 1 & 1 & 1 & 1 \end{Bmatrix} \times \begin{Bmatrix} DP_1 \\ DP_2 \\ DP_3 \\ DP_4 \\ DP_5 \end{Bmatrix} \tag{3.28}$$

方程(3.28)是一个下三角阵，设计是准耦合设计。它表明如果将设计参数适当地添加、删除和合并，用正确的顺序实现，就能获得相应的功能要求。在高的层级上获得了满意的无联结设计后，有必要将这些 FRs 和 DPs 分解到低一层级，并且在功能域和结构域之间形成连接以获得合适的设计，从而满足初始的 FRs。

三、基于公理设计的扁茶加工设备的研究与开发

茶叶制造业是一个传统产业，随着我国现代化建设的发展以及茶叶规模的不断扩大，茶叶加工也由传统的手工炒制快速地向机械化方向发展。到目前为止，我国的大宗茶已有 90% 实现了机械化加工，名优茶也有 50% 以上的加工实现了机械化。但是对于扁形名茶来说，高档的龙井茶仍然还是采用手工炒制，只有中低档龙井茶和一般扁形名茶采用机械加工，其主要原因是由于机械加工的茶叶与手工炒

制的茶叶在品质上存在一定的差距,阻碍了茶叶机械化加工的进程。

目前,扁形茶加工设备主要有名茶多功能炒制机和长板式龙井茶炒制机,后者又分为往复长板式机型和三槽长板式机型。长板式龙井茶炒制机,在机器结构和性能上保证了炒制过程中的抖、捺、压、磨等功能,机器结构简单,使用方便,成茶外形扁平、较宽,茶条较光滑,色泽黄绿。但是应用表明:该机对茶条压平较强,理条却不足,炒制出来的成品龙井茶,条形多近似于荷包鲤鱼状,中间宽,两头尖,尤其是炒制一芽二叶以上的鲜叶时,无法实现叶包芽,成茶部分茶叶叉开,既不美观,也不符合龙井茶的传统风格。不论在机器结构的合理性上,还是在加工制造水平上,尤其是在使用的安全性上,都有待提高。茶叶的品质决定于鲜叶的品质和加工过程,而加工过程除了加工工艺外,加工设备也起着至关重要的作用。目前存在的几类设备孰优孰劣还是都不合理,仍是一个很难说清的问题,按照传统的方法只有采用试错的方式去检验。文章采用公理设计理论对这些设备进行分析,从理论上来研究扁茶加工设备的设计问题,并提出新的设计方案。

1. 炒茶机功能—结构分析过程

手工炒制龙井茶主要分为青锅和辉锅两道工序,其中有抓、抖、搭、抹、捺、扣、推、荡、磨、压 10 种不同的加工手法,对这些技术进行详细分析,实质是完成杀青、做形、理条和干燥等功能,在手工炒制技术中,上述四个功能并没有明显的界限,杀青的后期要做形,做形和理条紧密结合,在干燥的同时也要理条。杀青的作用主要是以高温透去水分,散发水汽为初步做形做准备;做形主要是通过加压的方式使茶形扁平;理条则主要是使茶形收紧,变得平直;干燥主要是使茶叶继续脱水,含水量降为 $6\% \sim 7\%$。其中在做形、理条、干燥的同时使茶叶变光滑。

手工炒制龙井茶的功能要求为:杀青、做形、理条、干燥、光滑,在功能域向物理域映射过程中,设计参数为:重量 W、温度 T、压力 Q、抓力 H、时间 t、摩擦力 F。它们之间的映射关系为:

$$\begin{Bmatrix} 杀青 \\ 做形 \\ 理条 \\ 干燥 \\ 光滑 \end{Bmatrix} = \begin{bmatrix} 1 & 1 & 0 & 0 & 1 & 0 \\ 1 & 1 & 1 & 0 & 1 & 0 \\ 1 & 1 & 0 & 1 & 1 & 0 \\ 1 & 1 & 0 & 0 & 1 & 0 \\ 1 & 0 & 1 & 0 & 1 & 1 \end{bmatrix} \times \begin{Bmatrix} W \\ T \\ Q \\ H \\ t \\ F \end{Bmatrix} \qquad (3.29)$$

设计方程中的设计矩阵是一个产生冗余的耦合矩阵,设计是一个耦合设计,不满足公理设计要求,由此可见在一个工序中完成整个过程是很困难的。根据公理设计耦合设计的解耦原则,将功能要求里面的一些部分或某方面进行解耦或分离,就可得到新的功能需求:FR_1 杀青、FR_2 做形和理条、FR_3 干燥和光滑;设计参数为DP_1 杀青作业、DP_2 做形理条作业、DP_3 干燥光滑作业。分解后功能要求和设计参数之间的映射关系方程为:

$$\begin{Bmatrix} FR_1 \\ FR_2 \\ FR_3 \end{Bmatrix} = \begin{Bmatrix} 1 & 0 & 0 \\ 0 & 1 & 0 \\ 0 & 1 & 1 \end{Bmatrix} \times \begin{Bmatrix} DP_1 \\ DP_2 \\ DP_3 \end{Bmatrix} \tag{3.30}$$

上述设计方程表明该级功能要求分解后的设计矩阵 **A** 是一个下三角阵,满足公理设计的独立公理,但分解结果并不是最终设计,必须进行下一层分解。

杀青主要是高温加热一段时间,透去水分,散去水汽,因此可以将 FR_1 分解为:FR_{11} 加热、FR_{12} 散水汽、FR_{13} 延时;相应的设计参数 DP_1 分解为:DP_{11} 温度 T_1、DP_{12} 翻动、DP_{13} 时间 t_1。该级别分解后的映射关系方程为:

$$\begin{Bmatrix} FR_{11} \\ FR_{12} \\ FR_{13} \end{Bmatrix} = \begin{Bmatrix} 1 & 0 & 0 \\ 0 & 1 & 0 \\ 0 & 0 & 1 \end{Bmatrix} \times \begin{Bmatrix} DP_{11} \\ DP_{12} \\ DP_{13} \end{Bmatrix} \tag{3.31}$$

该级设计矩阵是对角阵,因此,三个子功能要求之间是相互独立的。

做形理条主要是在一定温度下反复加压使茶叶扁平,抓握使茶叶收紧平直,同时翻动茶叶避免烤焦。因此可以将其分解为:FR_{21} 加热、FR_{22} 压扁、FR_{23} 收紧平直、FR_{24} 翻动、FR_{25} 延时;相应的设计参数为 DP_{21} 温度 T_2、DP_{22} 压力 Q_1、DP_{23} 抓握力 G、DP_{24} 搅拌、DP_{25} 时间 t_2。该级别分解后的映射过程为:

$$\begin{Bmatrix} FR_{21} \\ FR_{22} \\ FR_{23} \\ FR_{24} \\ FR_{25} \end{Bmatrix} = \begin{Bmatrix} 1 & 0 & 0 & 0 & 0 \\ 0 & 1 & 0 & 0 & 0 \\ 0 & 1 & 1 & 0 & 0 \\ 0 & 1 & 1 & 1 & 0 \\ 0 & 0 & 0 & 0 & 1 \end{Bmatrix} \times \begin{Bmatrix} DP_{21} \\ DP_{22} \\ DP_{23} \\ DP_{24} \\ DP_{25} \end{Bmatrix} \tag{3.32}$$

该级设计矩阵是一个下三角阵,设计分解结果是准耦合设计,满足公理设计要求。

干燥光滑主要是在一定温度下和压力下通过茶叶和锅壁的反复摩擦使茶叶变得干燥光滑,因此,可以将之分解为:FR_{31} 加热、FR_{32} 加压、FR_{33} 滑动、FR_{34} 延时;相应的设计参数为:DP_{31} 温度 T_3、DP_{32} 压力 Q_2、DP_{33} 推力 F_1、DP_{34} 时间 t_3。该级别分解后的映射过程为:

$$\begin{Bmatrix} FR_{31} \\ FR_{32} \\ FR_{33} \\ FR_{34} \end{Bmatrix} = \begin{Bmatrix} 1 & 0 & 0 & 0 \\ 0 & 1 & 0 & 0 \\ 0 & 0 & 1 & 0 \\ 0 & 0 & 0 & 1 \end{Bmatrix} \times \begin{Bmatrix} DP_{31} \\ DP_{32} \\ DP_{33} \\ DP_{34} \end{Bmatrix} \tag{3.33}$$

该级设计矩阵是对角阵,因此,四个子功能要求之间是相互独立的。通过上述分析过程,完成了炒茶机的方案设计,建立了炒茶机的功能—物理等级结构,分解结果如图 3.17 所示。在每一级分解均对设计方程进行功能独立性检验,每级设计矩阵为三角阵或对角阵,将各级设计矩阵与设计等级结构树进行综合分析,建立完整设计矩阵表示叶功能要求和叶设计参数之间的关系,如表 3.2 所示。

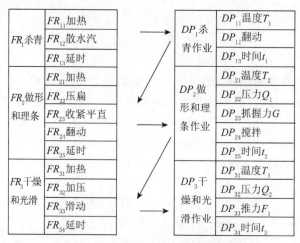

图 3.17　炒茶机功能—物理等级结构

表 3.2　炒茶机叶功能要求和叶设计参数之间的关系

FR \ DP	DP_{11}	DP_{12}	DP_{13}	DP_{21}	DP_{22}	DP_{23}	DP_{24}	DP_{25}	DP_{31}	DP_{32}	DP_{33}	DP_{34}
FR_{11}	1	0	0	0	0	0	0	0	0	0	0	0
FR_{12}	0	1	0	0	0	0	0	0	0	0	0	0
FR_{13}	0	0	1	0	0	0	0	0	0	0	0	0
FR_{21}	0	0	0	1	0	0	0	0	0	0	0	0
FR_{22}	0	0	0	0	1	0	0	0	0	0	0	0
FR_{23}	0	0	0	0	1	1	0	0	0	0	0	0
FR_{24}	0	0	0	0	1	1	1	0	0	0	0	0
FR_{25}	0	0	0	0	0	0	0	1	0	0	0	0
FR_{31}	0	0	0	0	0	0	0	0	1	0	0	0
FR_{32}	0	0	0	0	*1*	0	0	0	0	1	0	0
FR_{33}	0	0	0	0	0	0	*1*	0	0	0	1	0
FR_{34}	0	0	0	0	0	0	0	0	0	0	0	1

　　由表 3.2 可知,完整设计矩阵是一个下三角阵,所以该设计是一个符合一致性要求的准耦合设计,各叶设计参数必须按照一定的顺序进行设计才能够保证满足公理设计的要求。根据设计矩阵确定炒茶机的设计顺序为:杀青作业与其他作业之间相互独立,设计顺序可前可后,做形理条作业设计必须在干燥光滑作业设计之前完成。其中杀青作业中控制温度、翻动、延时是相互独立的,设计顺序可以随意,做形理条作业中加热、延时与其他相互独立,设计顺序可随意,加压、抓握、翻动的设计顺序必须为加压、抓握、翻动,干燥光滑作业中各个功能相互独立,设计顺序可随意。

2. 对现存设备的分析

现在市场上用的比较多的扁茶加工设备是名茶多功能炒制机和长板式龙井茶炒制机,根据上述基于公理设计理论的扁茶设备设计分析对这两种设备进行简单分析,发现名茶多功能炒制机没有杀青功能,茶叶在炒制过程中翻动不足,与锅壁之间没有相对滑动,因此炒制出来的茶叶光滑不够,蒸汽散发欠缺,因而不能满足功能需求,只能作为茶叶炒制的一个中间工序。另外青锅和辉锅在同一个锅中完成,由于温度存在差异,不得不引入升温和降温装备,增加了设计复杂性,也降低了茶叶加工效率。

长板式龙井茶炒制机炒制出来的茶叶压扁很好但平直不足,理条性能不好,主要是该设备中没有理条功能,因此不能满足功能需求。另外由于该设备在炒制过程中必须将各个阶段的时间和投入茶叶重量设置成相同以便于连续作业,结果使整个设备功能变成相互耦合,是一个不合理的设计。因为茶叶在炒制过程中各阶段的温度、时间、投入茶叶重量都是不同的,而且这些都是加工高品质茶叶的关键因素。

3. 新型扁茶加工设备设计方案

新型炒茶机设计方案是在上述三槽式长板式龙井茶炒制机的基础上进行的改进,按照公理设计分析结果增加功能以及将时间和茶叶投入量分离,使整个设计符合设计公理的要求,新型炒茶机的原理如图 3.18 所示。

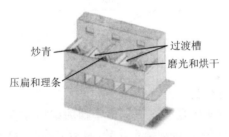

炒青 过渡槽 磨光和烘干 压扁和理条

图 3.18 新型长板式龙井茶炒制机原理图

炒板运动采用旋转式运动,第二槽的三个炒板分别实现压扁、理条、翻动的功能,第一槽和第二槽之间、第二槽和第三槽之间各增加一个过渡槽,三个槽的工作时间、温度独立设置。具体工作过程为:投入鲜叶到第一槽杀青,杀青完后茶叶转入过渡槽,当茶叶量达到要求后投入到第二槽进行做形理条,完成后转入过渡槽,待茶叶量达到要求后投入第三槽进行磨光和干燥,当茶叶含水量降到 6%~7% 后起锅。这样既改善了现有长板式龙井茶炒制机理条不足的缺点,又将不同阶段的时间和投入茶叶量分离开,使茶叶加工各个参数的合理设置成为可能,只要参数设置合理,茶叶的品质将得到大大改善。

在扁茶加工设备的设计中应用公理设计理论,使整个设计过程从原来的以经验为主变为以科学理论为依据,整个设计过程可控,避免了设计中的反复迭代,大大提高了设计效率、设计的合理性和设计的成功率,为农业机械设备设计提供了一种新的设计思想和方法。

对于设计方案中完成理条功能炒板的设计,可以模拟手工炒制茶叶时"抓"的动作,可将炒板的曲面设计成与槽曲面反向的曲面,具体曲面形状的设计,在此不作详细探讨。要提高机械化炒制茶叶的品质,仅有好的设备是不够的,机械化炒制茶叶与手工炒制存在着很大的差别,选择合理的工艺参数也是获得高档茶叶的关键。

四、基于公理设计理论的汽车停车挡的设计应用

自动变速器汽车都具有一个变速器输出锁止结构,即停车挡,如图 3.19 所示,用来防止汽车停车时自动滑移。其约束条件为:当把汽车停在山坡上时能很容易将变速器从停车模式转变到其他模式,而且在转换时不能产生过大的振动。

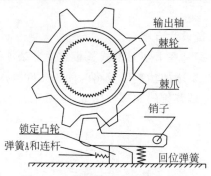

图 3.19　停车挡原有设计示意图

1. 现有停车挡设计分析

通过对已知现有汽车中自动变速器停车挡的结构分析,当自动变速器选挡手柄置"P"位时,连杆和弹簧 A 拉动锁定凸轮(以后简称凸轮)移动,使棘爪嵌入棘轮的凹槽内,棘轮与输出轴用卡簧固联在一起,故输出轴被机械地锁住,保证汽车不移动。可是市场调查后发现,自动挡汽车客户经常抱怨当把汽车停在山坡时很难将变速器从停车模式转变到其他模式,而且换挡时还会产生过大的振动。

现用公理设计理论对该装置进行合理性分析:

卡板/棘爪、棘轮组件的 FRs 和 DPs 为:

FR_1:从行车到停车模式转换;DP_1:凸轮的斜面;

FR_2:从停车到行车模式转换;DP_2:回位弹簧;

FR_3:行车时防止意外锁住;DP_3:棘轮和棘爪的齿形/弹簧 A 和连杆/回位弹簧;

FR_4:停车时保证汽车不移动;DP_4:凸轮的平面;

FR_5:承担汽车所传递的载荷;DP_5:凸轮平面/ 棘爪平面。

设计方程为：

$$
\begin{Bmatrix} FR_1 \\ FR_2 \\ FR_3 \\ FR_4 \\ FR_5 \end{Bmatrix} = \begin{Bmatrix} 1 & 0 & 0 & 1 & 1 \\ 0 & 1 & 1 & 0 & 0 \\ 0 & 1 & 1 & 0 & 0 \\ 0 & 0 & 0 & 1 & 1 \\ 0 & 1 & 0 & 1 & 1 \end{Bmatrix} \times \begin{Bmatrix} DP_1 \\ DP_2 \\ DP_3 \\ DP_4 \\ DP_5 \end{Bmatrix} \qquad (3.34)
$$

因为变速箱所传递的汽车载荷由棘爪和凸轮承担，所以当把汽车停放在山坡上时，凸轮承受变速器箱传来的压力和摩擦力会增大，因而很难将变速器从停车模式转变到其他模式，而且还会产生过大的振动。

2. 设计改进

针对以上缺点，应用公理设计框架对自动变速器停车挡进行再设计。客户域的客户需求为：防止汽车在无人驾驶的情况下自己行走；防止汽车在行驶时发生意外锁住；汽车在任何状态下都便于挂上停车挡；换挡平稳。

功能域和结构按照公理设计框架，首先必须将客户域中的所有客户需求 CAs 转化为总的功能要求 FR_0，然后通过逐层分解，确定各个细节的 FRs。在此过程中，为保证各个功能要求之间的相互独立，必须选择适当的设计参数 DPs 与 FRs 相对应，因此可以这样考虑：总功能要求 FR_0、动力通断控制 DP_0、自动变速器停车装置，即停车挡。

把功能要求描述得稍详细些，得到第一级分解结构：FR_1：动力输出；DP_1：动力输出结构；FR_2：动力中断；DP_2：动力中断控制结构；FR_3：承担汽车传递的载荷；DP_3：承载结构。这里的动力输出控制结构是指输出轴和棘轮；动力中断控制结构是指凸轮、棘轮和棘爪；承载结构选择棘爪的侧平面、棘轮的侧平面和销子。棘轮装在变速器输出轴上，销子连接棘爪和变速器外壳，凸轮与弹簧 A 相连。通过分析功能要求与设计参数的关系得到以下第一级设计公式：

$$
\begin{Bmatrix} FR_1 \\ FR_2 \\ FR_3 \end{Bmatrix} = \begin{Bmatrix} 1 & 0 & 0 \\ 1 & 1 & 0 \\ 0 & 0 & 1 \end{Bmatrix} \times \begin{Bmatrix} DP_1 \\ DP_2 \\ DP_3 \end{Bmatrix} \qquad (3.35)
$$

第二级分解结构：FR_{11}：行车时防止意外锁住，DP_{11}：防锁死结构；FR_{12}：从停车到行车模式的转换，DP_{12}：解锁装置。防锁死机构选择带有斜度的棘齿外缘、连杆和弹簧 A，用来防止棘爪的意外插入；解锁装置是指回位弹簧，当弹簧 A 将锁定凸轮从停车位拉出时，回位弹簧就应能把棘爪从棘轮的卡位状态中拉出，使得动力可以输出。设计公式为：

$$
\begin{Bmatrix} FR_{11} \\ FR_{12} \end{Bmatrix} = \begin{Bmatrix} 1 & 0 \\ 0 & 1 \end{Bmatrix} \times \begin{Bmatrix} DP_{11} \\ DP_{12} \end{Bmatrix} \qquad (3.36)
$$

FR_{21}：停车时保证汽车不移动，DP_{21}：停车挡锁止结构；FR_{22}：从行车到停车模式的转换，DP_{22}：转换结构即凸轮斜面；停车挡锁止结构即凸轮的平面，当车辆停止时,凸轮的平面保证了棘爪卡住棘轮阻止其转动;当车辆从行车转换到停车位时,拉动换挡连杆,进而推动卡板沿着其斜面插入棘爪底部,把棘爪带入棘轮中锁住。设计公式为:

$$\begin{Bmatrix} FR_{21} \\ FR_{22} \end{Bmatrix} = \begin{pmatrix} 1 & 0 \\ 0 & 1 \end{pmatrix} \times \begin{Bmatrix} DP_{21} \\ DP_{22} \end{Bmatrix} \tag{3.37}$$

FR_{31}:传递从棘轮到棘爪的力,DP_{31}:棘爪和棘齿的侧平面;FR_{32}:承担传递的载荷;DP_{32}:销子的位置与作用在棘爪垂直表面上的力矢量共线。设计方程为:

$$\begin{Bmatrix} FR_{31} \\ FR_{32} \end{Bmatrix} = \begin{pmatrix} 1 & 0 \\ 0 & 1 \end{pmatrix} \times \begin{Bmatrix} DP_{31} \\ DP_{32} \end{Bmatrix} \tag{3.38}$$

第三级分解结构:FR_{111}:控制将棘爪推入棘轮时所需要的力,DP_{111}:弹簧 A 的刚度系数和连杆的位移;FR_{112}:控制棘轮转动时产生的反作用力,DP_{112}:棘轮的齿形。设计方程为:

$$\begin{Bmatrix} FR_{111} \\ FR_{112} \end{Bmatrix} = \begin{pmatrix} 1 & 0 \\ 0 & 1 \end{pmatrix} \times \begin{Bmatrix} DP_{111} \\ DP_{112} \end{Bmatrix} \tag{3.39}$$

在对自动变速器输出锁止机构的分解结果中,有 7 个子功能要求,7 个叶设计参数,得到一个 7×7 的设计矩阵。各子功能要求与设计参数的关系如表 3.3 所示,由表 3.3 中可以看出,停车挡的最终设计结果是一个准耦合的设计。

表 3.3　停车挡子功能要求与设计参数的关系

FR \ DP	DP_{112}	DP_{111}	DP_{12}	DP_{21}	DP_{22}	DP_{31}	DP_{32}
FR_{112}	1	0	0	0	0	0	0
FR_{111}	1	1	0	0	0	0	0
FR_{12}	0	0	1	0	0	0	0
FR_{21}	0	1	0	1	0	0	0
FR_{22}	0	1	1	0	1	0	0
FR_{31}	0	0	0	0	0	1	0
FR_{32}	0	0	0	0	0	0	1

根据公理设计分析结构,选用合适的设计参数,即原理或者结构实现功能要求,然后再进行工艺设计,确定设计变量,即可得出最终的设计结果,如图 3.20 所示。与原有的设计相比较,在对停车挡的再设计过程中,改变了棘轮和棘爪的齿形,从而减少了凸轮和棘爪之间的力,并把棘爪销子的位置设计在与棘爪平面相同高度处,使得汽车作用在棘爪上的载荷与销子的中心共线,这样,变速箱传来的载荷完全由销子而不是凸轮承担,解除了原有设计的耦合,得到一个完全解耦的设计,解决了原有设计换挡不平稳的现象。

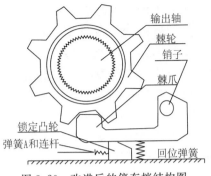

图 3.20 改进后的停车挡结构图

新型停车挡的设计符合公理设计要求,是一种好的设计方案,但设计者在选择设计参数时,必须按适当的顺序才能满足各个子功能要求间的独立性。应用该理论框架对自动变速器停车挡进行再设计,在独立公理的指导下通过改变棘齿齿形和销子的位置,解决了原有设计的耦合现象,最终确定了一个有理有据的符合客户需求的设计。

五、摩托车车把手自动装配与焊接系统的设计

某型号摩托车车把手基本结构,主要由六个零部件焊接而成,如图 3.21 所示。目前国内这类零部件的加工主要以手工为主,先后需要经过三道工序才能完成装夹和焊接工作。由于自动化程度低,造成加工工序多、加工时间长、生产率低、产品质量难以持续保证。因此,机器人自动化焊接系统的设计要求是能够实现该部件的一次定位装夹和焊接,以达到预定的生产目标,即生产率要求不低于 230 件/8 h。

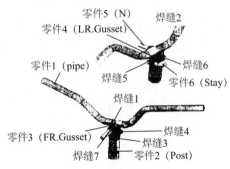

图 3.21 摩托车车把手组件焊接结构

1. 车把手装配和焊接系统功能—物理结构分析

按照公理设计原理,客户域中的客户需求必须转换成功能需求,而且公理设计采用从产品抽象概括到具体组成结构或结构特征、自上而下的分解方法。车把装配和焊接系统的总功能要求 FR 为实现多零件自动化集成装配和焊接,相应的设计参数 DP 是多机器人集成的自动化装配与焊接系统。

对 FR 细分为:FR_1 上下料、FR_2 焊接、FR_3 控制;相应的设计参数:DP_1 自动化上下料、DP_2 自动化焊接、DP_3 主控计算机。在多零件的自动化集成、装配和焊接系统里,上下料、焊接、控制三个系统结构是独立的,影响主要产生在工作效率上,上下料的效率会影响到焊接的效率,整个系统的布局结构也会影响焊接的效率。通过分析设计参数和功能要求之间的关系得到第一级设计矩阵:

$$\begin{Bmatrix} FR_1 \\ FR_2 \\ FR_3 \end{Bmatrix} = \begin{Bmatrix} 1 & 0 & 0 \\ 1 & 1 & 0 \\ 1 & 1 & 1 \end{Bmatrix} \times \begin{Bmatrix} DP_1 \\ DP_2 \\ DP_3 \end{Bmatrix} \tag{3.40}$$

在考虑第一层次的设计参数的情况下,确定能够满足第一级 DP_1 设计参数的功能要求,根据功能需求 FR_1 进行第二级的分解:FR_{11} 工件上料传输、FR_{12} 上料、FR_{13} 下料、FR_{14} 工件下料传输;对应的设计参数:DP_{11} 上料工件传输机构、DP_{12} 上料机器人、DP_{13} 下料机器人、DP_{14} 下料工件传输机构。上料机构的传输效率影响上料的效率,下料机器人下料的效率决定下料传输的速度。通过分析设计参数和功能要求之间的关系得到第二级设计矩阵:

$$\begin{Bmatrix} FR_{11} \\ FR_{12} \\ FR_{13} \\ FR_{14} \end{Bmatrix} = \begin{Bmatrix} 1 & 0 & 0 & 0 \\ 1 & 1 & 0 & 0 \\ 0 & 0 & 1 & 0 \\ 0 & 0 & 1 & 1 \end{Bmatrix} \times \begin{Bmatrix} DP_{11} \\ DP_{12} \\ DP_{13} \\ DP_{14} \end{Bmatrix} \tag{3.41}$$

设计参数 DP_2 描述的是整个焊接过程。可以将 FR_2 分解为:FR_{21} 夹持、FR_{22} 焊接、FR_{23} 转位、FR_{24} 变位;相应的设计参数为:DP_{21} 夹具台、DP_{22} 焊接机器人、DP_{23} 双工位焊接工作台、DP_{24} 翻转台。这几个参数存在着工作时间上的关联。

$$\begin{Bmatrix} FR_{21} \\ FR_{22} \\ FR_{23} \\ FR_{24} \end{Bmatrix} = \begin{Bmatrix} 1 & 0 & 0 & 0 \\ 1 & 1 & 1 & 1 \\ 0 & 0 & 1 & 0 \\ 0 & 0 & 0 & 1 \end{Bmatrix} \times \begin{Bmatrix} DP_{21} \\ DP_{22} \\ DP_{23} \\ DP_{24} \end{Bmatrix} \tag{3.42}$$

为了使设计矩阵为对角矩阵或三角矩阵,经过设计参数和功能需求的调整,得到如下设计矩阵:

$$\begin{Bmatrix} FR_{21} \\ FR_{24} \\ FR_{23} \\ FR_{22} \end{Bmatrix} = \begin{Bmatrix} 1 & 0 & 0 & 0 \\ 0 & 1 & 0 & 0 \\ 0 & 0 & 1 & 0 \\ 1 & 1 & 1 & 1 \end{Bmatrix} \times \begin{Bmatrix} DP_{21} \\ DP_{22} \\ DP_{23} \\ DP_{24} \end{Bmatrix} \tag{3.43}$$

设计参数 DP_3 是整个装配和焊接系统的控制中心。可以将 FR_3 分为：FR_{31} 上料控制、FR_{32} 焊接控制、FR_{33} 下料控制、FR_{34} 回转控制四个控制功能需求；相应的设计参数 DP_3 可以分为：DP_{31} 上料控制器、DP_{32} 焊接控制器、DP_{33} 下料控制器、DP_{34} PLC 控制器，四个控制系统主要是工作时序上的影响，焊接必须是在上料结束之后，下料必须是焊接结束之后，而 PLC 控制器必须保证给料和下料传输。

$$\begin{Bmatrix} FR_{31} \\ FR_{32} \\ FR_{33} \\ FR_{34} \end{Bmatrix} = \begin{pmatrix} 1 & 0 & 0 & 0 \\ 1 & 1 & 0 & 0 \\ 0 & 1 & 1 & 0 \\ 0 & 0 & 0 & 1 \end{pmatrix} \times \begin{Bmatrix} DP_{31} \\ DP_{32} \\ DP_{33} \\ DP_{34} \end{Bmatrix} \tag{3.44}$$

对于工件上料传输、上料机器人、下料机器人、工件下料传输、焊接结构等都可以继续向下分解，例如上料传输就可以分为 Pipe、Nut、Stay 等六个零件的传输，上料机器人基于功能需求又可分解为检测、定位、夹紧、固定等，本文由于篇幅限制，仅分解到第二级，具体设计过程中需要继续向下分解。

2. 多零部件装配与焊接系统分析

在对摩托车装配与焊接系统的二级分解结果中，有 12 个子功能要求，12 个设计参数，得到一个 12×12 的设计矩阵。各子功能要求与叶的设计参数的关系如表 3.4 所示。表中深色部分表示叶的设计参数和自身所在分解级别的功能要求之间的关系。白色部分表示叶的设计参数与其他功能要求之间的关系。深色部分的元素根据叶的设计参数，通过相关的设计矩阵确定。白色部分的元素则从一致性角度考虑，根据上一级设计矩阵，确定叶的设计参数和功能要求之间的关系。

表 3.4　车把手装配焊接系统的叶功能要求和叶设计参数之间的关系

FR\DP	DP_{11}	DP_{12}	DP_{13}	DP_{14}	DP_{21}	DP_{24}	DP_{23}	DP_{22}	DP_{31}	DP_{32}	DP_{33}	DP_{34}
FR_{11}	1	0	0	0	0	0	0	0	0	0	0	0
FR_{12}	1	1	0	0	0	0	0	0	0	0	0	0
FR_{13}	0	0	1	0	0	0	0	0	0	0	0	0
FR_{14}	0	0	1	1	0	0	0	0	0	0	0	0
FR_{21}	0	0	0	0	1	0	0	0	0	0	0	0
FR_{24}	0	0	0	0	0	1	0	0	0	0	0	0
FR_{23}	0	0	0	0	0	0	1	0	0	0	0	0
FR_{22}	0	0	0	0	1	1	1	1	0	0	0	0
FR_{31}	1	1	0	0	0	0	0	0	1	0	0	0
FR_{32}	0	0	0	0	0	0	0	0	1	1	0	0
FR_{33}	0	0	0	1	0	0	0	0	0	1	1	0
FR_{34}	0	0	0	0	0	1	0	0	0	0	0	1

该设计矩阵不是对角矩阵,表明此设计不是最理想的设计。实际上在工程设计中,实现无耦合设计是很困难的,只要得到准耦合设计即可。此设计矩阵为三角阵,设计者在选择设计参数时,必须按适当的顺序才能满足各个子功能要求的独立性,进而改变设计范围来寻找最小信息量点。通过系统的分解过程可以发现整个系统基本不存在结构上的耦合,主要是时间序列上的耦合。焊接时间必须小于或等于上下料时间,整个系统的生产率才能够得到有效提高。

通过对表 3.4 的分析,总结出如图 3.22 所示的系统设计流程图。根据多零件的装配与焊接系统的流程图,遵循从外到里的设计分析顺序,确定设计顺序。

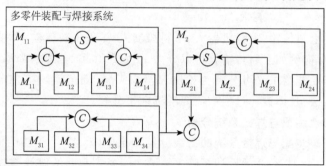

图 3.22 车把手装配焊接系统的设计流程图

M 为各个级别的设计模块

S 为并行模块,不需要考虑先后设计顺序

C 为顺序设计,需要考虑先后设计顺序

整个制造系统分为三个子系统:上下料系统 M_1,焊接系统 M_2,控制系统 M_3。每个顺序设计模块又可以继续细分,以此类推可以得到整个制造系统的设计顺序:

$$M_{11} \longrightarrow M_{12} \longrightarrow \begin{cases} M_{21} \\ M_{24} \longrightarrow M_{22} \longrightarrow M_{31} \qquad M_{32} \longrightarrow M_{33} \longrightarrow M_{34} \\ M_{23} \end{cases}$$

3. 摩托车车把手上料系统的设计

根据公理设计的信息公理,制造系统中各个功能模块所产生的信息量最小的设计就是最好的设计。对于多零件装配与焊接系统,尽量减少功能模块之间因为工作时序而造成效率的降低是该系统设计的关键。以上料系统为例详细介绍上料传输系统的方案选择。对上料传输系统,系统的传送效率越高,信息含量越小,生产效率越高;反之,信息含量越大,生产效率越低。传动链越长,构件数目越多,结构越复杂,成本越高。

根据工件上料传输系统的功能需求,可以将 FR_{11} 继续分解为:FR_{111} 工件 Nut 传输、FR_{112} 工件 Stay 传输、FR_{113} 工件 Post 传输、FR_{114} 工件 PiPe 传输、FR_{115} 工件 FR. Gusset 传输、FR_{116} 工件 L R. Gus2set 传输;相应的设计参数为:DP_{111} 工件 Nut 传输链、DP_{112} 工件 Stay 传输链、DP_{113} 工件 Post 传输链、DP_{114} 工件 PiPe 传输

链、DP_{115} 工件 FR. Gusset 传输链、DP_{116} 工件 L R. Gusset 传输链。六个部件的传输存在传输效率对后续上料机器人的影响,彼此结构之间也存在关联。综合考虑焊接工艺和夹具结构,根据装夹序列得到下列设计矩阵:

$$
\begin{Bmatrix} FR_{111} \\ FR_{112} \\ FR_{113} \\ FR_{114} \\ FR_{115} \\ FR_{116} \end{Bmatrix} = \begin{pmatrix} 1 & 0 & 1 & 1 & 0 & 0 \\ 1 & 1 & 1 & 1 & 1 & 0 \\ 0 & 0 & 1 & 0 & 0 & 0 \\ 0 & 0 & 1 & 1 & 0 & 0 \\ 1 & 0 & 1 & 1 & 1 & 0 \\ 1 & 1 & 1 & 1 & 1 & 1 \end{pmatrix} \times \begin{Bmatrix} DP_{111} \\ DP_{112} \\ DP_{113} \\ DP_{114} \\ DP_{115} \\ DP_{116} \end{Bmatrix}
\tag{3.45}
$$

设计矩阵不为下三角矩阵,通过应用矩阵分析方法进行矩阵变换,重新调整设计参数序列可得到如下矩阵:

$$
\begin{Bmatrix} FR_{113} \\ FR_{114} \\ FR_{111} \\ FR_{115} \\ FR_{112} \\ FR_{116} \end{Bmatrix} = \begin{pmatrix} 1 & 0 & 0 & 0 & 0 & 0 \\ 1 & 1 & 0 & 0 & 0 & 0 \\ 1 & 1 & 1 & 0 & 0 & 0 \\ 1 & 1 & 1 & 1 & 0 & 0 \\ 1 & 1 & 1 & 1 & 1 & 0 \\ 1 & 1 & 1 & 1 & 1 & 1 \end{pmatrix} \times \begin{Bmatrix} DP_{113} \\ DP_{114} \\ DP_{111} \\ DP_{115} \\ DP_{112} \\ DP_{116} \end{Bmatrix}
\tag{3.46}
$$

设计矩阵转化为准耦合矩阵,满足独立公理。由此得到零件的装夹顺序:Post →Pipe →Nut →Frgusset →Stay →Rrgusset。

定义 TAK Ttransport 为系统中一个车把手上料时间间隔,系统装配与焊接的效率的提高主要决定于上料时间是否小于焊接时间。TAK Ttransport $= N \times \tau$,其中 N 表示零件个数,τ 表示单个零件的上料的时间。减少 TAK Ttransport 时间,即减少单个零件的上料时间。

单个零件的上料时间为:$\tau = t_1 + t_2 + t_3 + t_4 + t_5 + t_6$,其中去程时间 t_1 即机器人由工作原点至上料结构的时间;取料时间 t_2 为机器人手爪低速接近零件、抓取、检测的时间;上料时间 t_3 为零件由上料装置到夹具机构的时间;定位时间 t_4 为零件低速接近夹具定位装置、到位、检测的时间;夹紧时间 t_5 为夹具气缸进给、夹紧、检测时间;回程时间 t_6 为机器人由夹具端返回工作原点的时间。要减少上料时间主要通过缩短 t_1、t_2 和 t_6 来实现,其他的设计参数取决于机器人的工作参数。

最初上料系统的设计方案如图 3.23 所示,6 个零件分布于不同的平台。机器人抓取零件时,对不同的零件需重新定位,而且零件传输链比较长,机器人的工作半径比较大,基于信息公理,系统的传动效率低,信息含量大,效率低。同时,机器人工作的时序安排容易发生冲突,这种耦合性容易使系统失效,任何一个零件的延迟传送都会引起系统的工作终止。这个问题引入解耦器可以得到解决,即重新设计整个上料系统。通过重新设计,根据零件的特征,其中 5 个零件被放在一块固定在履带式传送链上的料盘中,缩短了零件定位、检测时间,同时也更符合柔性系统的设计原则,传送链减少到 2 条,机器人的工作半径也缩短了。

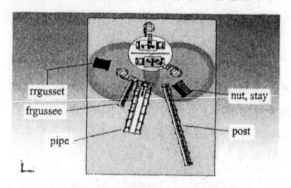

图 3.23　最初上料系统设计方案

经过改进后的上料方案如图 3.24 所示。基于信息公理改进的方案,整体布局空间减小(由 9000×6000 减小为 6500×4000),并且机器人抓取、上料姿态得到了改善,整个上料过程省略了一部分定位、检测环节,同时工人上料更简单方便,不必停机等待上料,有效地提高了生产效率。

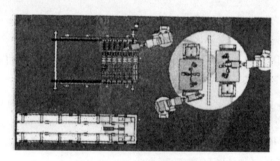

图 3.24　改进后的上料系统方案

应用独立公理对摩托车车把自动装配与焊接系统的结构设计进行了分析和论述,给出了系统的功能需求、设计参数之间的映射、分解过程以及设计流程,然后基于信息公理对系统设计方案进行优化选择,完成了系统设计。这样获得的设计结果是一个有理论依据的比较合理的设计。以公理设计为指导进行设计,既能保证设计的合理性,提高设计质量,又减少了产品的设计开发时间,降低了设计的劳动强度,提高了工作效率。通过建立系统的三维计算机模型,利用仿真软件,我们对系统进行了运动仿真,结果证明了系统设计的可行性和有效性,该系统已投入使用。

六、冷热水混水阀

冷热水混水阀是公理设计理论应用的典型案例,通过该案例可以充分体现出公理设计是如何辅助设计人员进行决策设计的。功能独立性公理辅助设计人员建立比较合理的产品设计方案,在备选的设计方案中,通过应用信息公理分析各个方案实现预期目标的能力,从而设计出高质量、高性能的混水阀。

冷热水混水阀在人们日常生活中随处可见,其主要功能是通过该阀门将冷热水进行混合,并调整适当的温度和流量,满足不同人在用水时不同的要求。混水阀的输入为冷热水,其热水温度一般在 $50℃ \sim 60℃$,因此,冷热水混水阀将高温热水与冷水混合,通过不同的混合比例实现温度的调节,再通过调节出水量来实现流量的调节。根据功能独立性公理,混水阀在调节温度和流量时两个功能之间是不能产生相互影响的,即功能之间不能产生耦合。

FR_1:控制水流速度(Q)而不影响水流温度(T)

FR_2:控制水流温度(T)而不影响水流速度(Q)

早期的冷热水混水阀设计采用两个旋钮龙头分别控制冷水和热水流量,如图 3.25 所示,通过改变冷热水的混合比例实现温度和流量的调节。但是,此类设计存在一个典型的问题,在使用过程中如果只调节一个水龙头的流量,那么无法实现单独控制温度和控制流量,即功能要求 FR_1 和 FR_2 产生了耦合,混水阀使用非常不方便。因此,该种结构的混水阀在当前市场上已经被淘汰。

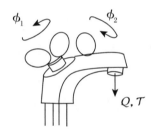

图 3.25　早期产生功能耦合的冷热水混水阀设计

本书混水阀的实例是以公理设计的功能独立性公理和信息含量最少公理作为设计决策,对混水阀结构进行改进的。在发现耦合后,如何解决耦合以及对方案进行集成和评价,是公理设计应用中一个分析问题解决问题的完整过程。

首先,分析图 3.25 中产生功能耦合的原因,图 3.25 的结构表明实现水流量和温度的变化主要通过两个水龙头的旋转角度(ϕ_1 和 ϕ_2),根据公理设计建立混水阀功能要求和设计参数直接的关系的设计方程为:

$$\begin{bmatrix} Q \\ T \end{bmatrix} = \begin{bmatrix} 1 & 1 \\ 1 & 1 \end{bmatrix} \times \begin{bmatrix} \phi_1 \\ \phi_2 \end{bmatrix} \tag{3.47}$$

由于两个水龙头分别控制冷热水管,仅调节某一个水龙头无法实现对水温和流量的分别控制,因为当 ϕ_1 或 ϕ_2 角度变化时,仅改变了冷水或者热水的流入量,虽然通过改变了两者的混合比例,但在温度发生变化的同时流量也发生变化,即 ϕ_1 和 ϕ_2 的变化水流的 Q 和 T 均受影响,所以,设计矩阵非对角线元素也为 1,功能要求 FR_1(Q)和 FR_2(T)产生了相互影响。因此,图 3.25 设计方案中两个水龙头的

选择角度 ϕ_1 和 ϕ_2 作为设计参数无法满足功能独立性要求。

根据上述分析,产生功能耦合的原因是由于水龙头分别控制冷热水的流入量,因此,如果两个水龙头能够分别控制冷热水的混合比例以及混合后的温水的流量,那么就能够分析控制水的流量和温度的变化,其概念结构如图 3.26 所示。

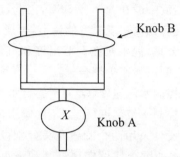

图 3.26　独立控制冷热水温度和流量的混水阀概念结构

该设计中 Knob A 控制水流量(Q),Knob B 控制冷热水的混乱比例,即相应的设计方程如下:

$$\begin{bmatrix} Q \\ T \end{bmatrix} = \begin{bmatrix} 1 & 0 \\ 0 & 1 \end{bmatrix} \times \begin{bmatrix} \text{Knob } A \\ \text{Knob } B \end{bmatrix} \tag{3.48}$$

根据上述概念,对混水阀的结构进行详细设计,设计结果如图 3.27 所示。

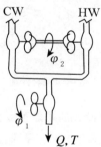

图 3.27　控制冷热水温度的混水阀结构

水龙头 A 是一个流量调节阀,位于混水阀结构的下游,水在流经水龙头 A 时已经进行了混合,因此,通过调节其选择角度 ϕ_1,就可以实现对流量的独立控制。水龙头 B 的功能是控制冷热水的混合比例,由两个旋塞组成,并通过一根杆连接在一起,当杆旋转时冷热水的相连的两个旋塞一个打开而另一个关闭,这样连接杆的旋转角度 ϕ_2 就实现了对水温的独立控制。此时设计方程为:

$$\begin{bmatrix} Q \\ T \end{bmatrix} = \begin{bmatrix} 1 & 0 \\ 0 & 1 \end{bmatrix} \times \begin{bmatrix} \phi_1 \\ \phi_2 \end{bmatrix} \tag{3.49}$$

公理设计理论指出,如果在保证功能要求独立性的情况下,能将设计参数集成为一个完整的物理结构,会提高功能实现的能力,即减少设计的信息含量。虽然图 3.27

的设计方案满足功能独立性要求,但两个功能实现仍是由两个水龙头的旋转来控制,因此,需要进一步分析,将两个水龙头合并为一个物理结构,提高设计的可靠性。

混水阀的功能是独立控制水的流量和温度,根据流体力学知识,在流体和压降相同的前提下,流速和管路的横截面积成正比。在保证功能独立性的前提下,设定设计参数分别为:

DP_1:横截面积总和$(A_c)+(A_h)=f(A_c+A_h)$

DP_2:横截面积比值$(A_c)/(A_h)=g(A_c+A_h)$

相应的设计方程可以记作:

$$\begin{bmatrix} Q \\ T \end{bmatrix} = \begin{bmatrix} 1 & 0 \\ 0 & 1 \end{bmatrix} \times \begin{bmatrix} f(A_c+A_h) \\ g\left(\dfrac{A_c}{A_h}\right) \end{bmatrix} \tag{3.50}$$

根据上述原理进行混水阀的技术设计,建立如图 3.28 所示的两种设计方案。两种方案均是采用改变冷热水流入混水阀的出口大小来控制流量和温度,只是具体实现方式存在差别。

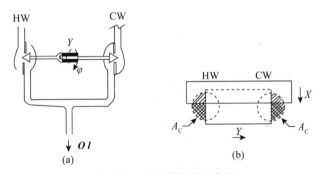

图 3.28　设计参数集成分析

方案 1:采用连杆连接冷热水出口旋塞,连杆是一空心杆,内腔为反向双螺纹,冷水和热水的旋塞中某一个与螺纹连杆相连,而另一个则开螺纹,旋塞通过反向螺纹副作用实现同时开闭,保证出水截面积的总和增加而冷热水的比例不发生改变。在控制水温时,通过整体横向移动冷热水旋塞,改变两个旋塞开合比例的大小。因此,式(3.50)可以改写为:

$$\begin{bmatrix} Q \\ T \end{bmatrix} = \begin{bmatrix} 1 & 0 \\ 0 & 1 \end{bmatrix} \times \begin{bmatrix} \phi \\ Y \end{bmatrix} \tag{3.51}$$

方案 2:采用两个平板在同一平面的移动实现冷热水出水口横截面的变化,此方案正如式(3.50)所示,水流量的变化是冷热水横截面积之和为变量的函数,水温是冷热水横截面积之比为变量的函数。上平板沿 X 方向移动改变了水流量,下平板沿 Y 方向移动改变了水温。因此,式(3.50)可以改写为:

$$\begin{bmatrix} Q \\ T \end{bmatrix} = \begin{bmatrix} 1 & 0 \\ 0 & 1 \end{bmatrix} \times \begin{bmatrix} X \\ Y \end{bmatrix} \tag{3.52}$$

通过设计参数合并为一个集成的结构,混水阀设计将两个水龙头合并为由旋塞或者平板组成的整体结构。但是,图 3.28 所示的两种混水阀设计方案中实现温度和流量控制时必须分别移动两个部件,其成功概率小于一个部件移动的设计方案。根据信息含量的定义,计算上述方案的信息含量:

假设移动一个部件实现对温度或者流量控制的概率为 90%,那么一个部件移动的混水阀设计的信息含量为 $I = \log_2(1/0.99)$;在保证功能独立性的前提下,两个部件移动的混水阀设计的信息含量为 $I = \log_2(1/0.99) + \log_2(1/0.99) = 2\log_2(1/0.99) > \log_2(1/0.99)$。应用信息含量最少公理对混水阀设计进一步优化,尽可能将功能实现的概率接近 1,得到性能更高的设计方案。

根据上述分析,混水阀设计中某一部件具有多个自由度,其单独的运动可分别改变水流横截面的总和、比值,那么该设计成功的概率更大,而且功能实现的能力更高。但是,公理设计并没有一套完整的方法指导设计人员在设计参数合并时如何保证信息含量最少,只能由设计人员根据自己的经验进行设计分析,图 3.29 是单部件运动的混水阀设计方案。

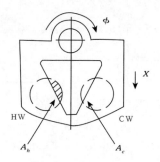

图 3.29 单部件运动的混水阀设计方案

图 3.29 所示设计方案通过一个平板的旋转和平移实现横截面大小和比例的变化。平板上开有三角形孔,当冷热水管对称位于平板中心线两侧时,通过旋转平板的角度可以改变横截面的比值,当平板整体沿 X 方向移动时可以改变水流量。

七、深水炸弹触发器的设计

海军在遭遇敌对情况的时候,使用带爆炸物(即弹头)的深水炸弹来破坏敌人的潜艇。深水炸弹系统最重要的部分之一就是触发器,它由一个机械时钟和压力传感器组成,包括 350 多个零部件,结构比较复杂。深水炸弹由舰艇专用发射器发射到水下击中目标,当目标撞击到深水炸弹后,触发器向引爆器发出信号,引爆炸弹将目标炸毁,如图 3.30 所示。已有的深水炸弹触发器结构复杂,成本高,可靠性差,增加了设计的工作量。因此,该实例应用公理设计对触发器进行设计,使得深水炸弹只有在击中目标时向引爆器送出信号,并确定引爆弹头。

触发器包括一个电源、三个独立的点火状态开关和一个点火信号,触发器运行

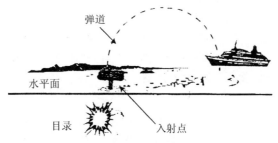

图 3.30 深水炸弹操作示意图

特性示意图如图 3.31 所示。当达到点火状态要求后,触发器启动引爆器引爆弹头。出于安全考虑,从深水炸弹发射到引爆整个过程至少有一个点火状态开关处于水中时才能引爆炸弹。因此,如果炸弹不在水下时应该处于安全状态,不会发生爆炸。此外,触发器的传感器应该是稳定的,不能对潮湿、电磁辐射、黑暗、振动、加速、温度等干扰因素敏感而产生误操作。新型触发器的设计目标是开发一种只有在水下撞到目标物体后才能发生引爆信号的触发器,但是由于触发器是深水炸弹系统中的一个子系统,本文通过对深水炸弹系统进行功能结构分析,对深水炸弹系统整体进行改进,提高其工作的可靠性和稳定性。

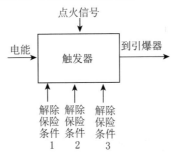

图 3.31 触发器运行特性示意图

1. 第一级分解

通过对触发器工作条件和工作要求分析,触发器的客户需求可以细分为如下三个:

CA_1:低成本和零件数量(零件数量越少其信息含量越小);

CA_2:工作原理简单;

CA_3:工作原理可靠。

触发器设计最高层次的功能需求 FR 为:触发弹头的爆炸,传递发射筒的驱动气体压力到整个深水炸弹,使其加速并开始其弹道轨迹;最高层次的设计参数 DP 选择为:一个电气系统和深水炸弹的发射器。为了进一步设计,可将总功能要求和设计参数分解为:FR_1 触发引爆器、DP_1 电气系统;FR_2 发射深水炸弹、DP_2 发射器。此设计矩阵方程为:

$$\begin{Bmatrix} FR_1 \\ FR_2 \end{Bmatrix} = \begin{bmatrix} 1 & 0 \\ 0 & 1 \end{bmatrix} \times \begin{Bmatrix} DP_1 \\ DP_2 \end{Bmatrix} \tag{3.53}$$

由设计矩阵看出,此次分解得到非耦合设计,虽然是可接受的设计,但是还需要进行进一步的分解,使得设计更为详细。

2. 第二级分解

根据上一级分析结果,功能要求 FR_1 和 FR_2 是相互独立的,因此在进一步分解时可以同时对 FR_1 和 FR_2 进行分解。首先将 FR_2 分解为:FR_{21} 提供力给发射装置、DP_{21} 推进器;FR_{22} 向目标方向发射装置、DP_{22} 发射筒;FR_{23} 向整个装置传递力、DP_{23} 底盘。此时设计矩阵方程为:

$$\begin{Bmatrix} FR_{21} \\ FR_{22} \\ FR_{23} \end{Bmatrix} = \begin{bmatrix} 1 & 0 & 0 \\ 0 & 1 & 0 \\ 0 & 0 & 1 \end{bmatrix} \times \begin{Bmatrix} DP_{21} \\ DP_{22} \\ DP_{23} \end{Bmatrix} \tag{3.54}$$

由设计矩阵看出,此次分解保证了功能要求的独立性,得到一个非耦合设计,设计参数是可以直接实现的叶设计参数,所以不需要进行下一步的分解。但是,在具体确定实现 FR_2 的设计参数时,对上一级的客户需求进行分析,转换到下一级为对该级 FR_2 的全局约束条件:

C_1:安全性;

C_2:重量;

C_3:重心位置;

C_4:与底盘配合的外部尺寸;

C_5:环境承受力。

根据图 3.31 所示的触发器工作状态,功能要求 FR_1 可以分解为:FR_{11} 提供电能、FR_{12} 激发解除保险条件 1、FR_{13} 激发解除保险条件 2、FR_{14} 激发解除保险条件 3、FR_{15} 发送出点火信号。

通过对触发器的工作原理进行分析,只有当其所处的环境条件完全满足要求时才能实现上述分解的功能要求,因此,功能要求 FR_1 分解后的各子功能要求通过环境变量来实现,才能满足其安全性的要求,所以 DP_1 相应地分解为:DP_{11} 安瓿式电池、DP_{12} 离开发射器口传感器、DP_{13} 进入水下传感器、DP_{14} 水压传感器和 DP_{15} 目标的撞击。该级别的设计方程为:

$$\begin{Bmatrix} FR_{11} \\ FR_{12} \\ FR_{13} \\ FR_{14} \\ FR_{15} \end{Bmatrix} = \begin{bmatrix} 1 & 0 & 0 & 0 & 0 \\ 1 & 1 & 0 & 0 & 0 \\ 1 & 0 & 1 & 0 & 0 \\ 1 & 0 & 0 & 1 & 0 \\ 1 & 1 & 1 & 1 & 1 \end{bmatrix} \times \begin{Bmatrix} DP_{11} \\ DP_{12} \\ DP_{13} \\ DP_{14} \\ DP_{15} \end{Bmatrix} \tag{3.55}$$

对上一级的客户需求进行分析,对触发器的主要要求是能够安全、准确地发出引爆信号,引爆炸弹炸毁目标。因此,触发器的约束条件主要是安全性和可靠性,具体设计约束如下：

C_1 安全性：只有当所有保险条件都接触后，才能向引爆器发信号，这样才能保证击中水下目标，因此，需要建立一个准耦合设计，即 FR_{15} 只有在 FR_{12}、FR_{13}、FR_{14} 均实现后才能启动引爆信号；

C_2 可靠性：各个状态传感器应该具有稳定、可靠的工作性能，因此采用电晶体控制的机械装置来提高实现功能的能力。

3. 第三级分解

为了进一步的具体设计，还可以将设计参数继续往下分解，以期获得更为详细的设计。对于 FR_{11}，只有发射后才提供电能，采用发射时产生的气压来激活电池，所以 FR_{11} 可以分解为：FR_{111} 感应发射事件、DP_{111} 气体压力激活的机械运动；FR_{112} 供应电解液、DP_{112} 破坏安瓿的机械冲击。此时设计矩阵方程为：

$$\begin{Bmatrix} FR_{111} \\ FR_{112} \end{Bmatrix} = \begin{bmatrix} 1 & 0 \\ 1 & 1 \end{bmatrix} \times \begin{Bmatrix} DP_{111} \\ DP_{112} \end{Bmatrix} \tag{3.56}$$

该级别分解为一个可接受的准耦合设计，设计参数是可以直接实现的叶设计参数，不需要继续进行分解。FR_{11} 的实现原理如图 3.32 所示，发射时产生的压力气体从到深水炸弹的尾部进入并引入到炸弹膛内，推动炸弹内部的活塞撞击安瓿式电池的尾部，将安瓿撞坏后电解液流出，电池被激活，为触发器各部件提供电能。

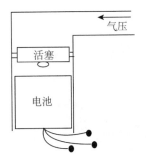

图 3.32　FR_{11} 的实现原理图

对于 FR_{12}，更详细一层的功能要求可以描述为：FR_{121} 感应发射、DP_{121} 感应发射筒的传感棒；FR_{122} 当深水炸弹离开发射筒时激发电路；DP_{122} 由传感棒激发的电路开关。此时设计矩阵方程为：

$$\begin{Bmatrix} FR_{121} \\ FR_{122} \end{Bmatrix} = \begin{bmatrix} 1 & 0 \\ 1 & 1 \end{bmatrix} \times \begin{Bmatrix} DP_{121} \\ DP_{122} \end{Bmatrix} \tag{3.57}$$

此时设计是一个满足独立公理的准耦合设计，电路开关可以实现炸弹保险条件的转换，但是如何实现功能要求，FR_{121} 需要进一步分析，以确定如何应用传感棒感应和激活保险条件 1。

对于 FR_{15}，更详细一层的功能要求可以表述为：FR_{151} 感应碰撞目标、DP_{151} 加

速计;FR_{152}向引爆器发出信号、DP_{152}通过加速计激发的电路开关。此时设计矩阵方程为:

$$\begin{Bmatrix} FR_{151} \\ FR_{152} \end{Bmatrix} = \begin{bmatrix} 1 & 0 \\ 1 & 1 \end{bmatrix} \times \begin{Bmatrix} DP_{151} \\ DP_{152} \end{Bmatrix} \tag{3.58}$$

4. 第四级分解

这一级主要是对 FR_{121} 和 DP_{121} 的分解,较低层级的功能要求和设计参数可以分别分解为:FR_{1211}向发射筒推动感应棒、DP_{1211}活塞;FR_{1212}当深水炸弹离开发射筒时伸展感应器、DP_{1212}膨胀气体;FR_{1213}在发射后防止感应棒移动回来、DP_{1213}自锁机械装置。此时设计矩阵方程为:

$$\begin{Bmatrix} FR_{1211} \\ FR_{1212} \\ FR_{1213} \end{Bmatrix} = \begin{bmatrix} 1 & 0 & 0 \\ 1 & 1 & 0 \\ 0 & 0 & 1 \end{bmatrix} \times \begin{Bmatrix} DP_{1211} \\ DP_{1212} \\ DP_{1213} \end{Bmatrix} \tag{3.59}$$

该设计矩阵也是一个能够满足独立公理的准耦合设计。功能要求 FR_{121} 的实现原理如图 3.33 所示。与功能要求 FR_{11} 类似,也是通过发射时产生的气压作为驱动力,推动深水炸弹膛内的活塞向外运动,将传感棒探出深水炸弹体外,沿着发射筒壁滑动;当发射完成,炸弹飞出发射器时,由于传感棒失去了发射筒壁的束缚,活塞继续向外移动,将发射电路转换开关关闭。此外,此转换开关是一次性的,通过一个电子或者机械机构可将开关锁死。

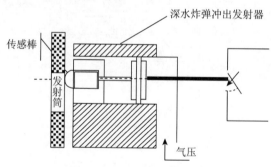

图 3.33 FR_{121} 实现原理图

至此,设计过程中分解得到的设计都能够满足独立公理,设计参数都是可以实现的原理、方案或者零部件组成的叶设计参数,虽然不是完全的非耦合设计,但也是可以接受的准耦合设计。在实际设计过程中,由于产品结构的复杂多变性,很难得到绝对的非耦合设计,设计过程中一般做到准耦合设计即可。

第六节 公理设计—面向对象的软件设计

公理设计是系统化设计理论,是在对各种设计最本质的归纳总结的基础上提出的通用设计理论。公理设计理论应用非常广泛,采用公理设计理论—面向对象的方法进行软件分析,保证系统模块之间的功能独立性,便于后续系统设计和开发。

一、公理设计—面向对象软件分析方法

软件开发过程包括需求分析、软件设计、软件编程、测试和维护,其中软件设计是软件系统开发的关键,是一个把软件需求转换为软件表示的过程。软件设计首先要设计出软件总体结构框架,而后对结构进一步细化的设计就是软件的详细设计或过程设计。

1. 公理设计和面向对象方法比较分析

面向对象的方法(object-oriented technology,OOT)是进行软件设计最常用的方法,主要涉及设计后期对系统总体构架的细化,是采用定义类、对象和操作来描述相同类型变量的方法,描述设计结果以及下一步如何编码实现软件功能。面向对象方法要求在软件开发初期确定正确的软件设计方案以及模块化分析结果。公理设计是进行产品概念分析的有效工具,通过将需求转换为功能建立一个由抽象到具体的系统构架。

公理设计是一种指导合理、科学的系统设计的方法。软件设计同样也是系统设计过程,公理设计和面向对象设计方法存在着对应关系。从设计概念、设计过程和设计原则三个方面对两种方法进行对比,面向对象方法和公理设计的设计概念的比较结果如表 3.5 所示;设计过程比较如表 3.6 所示;设计原则比较如表 3.7 所示。

表 3.5 公理设计与面向对象方法概念比较

公理设计	面向对象方法
客户域(CR)	客户(软件)需求
功能域	功能需求
参数域	数据描述 数据词典
约束	非功能需求等
工艺域	功能实现
"之"字形映射	自上而下分解过程
设计等级分解树	系统的层次结构。在面向对象方法中,类似于类的层次结构
流图(flow-diagram)	软件架构图
公理 1 模块的独立性原则	模块的耦合性最小原则
公理 2 信息的最少原则	模块的内聚性最高原则

表3.6　公理设计方法与面向对象方法过程的比较

软件设计方法 软件生命周期	面向对象方法		公理设计方法	
	阶段文档	过程描述	阶段文档	过程描述
软件需求阶段	用例图，活动图	获取客户需求，建立需求模型	—	客户需求域
软件设计	顺序图，状态图，类图等	确定类与对象及系统架构，描述系统的静态模型和动态模型	流图、设计矩阵、模块设计图	功能域，参数域"之"字形映射
软件编码	代码	面向对象编程	代码	工艺域
软件测试与维护	根据系统的静态模型和动态模型生成测试用例	完成单元测试，系统测试	—	—

表3.7　设计原则与处理方法比较

设计原则	面向对象方法		公理设计方法	
	过程描述	严密性	过程描述	严密性
模块独立性	抽取类，确定类间的关系：聚合关系、泛化关系，形成类的层次结构	目前文献提出多是类的耦合性评价方法，类的形式化描述，类的抽取过程仍凭经验总结	"字"之形映射方法在相邻域间映射，	应用设计矩阵进行严格判断设计的耦合性
信息隐蔽	通过类的封装，设置信息的访问权限	—	—	—

面向对象方法是一整套软件开发过程方法，它贯穿于软件开发所有阶段。在面向对象开发中，软件生命周期定义已经模糊了软件开发过程各阶段的界限。而公理设计方法只涉及系统设计阶段，它是指导系统设计的一种科学方法。因此，公理设计和面向对象方法结合进行软件系统设计，能够克服当前面向对象方法的缺点，主要优点如下：

（1）公理设计软件分析框架是在软件设计必须满足一定约束条件下实现一系列功能要求思想的前提条件下建立的，分析框架提供了软件设计的方法理论，主要包括设计变换、分解，确定出最终叶设计参数，得到软件最终组成。

（2）公理设计与其他设计方法最主要的区别在于它提供了精确的分解方法和评判设计是否合理的标准，这种方法既思路清晰又简单明了。分析结果用流程图表示，描述了所有软件模块之间的详细关系，完整地表示了整个软件结构以及软件中各个设计模块的运行顺序。

（3）公理设计分析框架可以应用到各种软件设计，包括软件系统（只包括软件模块）、控制软件和硬件的软件和快速原型软件（根据系统的传感输入变化、修改）。

（4）公理设计分析框架可以应用到各个领域的软件设计，它可以应用到电信、机器控制、商务和管理等各个领域。此分析框架包括公理设计所有内容：设计域、变换、"之"字形交错分解、等级结构树、设计方程以及设计公理和设计矩阵，同时引入了软件设计的流程图描述整个软件设计结构。

（5）流程图作为公理设计分析框架的分析结果描述整个系统结构，并把所有程序员紧密地团结在一起，并且有明确的分工。而现有软件开发方法仅仅依靠个别程序员的个人直觉和经验技术完成设计。

（6）实时控制软件系统的公理设计方法是一种非常清晰明了的设计方法，开发的软件系统工作效率高，系统信息含量最少。

（7）公理设计分析框架根据设计矩阵描述的功能要求和设计参数之间的关系可以将由软件和硬件组成的系统模块化。

（8）公理设计方法以一种简明方式实现软件模块重复使用和拓展。

2. 公理设计—面向对象软件设计方法

从公理设计角度看，软件系统可以看作系统设计中的子系统，因此软件设计和其他系统的公理设计没有什么区别。软件公理设计方法同样以功能独立和信息最少两条公理为理论依据，将设计任务分配到不同设计域，通过"之"字形分解完成。在分解过程中应用设计公理判断设计合理性，最终得到由软件模块组成的软件结构和描述模块运行顺序的流程图，然后再把子功能要求和设计参数转化成面向对象方法中的对象、类、关系和操作，编码实现整个软件开发。

在软件设计中，四个设计域的设计变量和系统的定义基本相同，客户需求是指软件使用者的要求和软件程序满足的客户特性；功能要求是指软件系统的输出、规定和要求，相当于面向对象方法中的对象；设计参数在纯算法中是指模块的输入，在这种情况下设计参数相当于面向对象方法中的数据，在由软件和硬件组成的系统中，设计参数是指硬件系统的传感器和特定应用环境下的信号，此外设计参数还可以是软件模块中产生输入的程序编码。功能变量是指转包商、机器码和编译器。

面向对象方法中的对象相当于公理设计中的功能要求以及功能要求和设计参数之间的特定关系。设计参数是数据或者输入，设计矩阵中的元素 A_{ij} 是方法或者关系，公理设计的设计方程清晰地描述了功能要求和设计参数之间的关系。分类是指具有相同数据结构（特性）和性能（操作和方法）的对象组成一个类。在程序中对象是类的一个应用实例，所有对象都最终归结为某些类的应用实例，类是某些具有相同特性和结构对象的构造模板，同类的不同对象具有相同的操作和信息结构。

当对象表现出多个已定义的属性时也可以称为实体，此时属性可以认为是特殊情况下的功能要求。对象和属性之间的关系和公理设计中的功能分解相似，对象看作父功能要求，相应的属性看作子功能要求，即在相邻等级结构之间高级别要分解的功能要求可以看作对象，分解后的子功能要求可以看作对象的属性。当对象表现出多个已定义的性能时也可以称为实体，此时特性可以认为是特殊情况下的功能要求。对象和性能之间的关系和公理设计中的功能分解相似,对象看作父功能要求,相应的性能看作子功能要求,也就是说,在相邻等级结构之间高级别要分解的功能要求可以看作对象,分解后的子功能要求可以看做是对象的性能。

在面向对象方法中,类是对象的抽象概括,在公理设计功能要求等级结构中,同等级的功能要求既可以看作对象也可以看作类。但是,如果子功能要求看作性能,那么在功能等级结构中对象要比性能高一个级别,这样增加了公理设计—面向对象软件设计方法的复杂性。因此,该方法中定义对象代表每一级的功能要求,用对象和索引号表示类、对象和性能不同的概念。例如,一个对象可以成为 $Object_i$,该对象的性能表示为 $Object_{ij}$,相应的第三级表示为 $Object_{ijk}$,对应的功能要求分别为 FR_i、FR_{ij}、FR_{ijk}。公理设计和面向对象方法之间的术语等同关系为:

(1)每一个功能要求都代表一个对象。

(2)设计参数可以作为对象(功能要求)的数据或输入。

(3)公理设计每一级的设计方程($\{FR\} = [A] \times \{DP\}$)都可以看作一个对象中的方法。

(4)对象和索引号表示不同等级的功能要求。

面向对象的软件开发顺序是从最底层开始,高一级的设计模块由低一级的设计模块组成,最终组成整个软件系统并实现预期的功能;公理设计的设计顺序是从最高级出发,把基本功能要求分解为不同的子功能要求,直到整个设计任务完成,得到一个从抽象到具体的系统结构。公理设计—面向对象软件设计方法结合了两者的优点,首先应用公理设计,从客户需求出发确定软件的基本功能,通过"之"字形映射变换,并以设计公理作为理论依据得到系统等级结构和流程图;然后应用面向对象的方法,从等级结构的最底层入手,确定出对象、属性、关系和操作,组成最基本的系统模块,从低到高完成整个软件的编码,实现预期的功能。公理设计—面向对象软件设计方法设计过程如图 3.34 所示。公理设计和面向对象相结合的软件分析具体步骤如下:

第 1 步:定义软件系统的功能要求。设计者根据客户域的信息确定软件系统必须满足的客户需求和客户特性,然后确定基本的功能要求和设计约束来满足客户需求。功能要求必须以最少的一组满足客户需求,并且符合公理 1 要求。

第 2 步:功能域和结构域之间的"之"字形映射变换,分解功能要求和设计参数确定叶设计参数。确定基本功能要求之后,在考虑设计约束的前提下选择合适的设计参数实现基本功能要求,确定出软件基本组成模块。依次进行"之"字形映射变换直到功能要求和设计参数分解到完全实现功能为止,得到一个功能要求和设计参数的等级结构,其中叶设计参数是软件的最终组成部分。在整个映射变换过程中必须满足公理 1 的要求,应用设计矩阵判断设计,得到非耦合或准耦合的设计。

第 3 步:根据分解结果和最终设计矩阵定义软件组成模块。在软件设计中,设计矩阵包含了两个重要的设计基础:①设计矩阵每一个设计元素都表示面向对象方法中的一种方法。②设计矩阵每一行表示软件一个组成模块,对于给定的设计参数(数据和输入)如何实现特定功能要求。设计分解最终结果是既符合功能独立又符合一致性要求的等级结构,是描述整个分解结果的叶功能要求和设计参数之间关系的最终设计矩阵,根据最终设计矩阵描述的相互关系,按照设计矩阵表示的顺序确定每一个组成模块。

第4步:确定对象、属性和操作。所有设计参数选择均以实现功能要求为目的,在每一个设计分支中,叶功能要求均看作最低级别的对象。由于叶功能要求可能属于不同的设计分支,叶级别的对象不一定在同一个等级。一旦定义对象,根据设计参数(属性和数据)和最终设计矩阵描述的叶功能要求及叶设计参数关系定义的产品模块(操作和方法)来构造对象模型。

第5步:建立相互关联来描述对象和操作之间的关系。关联是软件设计中的一个关键特征,设计矩阵中非零的非对角元素表示不同对象之间的相互关系,流程图描述了软件模块之间的操作顺序和相互关系,根据这两者应用面向对象方法确定各个对象(或者类)之间的关联。

第6步:构建软件系统的结构。公理设计分析框架的最大优点是描述了软件系统模块之间的相互关系,并用定义功能—结构图来描述正确的设计分解和软件的系统结构。

公理设计—面向对象的软件设计方法从软件要实现的功能入手,应用公理设计在软件设计初期进行分析,得到软件等级结构、流程图和各个组成模块之间的关联和操作序列;对于简单系统,可将模块分配给不同的程序员,程序员按照各个模块之间的关系和运行顺序编写程序,实现软件功能;对于复杂系统,设计任务分配给不同的部门或转包商,这些部门以及转包商再将工作细化分配,协调一致地完成系统的开发。这种软件设计的方法充分结合公理设计和面向对象方法的优点,更好地完成设计,得到了比较理想的设计结果。

图3.34 公理设计—面向对象方法的软件设计过程

二、产品族快速设计软件系统分析

基于产品平台的产品族设计是实现大规模定制的核心,这是一种新的设计理念,提高了生产制造能力,降低了设计和制造成本。产品设计过程是一个知识密集的过程,设计者需要大量知识解决越来越复杂的设计问题。大多数设计任务的工作路线需要根据大量专业知识进行确定,因此,设计需要大量知识支持。产品族设计是实现大规模定制的关键技术,设计人员在进行产品族开发时也需要大量的设计知识来解决设计问题。开发基于产品平台的产品族快速设计知识系统,充分利用企业现有的资源,为设计人员提供设计知识,辅助设计人员快速解决客户对产品提出的要求,开发出顾客满意的定制产品,提高设计人员的工作效率以及企业知识的共享程度和利用率。

客户或者软件使用人员对产品族设计系统的要求是提供进行设计决策的知识,辅助进行产品族设计,由于设计知识是企业的技术资料和核心技术,必须考虑系统知识的安全性和保密性。此外,系统要提供对操作日志和当前设计任务的管理,系统需为使用人员提供良好的人机交互界面以及能够在各种计算机系统环境下运行。

从客户需求出发,应用公理设计—面向对象的软件设计方法,首先要确定产品族设计系统的基本功能要求,为设计提供决策,辅助设计人员设计产品族产品,然后进行"之"字形映射变换,按照公理设计的分析框架建立产品族设计系统的功能—物理等级结构,并在每一级分解建立设计方程,判断设计的耦合性,保证每一级分解都能满足功能独立性公理要求。产品族设计系统的功能等级结构如表 3.8 所示,相对应的物理等级结构如表 3.9 所示,各等级设计矩阵如表 3.10 所示。

表 3.8　产品族设计系统功能要求等级结构

第一级	第二级	第三级	第四级
FR_1 提供产品基本信息知识	FR_{11} 提供产品类别信息	FR_{111} 建立基本类产品信息	FR_{1111} 确定产品基本类别名称
			FR_{1112} 确定产品基本类别代码
		FR_{112} 建立产品类别等级树	FR_{1121} 确定产品类别名称
			FR_{1122} 确定产品类别代码
			FR_{1123} 记录产品父类别
	FR_{12} 提供产品性能参数信息	FR_{121} 建立产品性能参数	FR_{1211} 确定产品参数名称
			FR_{1212} 确定产品参数代码
			FR_{1213} 确定产品参数类型
			FR_{1214} 确定产品参数表名称
		FR_{122} 确定产品参数值	
	FR_{13} 提供产品原材料信息	FR_{131} 记录原材料名称	
		FR_{132} 记录原材料价格	
	FR_{14} 提供产品图纸信息	FR_{141} 记录产品图纸路径	
		FR_{142} 记录图纸参数信息	
		FR_{143} 记录图纸设计人员信息	
		FR_{144} 记录设计时间	

第一级	第二级	第三级	第四级
FR_2 提供产品族信息支持	FR_{21} 管理产品族设计约束		
	FR_{22} 管理产品族结构信息	FR_{221} 建立产品族结构	FR_{2211} 确定模块名称
			FR_{2212} 确定模块代码
			FR_{2213} 确定模块父节点
		FR_{222} 建立产品族结构和约束的关系	
	FR_{23} 管理产品族结构变量	FR_{231} 确定结构变量基本信息	FR_{2311} 确定结构变量名称
			FR_{2312} 确定结构变量代码
			FR_{2313} 确定结构变量路径
			FR_{2314} 确定结构变量材料
			FR_{2315} 确定结构变量重量
		FR_{232} 确定结构变量的产品性能参数值	
FR_3 设计产品	FR_{31} 确定客户需求		
	FR_{32} 选择产品族结构	FR_{321} 确定产品相关参数值	
		FR_{322} 查找符合要求的结构变量	
	FR_{33} 配置产品设计方案		
	FR_{34} 评价并确定最终方案	FR_{341} 确定产品原材料价格	
		FR_{342} 估算产品方案成本	
FR_4 保证系统知识的安全	FR_{41} 控制管理客户的登录		
	FR_{42} 控制客户的权限		
FR_5 管理系统日志	FR_{51} 查看日志		
	FR_{52} 清理日志		
FR_6 管理设计任务	FR_{61} 新建一个设计任务		
	FR_{62} 打开现有设计任务		

表3.9 产品族设计系统的物理等级结构

第一级	第二级	第三级	第四级
DP_1 产品数据信息管理	DP_{11} 产品类别管理	DP_{111} 产品基本类别信息	DP_{1111} 产品基本类别名称
			DP_{1112} 产品基本类别代码
		DP_{112} 产品类别等级结构	DP_{1121} 类别名称
			DP_{1122} 类别代码
			DP_{1123} 父类别
	DP_{12} 产品参数管理	DP_{121} 产品性能参数信息	DP_{1211} 产品参数名称
			DP_{1212} 产品参数代码
			DP_{1213} 产品参数类型
			DP_{1214} 产品参数表名称
		DP_{122} 产品性能参数值	
	DP_{13} 产品原材料管理	DP_{131} 材料名称	
		DP_{132} 材料价格	
	DP_{14} 产品图纸管理	DP_{141} 路径	
		DP_{142} 参数值	
		DP_{143} 设计人员名称	
		DP_{144} 设计时间	

第一级	第二级	第三级	第四级
	DP_{21}产品族设计约束关系		
	DP_{22}产品族结构信息	DP_{221}产品族结构树	DP_{2211}确定模块名称
			DP_{2212}确定模块代码
			DP_{2213}确定模块父节点
DP_2产品族信息管理		DP_{222}产品族结构和参数关系	
	DP_{23}产品族结构变量	DP_{231}产品结构变量基本信息	DP_{2311}变量名称
			DP_{2312}变量代码
			DP_{2313}存储路径
			DP_{2314}材料
			DP_{2315}重量
		DP_{232}结构变量对应参数值	
	DP_{31}客户需求对应参数要求		
	DP_{32}产品族结构	DP_{321}参数值	
DP_3产品配置设计		DP_{322}产品结构变量	
	DP_{33}产品族配置方案		
	DP_{34}产品方案成本	DP_{341}材料价格	
		DP_{342}产品方案成本	
DP_4系统安全管理	DP_{41}系统客户登录密码		
	DP_{42}系统客户操作权限		
DP_5系统日志信息	DP_{51}日志记录信息		
	DP_{54}日志记录条目		
DP_6设计任务	DP_{61}产品任务名称		
	DP_{62}产品任务列表		

表 3.10　产品族设计系统各等级设计矩阵

分解级别	设 计 矩 阵
第一级	$$\begin{Bmatrix} FR_1 \\ FR_2 \\ FR_3 \\ FR_4 \\ FR_6 \\ FR_5 \end{Bmatrix} = \begin{bmatrix} 1 & 0 & 0 & 0 & 0 & 0 \\ 1 & 1 & 0 & 0 & 0 & 0 \\ 1 & 1 & 1 & 0 & 0 & 0 \\ 0 & 0 & 0 & 1 & 0 & 0 \\ 0 & 0 & 0 & 1 & 1 & 0 \\ 1 & 1 & 1 & 1 & 1 & 1 \end{bmatrix} \times \begin{Bmatrix} DP_1 \\ DP_2 \\ DP_3 \\ DP_4 \\ DP_6 \\ DP_5 \end{Bmatrix}$$

续表

分解级别	设　计　矩　阵
第二级	$$\left\{\begin{matrix}FR_{41}\\FR_{42}\end{matrix}\right\}=\begin{bmatrix}1&0\\0&1\end{bmatrix}\times\left\{\begin{matrix}DP_{41}\\DP_{42}\end{matrix}\right\}\qquad\left\{\begin{matrix}FR_{31}\\FR_{32}\\FR_{33}\\FR_{34}\end{matrix}\right\}=\begin{bmatrix}1&0&0&0\\1&1&0&0\\1&1&1&0\\1&1&1&1\end{bmatrix}\times\left\{\begin{matrix}DP_{31}\\DP_{32}\\DP_{33}\\DP_{34}\end{matrix}\right\}$$ $$\left\{\begin{matrix}FR_{61}\\FR_{62}\end{matrix}\right\}=\begin{bmatrix}1&0\\0&1\end{bmatrix}\times\left\{\begin{matrix}DP_{61}\\DP_{62}\end{matrix}\right\}$$ $$\left\{\begin{matrix}FR_{11}\\FR_{12}\\FR_{13}\\FR_{14}\end{matrix}\right\}=\begin{bmatrix}1&0&0&0\\0&1&0&0\\0&0&1&0\\1&1&0&1\end{bmatrix}\times\left\{\begin{matrix}DP_{11}\\DP_{12}\\DP_{13}\\DP_{14}\end{matrix}\right\}\qquad\left\{\begin{matrix}FR_{51}\\FR_{52}\end{matrix}\right\}=\begin{bmatrix}1&0\\0&1\end{bmatrix}\times\left\{\begin{matrix}DP_{51}\\DP_{52}\end{matrix}\right\}$$ $$\left\{\begin{matrix}FR_{21}\\FR_{22}\\FR_{23}\end{matrix}\right\}=\begin{bmatrix}1&0&0\\0&1&0\\1&1&1\end{bmatrix}\times\left\{\begin{matrix}DP_{21}\\DP_{22}\\DP_{23}\end{matrix}\right\}$$
第三级	$$\left\{\begin{matrix}FR_{111}\\FR_{112}\end{matrix}\right\}=\begin{bmatrix}1&0\\1&1\end{bmatrix}\times\left\{\begin{matrix}DP_{111}\\DP_{112}\end{matrix}\right\}\qquad\left\{\begin{matrix}FR_{121}\\FR_{122}\end{matrix}\right\}=\begin{bmatrix}1&0\\1&1\end{bmatrix}\times\left\{\begin{matrix}DP_{121}\\DP_{122}\end{matrix}\right\}$$ $$\left\{\begin{matrix}FR_{131}\\FR_{132}\end{matrix}\right\}=\begin{bmatrix}1&0\\0&1\end{bmatrix}\times\left\{\begin{matrix}DP_{131}\\DP_{132}\end{matrix}\right\}$$ $$\left\{\begin{matrix}FR_{221}\\FR_{222}\end{matrix}\right\}=\begin{bmatrix}1&0\\0&1\end{bmatrix}\times\left\{\begin{matrix}DP_{221}\\DP_{222}\end{matrix}\right\}\qquad\left\{\begin{matrix}FR_{231}\\FR_{232}\end{matrix}\right\}=\begin{bmatrix}1&0\\0&1\end{bmatrix}\times\left\{\begin{matrix}DP_{231}\\DP_{232}\end{matrix}\right\}$$ $$\left\{\begin{matrix}FR_{321}\\FR_{322}\end{matrix}\right\}=\begin{bmatrix}1&0\\1&1\end{bmatrix}\times\left\{\begin{matrix}DP_{321}\\DP_{322}\end{matrix}\right\}$$ $$\left\{\begin{matrix}FR_{141}\\FR_{142}\\FR_{143}\\FR_{144}\end{matrix}\right\}=\begin{bmatrix}1&0&0&0\\0&1&0&0\\0&0&1&0\\0&0&0&1\end{bmatrix}\times\left\{\begin{matrix}DP_{141}\\DP_{142}\\DP_{143}\\DP_{144}\end{matrix}\right\}\qquad\left\{\begin{matrix}FR_{341}\\FR_{342}\end{matrix}\right\}=\begin{bmatrix}1&0\\1&1\end{bmatrix}\times\left\{\begin{matrix}DP_{341}\\DP_{342}\end{matrix}\right\}$$
第四级	$$\left\{\begin{matrix}FR_{2311}\\FR_{2312}\\FR_{2313}\\FR_{2314}\\FR_{2315}\end{matrix}\right\}=\begin{bmatrix}1&0&0&0&0\\0&1&0&0&0\\0&0&1&0&0\\0&0&0&1&0\\0&0&0&0&1\end{bmatrix}\times\left\{\begin{matrix}DP_{2311}\\DP_{2312}\\DP_{2313}\\DP_{2314}\\DP_{2315}\end{matrix}\right\}$$ $$\left\{\begin{matrix}FR_{1211}\\FR_{1212}\\FR_{1213}\\FR_{1214}\end{matrix}\right\}=\begin{bmatrix}1&0&0&0\\1&1&0&0\\1&1&1&0\\1&1&1&1\end{bmatrix}\times\left\{\begin{matrix}DP_{1211}\\DP_{1212}\\DP_{1213}\\DP_{1214}\end{matrix}\right\}$$ $$\left\{\begin{matrix}FR_{1111}\\FR_{1112}\end{matrix}\right\}=\begin{bmatrix}1&0\\0&1\end{bmatrix}\times\left\{\begin{matrix}DP_{1111}\\DP_{1112}\end{matrix}\right\}\qquad\left\{\begin{matrix}FR_{2211}\\FR_{2212}\\FR_{2213}\end{matrix}\right\}=\begin{bmatrix}1&0&0\\0&1&0\\0&0&1\end{bmatrix}\times\left\{\begin{matrix}DP_{2211}\\DP_{2212}\\DP_{2213}\end{matrix}\right\}$$ $$\left\{\begin{matrix}FR_{1211}\\FR_{1212}\\FR_{1213}\\FR_{1214}\end{matrix}\right\}=\begin{bmatrix}1&0&0&0\\0&1&0&0\\0&0&1&0\\0&0&0&1\end{bmatrix}\times\left\{\begin{matrix}DP_{1211}\\DP_{1212}\\DP_{1213}\\DP_{1214}\end{matrix}\right\}$$

在公理设计—面向对象方法中,较低层次功能要求看作是类的具体对象,较高层次的对象看作类,而且每一个叶功能要求是对数据(叶设计参数)的具体操作,看作一个类的具体实例,因此,通过分析设计结果中功能—物理等级结构的叶功能要求和叶设计参数,确定叶功能要求为系统的类和对象,设计参数作为类的属性,设计矩阵描述的实现功能要求的方法作为操作。产品族设计系统采用数据库的形式表达数据,产品族设计的所有相关知识都采用数据库数据表来存储,在确定系统的类和对象之后,根据类的数据定义数据库表的字段和数据类型,建立计算机环境下的设计知识系统。产品族设计系统的类及其属性和操作如表3.11所示。

表3.11 产品族设计系统类列表

类名称	类属性	类操作
C_1 产品基本类别	类别名称、代码	添加、删除、修改、浏览
C_2 产品类别结构	类别名称、代码、父类别代码	添加、删除、修改、浏览
C_3 产品原材料	材料名称、材料价格	添加、删除、修改、浏览
C_4 参数类别	参数名称、代码、类型、参数值表、参数类型	添加、删除、修改、浏览
C_5 参数值	参数代码、参数值	添加、删除、修改、浏览
C_6 产品图纸	类别、产品代码和名称、路径、参数值、设计人员、设计时间	添加、删除、修改、浏览
C_7 系统客户	客户名、密码、类型	添加、删除、修改、浏览
C_8 日志	客户名、操作时间、操作内容	浏览、删除
C_9 产品族约束	产品族类别代码、参数代码	添加、删除、浏览
C_{10} 产品族结构	结构代码、名称、产品族类型、父节点代码	添加、删除、浏览
C_{11} 产品族结构约束	结构代码、参数代码	添加、删除、修改、浏览
C_{12} 产品族结构变量	结构变量名称、代码、产品族类别代码、路径、材料、重量	添加、删除、修改、浏览
C_{13} 结构变量约束	结构变量代码、参数代码、参数值	添加、删除、修改、浏览
C_{14} 产品设计任务	产品类别、客户代码、设计任务名称和代码	添加、删除、浏览
C_{15} 产品设计要求	产品类别代码、参数代码、参数值	添加、删除、修改、浏览
C_{16} 设计变量结构	产品类别代码、任务代码、产品结构代码	添加、删除、修改、浏览
C_{17} 设计配置结果	产品类别代码、任务代码、产品结构代码、参数代码、参数值	添加、删除、修改、浏览
C_{18} 设计方案	产品类别代码、任务代码、方案名称和代码、成本	添加、删除、修改、浏览
C_{19} 设计方案内容	产品类别代码、任务代码、方案代码、产品结构代码	添加、删除、修改、浏览
C_{20} 数据库连接	连接指针、数据库记录指针	连接、断开、执行操作

完整设计矩阵描述了整个叶功能要求之间的相互关系,这种影响作用对于软件系统而言,是指不同类之间的耦合关系,软件系统设计中必须充分考虑类之间的耦合关系,才能保证软件可靠性,减少了编程和测试工作。在对软件系统进行功能结构分析之后,综合各级设计矩阵(表3.10)建立产品族设计系统的完整设计矩阵,如表3.12所示。

表3.12 产品族设计系统分析的完整设计矩阵

FR \ DP	DP_{1111}	DP_{1112}	DP_{112}	DP_{1122}	DP_{1123}	DP_{1212}	DP_{1212}	DP_{1213}	DP_{1214}	DP_{122}	DP_{131}	DP_{132}	DP_{141}	DP_{142}	DP_{143}	DP_{144}	DP_{21}	DP_{2211}	DP_{2212}	DP_{2213}	DP_{222}	DP_{2311}	DP_{2312}	DP_{2313}	DP_{2314}	DP_{2315}	DP_{232}	DP_{31}	DP_{321}	DP_{322}	DP_{33}	DP_{341}	DP_{342}	DP_{41}	DP_{42}	DP_{61}	DP_{62}	DP_{51}	DP_{52}
FR_{1111}	1																																						
FR_{1112}		1																																					
FR_{1121}			1																																				
FR_{1122}				1																																			
FR_{1123}	1	1			1																																		
FR_{1211}						1																																	
FR_{1212}							1																																
FR_{1213}								1																															
FR_{1214}									1																														
FR_{122}								1	1	1																													
FR_{131}											1																												
FR_{132}												1																											
FR_{141}													1																										
FR_{142}		1		1						1				1																									
FR_{143}															1																								
FR_{144}																1																							
FR_{21}				1			1										1																						
FR_{2211}				1														1																					
FR_{2212}				1															1																				
FR_{2213}				1																1																			
FR_{222}				1																	1																		
FR_{2311}				1																		1																	
FR_{2312}				1																			1																
FR_{2313}				1																				1															
FR_{2314}				1						1															1														
FR_{2315}				1																						1													
FR_{232}				1			1		1																		1												
FR_{31}				1			1		1								1		1									1											
FR_{321}				1			1		1								1		1								1		1										
FR_{322}				1																								1		1									
FR_{33}				1																										1									
FR_{341}				1																												1							
FR_{342}				1																					1	1					1	1	1						
FR_{41}				1																														1					
FR_{42}				1																														1	1				
FR_{61}				1																															1	1			
FR_{62}				1																															1		1		
FR_{51}	1	1	1	1	1	1	1	1	1	1	1	1	1	1	1	1	1	1	1	1	1	1	1	1	1	1	1	1	1	1	1	1	1	1		1	1	1	
FR_{52}																																							1

完整设计矩阵中空白部分表示叶功能要求和叶设计参数之间没有影响关系，浅灰色部分表示叶功能要求所在分支的影响关系，深灰色部分表示不同分支的叶功能要求和叶设计参数之间的影响关系。同一分支的叶功能要求之间的影响关系可以看作是类内部的操作或者消息，不同分支的影响关系，表示在进行该类的操作时会对其他的类产生影响，在系统中应该建立两者的关联或者消息传递。通过分析产品族设计系统的不同类之间的关联，建立完整的系统操作，完整设计矩阵每一行中的元素表示某个类受其他类的影响，每一列表示某个类对其他类的影响，根据不同分支的影响关系将类之间的关联归纳总结，明确相互关联类之间的作用，分析结果如表 3.13 所示。

表 3.13　产品族设计系统的类之间的关联

序号	关联内容	关联类
1	产品基本类别是产品类别结构的分类基础	C_1 对 C_2
2	产品图纸信息包括产品类别、产品参数信息	C_1、C_2、C_3 对 C_4
3	参数值表根据参数类别和参数表名建立	C_4 对 C_5
4	产品族按照产品类别进行家族分类，所有信息都要建立与产品类别的关联	C_2 对 $C_9 \sim C_{19}$
5	产品参数与产品族结构、产品变量的约束关系	C_4 对 C_9、C_{11}、C_{13}
6	产品参数值和产品族结构变量、设计任务的关联	C_5 对 C_{13}、C_{15}、C_{17}
7	原材料和产品结构变量以及产品成本的关联	C_3 对 C_{12}、C_{18}
8	设计任务按照设计约束进行产品设计	C_9 对 C_{15}、C_{17}
9	产品族结构是产品族设计依据	C_{10} 对 C_{15}、C_{16}
10	结构变量的参数值取决于产品族结构模块约束	C_{11} 对 C_{13}
11	成本估算取决于材料及其重量	C_{12} 对 C_{18}
12	结构变量参数值变化影响设计结果	C_{13} 对 C_{17}
13	客户需求决定了设计结构	C_{15} 对 C_{16}
14	根据配置结果确定设计方案	C_{16} 对 C_{18}
15	不同配置方案的成本不同	C_{19} 对 C_{18}
16	客户权限不同，能进行的任务管理操作也不同	C_7 对 C_{14}
17	所有的系统操作都应该记录到日志中	$C_1 \sim C_{19}$ 对 C_8

三、建立产品族快速设计系统的体系结构

在采用公理设计和面向对象相结合的软件分析方法，确定了产品族设计系统的类以及类之间的关联后，根据每个类的实现功能要求，建立整体系统的体系结构，明确每一个功能实现的流程。产品族设计系统的总体功能是对产品族设计的知识进行管理、更新，并在设计中提供决策。产品族设计系统目的是将大规模定制生产模式和企业实际工作结合，实现快速响应客户需求，配置定制产品。建立该系统的目标：建立基于产品族的产品数据管理，实现快速响应产品设计，即针对客户提出的要求，以产品平台为基础，根据产品族通用结构配置出满足客户需求的产品，缩短产品设计开发周期。同时，快速计算出产品的成本、外观尺寸，设计出产品外观结构。

　　系统总体方案是在产品结构模块化、通用化的基础上建立产品平台,并建立一定的配置原则,将客户需求参数化,并将产品结构和参数化客户需求关联,通过定制客户需求配置产品结构。以确定产品族模型中各个设计参数的方法,配置出一个完全符合客户需求的实际产品结构。产品配置原则以产品设计过程模型为依据,通过逐步确定产品族模型中的设计参数,逐步选择出产品的完整结构。产品族模型将产品功能结构相似的产品归纳总结,定义为类零部件,并与产品的设计生产相关参数相结合,即类零部件具有相同的参数性能描述。产品数据由 BOM 结构和一个选择树构成。BOM 结构是一个由类零部件组成的层次结构,它表示了产品系列中的通用产品结构。选择树是一个由变量、变量值和配置规则构成的层次结构,它表示产品配置的过程。

　　产品族设计系统体系结构如图 3.35 所示,该系统包括四个子系统:系统管理、产品数据管理、平台数据管理、产品设计。系统管理主要是对系统的维护和管理,主要包括客户登录之后自身维护以及系统管理员进行系统日志和设计工作管理。产品数据管理子系统是指对产品相关数据的管理和使用。它的主要功能包括:产品类别管理、产品参数管理、材料成本价格管理、系统登录客户管理、产品图纸管理和查询。产品族数据管理子系统是指以产品平台为基础建立产品族模型的过程及其相关数据管理。它的主要功能是:产品族设计约束管理,管理每一个产品族类别所对应的设计参数;产品族结构模型管理是建立基于产品平台的产品族功能、物理结构模型的过程,它包括产品族结构的建立和每一个产品族结构对应的设计参数的管理;产品结构变量管理,管理每一个产品族结构对应的具体的产品组装及其参数值。产品设计子系统是指应用产品族信息管理系统的产品族结构模型,按照设

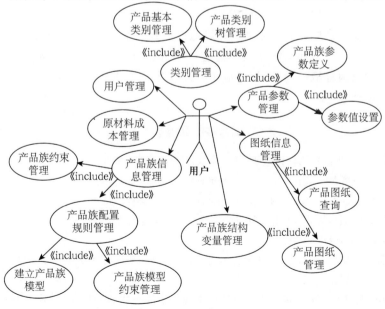

图 3.35 　产品族设计系统体系结构

计过程模型顺序确定产品性能参数,从产品族结构变量里选择符合要求的设计组装,快速建立产品结构,并对设计方案进行成本估算。该子系统包括产品设计和成本估算两个功能。应用面向对象的编程技术和数据库进行结合,开发出产品族快速设计系统,若干界面如图 3.36 所示。

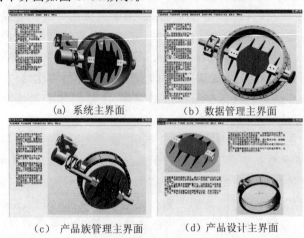

(a) 系统主界面　　　　　(b) 数据管理主界面

(c) 产品族管理主界面　　　(d) 产品设计主界面

图 3.36　产品族快速设计系统界面

第七节　小　结

产品公理设计的过程从客户需求出发,根据客户需求以及设计约束和现有产品特性,对设计项目进行分解,然后选择合适的设计参数来实现分解后的结果。分析活动以功能独立性公理为设计准则,对设计进行评价;公理设计同样提供了分解活动遵循的设计准则,帮助设计者更好地完成设计任务,获得比较理想的设计结果。本章主要内容为如何应用设计过程模型和设计公理,完成产品设计。重点是在产品功能结构分解过程中,如何应用公理设计的设计过程模型,依据设计准则更好地完成设计任务。

参考文献

[1] 邹慧君,等.机械系统设计原理[M].北京:科学出版社,2003.

[2] 功能设计的概念.http://www.china-machine.com.cn/.

[3] 功能设计的过程.http://www.china-machine.com.cn/.

[4] 何丹超,周南桥,等.公理化设计方法在塑料微孔发泡连续挤出成型系统设计中的应用[J].
　　塑料,2005,34(4):14-19.

[5] 李克彬,吕志成,等.基于公理设计的扁茶加工设备的研究与开发[J].食品与机械,2006,
　　22(6):103-106.

[6] 吴焕芹,师忠秀,等.基于公理设计理论的汽车停车挡的设计应用[J].2006,19(4):
　　71-75.

[7] 林晓鹰，侯亮，等．基于公理化理论的自动装配与焊接系统设计[J]．厦门大学学报（自然科学版），2007，46(3)：252-258.

[8] 周毓明，徐宝文．一种利用模块内聚性的对象抽取方法[J]．软件学报，2000 ，11(4)：557-562.

[9] 陈振强，徐宝文．一种基于依赖性分析的类内聚度度量方法[J]．软件学报，2003，14(11)：1849-1856.

[10] 田光辉，黄洁，艾波．关于模块独立性的定量分析[J]．北京邮电大学学报，2000，23(2)：29-33.

[11] 韦银星，张申生，曹健．UML 类图的形式化及分析[J]．计算机工程与应用，2002，10：5-7.

[12] 屈玉贵．面向对象模型与形式化方法[J]．微小型计算机系统，1999，20(10)：773-777.

[13] 杨红丽，王曙燕，韩俊刚．基于形式化的面向对象开发方法[J]．计算机应用，2000，20 (5)：24-27.

[14] SUH NAM P. The Principles of Design. New York：Oxford University Press，1990.

[15] SUH N P. Design-in of Quality Through Axiomatic Design. IEEE Transanctiongs on Reliability. 1995,44(2).

[16] MATS NORDLUND. An Information Framework for Engineering Design based on Axiomatic Design. http://w1. 131. telia. com/～u13103746/thesis/index.

[17] KIM Y S,COCHRAN D S. Reviewing TRIZ from the perspective of Axiomatic Design. J. ENG. DESING,2000，1：79-94.

[18] CHEN SHI-JIE, CHEN LI-CHIEH, LIN LI. Knowledge-based Support for Simulation Analysis of Manufacturing Cells. Computer in Industry，2001，44：33-49.

[19] SUH NAM P, DO SUNG-HEE. Axiomatic Design of Software Systems. Annals of the CIRP，2000，49 (1)：95-100.

[20] DO SUNG-HEE, SUH NAM P. Object oriented Software Design with Axiomatic Design. Proceedings of ICAD2000，2000：278-283.

[21] DO SUNG-HEE, PARK GYUNG-JIN. Application of Design Axioms for Glass Bulb Design and Software Development for Design Automation. Transactions of the ASME, Journal of Mechnical Design,2001，123：322-329.

[22] LEE KWANGDUK D, SUH NAM P, OH JAE-HYUK. Axiomatic Design of Machine Control System. Annals of the CIRP，2001，50 (1)：109-114.

[23] LENZ RICHARD K，COCHRAN DAVID S. The Application of Axiomatic Design to The Design of The Product Development Organization. Proceedings of ICAD2000，First International Conference on Axiomatic Design，2000,ICAD032：19-25.

[24] MILES L. Techniques of Value Analysis Engineering. New York：McGraw-Hill，1972.

[25] B. BABIC. Axiomatic design of flexible manufacturing systems. INT. J. PROD. REC,1999,37(5)：1159-1173.

[26] DARRELL MANN. Axiomatic Design and TRIZ：Compatibilities and Contradictions. http://www. triz-journal. com.

[27] DAVID R, SUH N. P. Information-Based Desing for Environmental Problem Solving Annals of the CIRP,1993,42(1)：175-180.

[28] IGOR GAZDIK. Zadeh's Extension Principle in design reliability. Fuzzy Set and System,

1996,83: 169-178.

[29] GUNASEKERA J S, MALAS J C. Conceptual Design of Control Strategies for Hot Rolling. Annals of the CIRP, 1991,40: 123-126.

[30] LINDHOLM D, TATE D, HARUTUNIAN V. Consequences of design decision in axiomatic design. Transactions of the SDPS,1999,3(4): 1-12.

[31] SHJIN M K, HONG S W, PARK G J. Axiomatic design of the motor-driven tilt/telescopic steering system for safety and vibration. Proc Instn Mech Engrs 2001, 215: 179-187.

[32] YANG KAI, ZHANG HONGWEI. A Comparison of TRIZ and Axiomatic Design. http://www. triz journal. com.

[33] CITTI P, ARCIDIACONO G, DELOGU M, et al. The Theoretical Aspects of Reliability Design Analyzed Using Axiomatic Design. The First International Conference on Axiomatic Design, ICAD2000: 169-176.

[34] SCHREYER MATTHIAS, TSENG MITCHELL M. Hierarchical State Decomposition for the Design of PLC software by Applying Axiomatic Design. The First International Conference on Axiomatic Design, ICAD2000: 264-268.

[35] SUH N P. Axiomatic Design: Advances and Applications. New York: Oxford University Press, 2001.

[36] MARTENSSON PAR, FAGERSTROM JONAS. Product Function Independent Features in Axiomatic Design. The First International Conference on Axiomatic Design, ICAD2000: 70-74.

[37] KIM Y S, COCHRAN D S. Reviewing TRIZ from the Perspective of Axiomatic Design. Journal of engineering design, 2000, 11(1): 79-94.

[38] TATE DERRICK. A Roadmap for Decomposition: Activities, Theories, and Tools for System Design: [Ph. D Dissertation]. Cambridge: MIT, 1999.

[39] NAM. P SUH, SHINYA SEKIMOTO. Design of Thinking Design Machine. Annals of the CIRP, 1990,39(1): 145-148.

[40] JASON D. Hintersteiner, Glenn Friedman. System Architecture Template. White Parper, 1999: 1-11.

[41] BASEM SAID EL-HAIK. Axiomatic Quality. Hoboken: John Wiley & Sons, Inc. 2005.

[42] NAM P. SUH, SUNG-HEE DO. Axiomatic Design of Software Systems. Annals of the CIRP2000, 49(1): 20-35.

[43] CANFORA G, CIMITILE A, MUNRO M,et al. A reverse engineering method for identifying reusable abstract data types. In: Proceedings of the 1st IEEE Working Conference on Reverse Engineering. Baltimore, MD: IEEE Computer Society Press, 1993: 73-82.

[44] LIVADAS PANOSE, JOHNSON THEODORE. A new approach to finding objects in programs. Journal of Software Maintenance: Research and Practice, 1994,6:249-260.

[45] HASSAN GOMAA,FAIRLEY and L KERSCHBERG. "Towards an Evolutionary Domain Life Cycle Model" Proc. Workshop on Domain Modeling for Software Engineering , OOPSLA'89, New Orleans,1989.

[46] SUH N P. Axiomatic Design: Advances and Applications. New York: Oxford University Press, 2001.

第四章
约束理论与案例

第一节 概　述

约束理论（TOC）是由以色列物理学家艾利·高德拉特创立的基于约束的管理理论，该理论提出了在制造业经营生产活动中定义和消除制约因素的一些先进的理念和方法。在约束理论中，约束指阻碍系统达到其目标的任何事情。约束理论基于系统的业绩是由系统的约束来决定的假设，通过开发、识别和消除系统的约束来实现系统的持续改进。

TOC 首先是作为一种制造管理的理念，《The Goal》、《The Race》这两本最初介绍 TOC 的书引起了读者的广泛兴趣和实施这套理念的热情。TOC 最初被人们理解为对制造业进行管理、解决瓶颈问题的方法，后来几经改进，发展出以"产销率、库存、运行费"为基础的指标体系，逐渐成为一种面向增加产销率而不是传统的面向减少成本的管理理论和工具，并最终覆盖到企业管理的所有职能方面。1991年，当更多的人开始了解 TOC 的时候，TOC 又发展出用来逻辑化、系统化解决问题的"思维过程"（thinking process，TP）。所以，今天的 TOC，它既是面向产销率的管理理念，又是一系列的思维工具。

第二节　约束理论基本概念

一、只有制约条件才是增加利润的关键

20 世纪 80 年代，以色列物理学家高德拉特博士提出了"工厂的生产效率绝对不可能提高到瓶颈工序的能力之上"。为了提高工厂的生产效率，就必须使其他的生产工序以及原材料采购等与瓶颈工序的生产速度相适应。

TOC 的特点是，将增加企业利润的关键点定位在"约束条件"上。这与以前进行的工厂的全部工序，乃至全公司上下参与的改进、革新活动完全不同。

为便于理解，我们可以把整个企业的活动或者整个供应链看作为一条链，如图4.1 所示。

约束条件

图 4.1　弱环决定整条链的能力

这时候，从接受订单、购买原材料、生产、交货、要求货款、进账，到资金最终进账，这一项项活动都相当于锁链的一环，企业、供应链整体的收益能力可以通过锁链整体的强度来实现。

在锁链的各环中,哪怕只有一个薄弱环节,整个锁链的强度就会等同于那个薄弱环节的强度。要让锁链难以切断,就必须寻找出最弱的一环加以坚固,否则即使提高其他环节的强度,也不能够增强整个锁链的牢固程度。

生产车间现场的制约条件就是能力最低的工序、设备。但是,它的原因并不一定就是单纯的能力不足。

这里将纯粹的能力不足的情况规定为"物理性制约",将存在于公司内的规章制度、组织结构等管理组织中的制约称为"方针制约",将因需求不足造成的生产量不能增长的情况称为"市场制约",识别了以上三个问题,由制约条件产生的问题就可以迎刃而解了。这样不断地发现和解决制约条件。在 TOC 中,就是要在反反复复改进三个制约条件的同时,力争总产量的最大化。

二、约束理论的概念

约束理论英文名称为:Theory of Constraint(TOC),国内外的研究者从不同的角度对其进行定义,主要有如下几种。

(1)约束理论认为一个企业类似于由一系列环节构成的链或者由链构成的网。链的强度由其最薄弱的环节决定,以此类推,企业中最薄弱的环节或者约束是其生产的瓶颈,决定其生产能力的大小。因此,要提高生产能力,必须转换和加强最薄弱的环节,超过市场当前的需要。经过改进,下一个最薄弱的环节出现,成为企业改进的新的目标。

(2)约束理论提出一个分析问题的连贯结构。其核心是整个系统的输出而不是将整个系统进行分解,主要原因是系统的小的组成部分对于整个系统的执行几乎没有影响。这种方式允许管理人员确定系统的约束,将精力集中在对系统改进最有利的因素上。约束理论的概念是采用一种系统的方法构建问题的一个逻辑图表,确定根原因和形成解决根原因的步骤。

(3)约束理论是持续改进的管理哲学,它假定各种约束因素限制企业达到更高的目标。

(4)每个系统一定至少有一个约束。如果不是这样,那么这个实际的系统就像一个非营利组织,没有利益的限制。

(5)约束的存在代表着改进的机会。与常规思维相反,TOC 看待约束是积极的而非消极的,因为约束决定着系统的性能,逐步提高系统的约束将改进系统的性能。

(6)TOC 是关于进行改进和如何最好地实施这些改进的一套管理理念和管理原则,可以帮助企业识别出在实现目标的过程中存在着哪些制约因素(TOC 称之为"约束"),并进一步指出如何实施必要的改进以一一消除这些约束,从而更有效地实现企业目标。

第三节 约束理论的流程

一、企业为什么要明确"目标"

1. 如何通过 TOC 改变企业

在企业的改进活动中,通过最大限度地运用作为约束条件的瓶颈工序,并对其进行集中的改进,可以显著地缩短生产周期、降低库存,大幅度提高工厂的生产能力。

在许多企业中,阻碍企业赢利的约束条件中大多并不是工厂的设备能力或作业人员等生产条件方面的技术性的内容,而是企业的经营方针、生产业务的运营方法等非技术性的内容。

TOC 并不是简单的生产革新的方法,它可以系统地为表面上看来复杂的各种各样的企业问题提供简单易行的解决方案。为了达到企业目标,要反复思考以下三个问题,并保持持续的改进过程。

(1)改变什么(What to change)(发现核心问题)

(2)可以改变成什么(What to change to)(制订解决方案)

(3)如何使改变得以实现(How to cause the change)(制订执行计划)

因此,可以看出 TOC 实质上是一个关于企业实施改革的方法论。

2. 定义"目标"

企业的改进需要目标的指引,很难想象一个并未定义目标的组织有长久的改进能力。目标是超出企业现有水平且与企业发展战略相一致的定性或定量的描述。一个明确的目标一经确定,常能激发出一起工作的人们的能量。

3. 定义"正确的工作是什么"

高德拉特认为,大多数的人绝对不是有意怠工,也不是有意地要给公司带来损失而采取某种行动的。他们会仅仅为了得到公司领导的某种评价而拼命地工作。就是说作为组织的管理,必须指出应该前进的方向和正确的工作状态是什么。如果正确的工作是什么都不能被正确地定义、评价的话,那么谁都不会做正确的工作了。因此,给公司带来损失的,正是使人们无法正确工作的公司组织上的缺陷所致。

因此,TOC 中关于人的观点就是:应当建立一个能够正确定义和评价工作实绩的组织体系,这样,人们就能够朝正确的方向前进了。

4. 彻底地灵活运用人的"思考能力"

企业的持续改进归根到底要涉及人的能力的提高。因此,组织要思考的问题就是如何提高作为根本约束条件的人的能力才能保持彻底和充分的改进。这是强调企业运营中人的重要性的原因所在。

高德拉特说,我们可以把"充分利用、培养人才"和"在内部自主地发动改进并持续进步"这样的任务交给 TOC。TOC 就是"长久的改进步骤"和"约束条件"的组合。

TOC 的最大兴趣在于:要怎样构筑系统,才能够使企业从现在到将来持续地赢利。其核心就是要建立可以实现长久性改进的企业组织。

5. 将"改进"编入企业的遗传基因

改进是对现状的否定。但是,真正能够坚持否定自己在过去所取得的成功经验并不是容易做到的事情。作为组织,为了能够坚持不断地改进,还需要在公司的遗传基因里编入自我否定的程序。

企业的人事评价体制常常直接影响着企业文化的状况。许多公司实行的是能力主义、成果主义的人事评价制度,但这并不足够。企业为了能够保持持续改进的态势,有必要在人事体制中注入长久改进机制的要素。

值得注意的是,把企业的组织、经营方针无缝隙地与评价系统相结合是非常重要的。企业进行改进的时候,应该慎重地考虑能否以最小的投入获得最大的成果。事实上,这本身就是企业主动进行人才培养的重要手段。

因此,我们就能够理解在 TOC 中"发挥干劲"的管理为何要通过如下的流程来进行:

(1)定义目标。

(2)授予思考的能力和技术。

(3)指出什么是错误的、什么是正确的路线。

(4)根据正确的路线,构建评价系统。

(5)在系统中加入自然地实现自我革新的遗传因子。

二、约束理论的五大核心步骤

企业在实施持续改进的过程中,TOC 提出了用于实现总产量的最大化的改进方法。该方法由五个步骤组成,其内容和应用方法如下。

以前提高生产效率的方法是在高度均衡各工序能力的同时,追求提高生产工序的效率和设备的开工率。不过,生产能力在很多条件下会发生改变,因而要完全均衡各个工序并不容易。所以,在 TOC 中并不特别重视各工序的生产效率,而更关注物流。

TOC 改进生产过程由五个步骤组成。大多数实际引进了 TOC 并实践其改进步骤的企业,都在没有增加经费、投资的同时实现了提高 30% 的生产效率和库存的减少,如图 4.2 所示。

步骤 1 发现制约条件(瓶颈环节)

五个改进步骤的开端就是寻找制约条件的环节。其中,"制约条件的环节"也可称作"瓶颈环节"。所谓瓶颈环节,是指能力最低的环节,可以认为是由它来决定

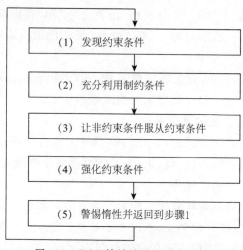

图 4.2　TOC 持续改进的五个步骤

生产效率和工期的长短。要发现真正的瓶颈环节(或工序),就必须具有准确把握各个环节或工序的能力。

可以用各种各样的方法来把握工序的实际能力。这里我们以每单位时间的产量或者是每单位数量的加工时间(处理时间)为基础来衡量。也就是说,我们以实际的处理能力为基础来进行生产能力的比较,如果相对于生产能力,某工序的负荷率超过 100%,并且数值最大,那么就把该工序称作制约工序。

获得了负荷和能力的翔实数据,就能够正确识别制约条件了。不过,有时候会因为基础数据不完全而无法计算。这时一个简便的方法就是,通过实际的在制产品数量来进行判断。但是,在制品数量会因为工序设计上的均衡度、前后工序的可信度而有所增减,这一点应该十分注意。因此,在这种情形下,一定要参考车间管理人员的意见。

不过,当发现瓶颈工序是多个工序时,可将其中最差的视为主要的瓶颈工序;重要的是,可以把其他的瓶颈工序作为从属于主制约工序的副制约工序来考虑。

在品种、数量、工序错综复杂的工厂中,有时难以对负荷和能力进行比较。这时候,我们可以运用工业工程(IE)分析的手法来指定瓶颈工序。

(1)把握理论上的能力值。参考设备的说明书或规格值,调查并了解设备在理论上能达到的生产能力(设备、机械的性能等)。

(2)把握实际的能力值。实际的能力值可以通过调查现状的状况来获得。如可以使用秒表,并进行实际能力的测定,也可以从生产管理系统等环节中收集实绩方面的信息。

需要注意的是,由于系统收集信息的时机差异,有时候不能正确地收集到每单位时间的处理能力。在人、设备和物所构成的作业组合之中,不仅仅是设备能力,而且也有必要掌握好由设备、物和人组成的组合作业的处理能力的状况。

（3）对理论值和实际值的内容进行分析。分析理论值和实际值的内容,然后就两者差异的内容进行调查、整理。当理论值和实际值有较大差异时,就有可能是方针上存在什么样的制约影响了能力的发挥;而如果解除了该制约,有时候就可以提高实质性的能力。

（4）调查、把握车间现场的实际在制品的库存数量。

（5）根据调查的结果进行综合判断和指定瓶颈工序。把在制品调查的结果与理论能力进行比较,当它们一致时,大体上就可以认定该工序是瓶颈工序;不一致时,就需要从理论值和实际值的比较结果以及调查车间现场在制品总数量的结果来进行综合判断。即使在这个阶段对瓶颈工序的判断错误,在实践五个步骤的活动中真正的瓶颈工序也会浮现出来,因此一定程度上的判断失误没有多大关系。

步骤2:充分利用制约条件(瓶颈工序)

在指定瓶颈工序后,接着就进入对瓶颈工序的彻底活用和发挥的阶段。可以在满足顾客要求的同时,实践最大限度地运用、发挥瓶颈工序的管理方法,以实现总产量的最大化。

在彻底运用、发挥瓶颈工序时应该做到的是,对瓶颈工序进一步的运转状况进行详细的调查。以步骤1中所做的调查结果为基础,进一步进行补充调查。调查的项目包括瓶颈工序停止的原因(为什么停止)、处理能力(理论值和基准值)和实际能力的差异分析、作业安排等。

下面我们根据例子加以说明。

从以某汽车加工设备群为对象的补充调查的结果中,抽出了以下没有开工的项目,如图4.3所示。

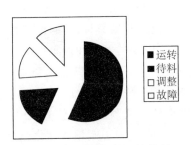

图4.3 瓶颈工序的运转状况

图4.3为设备运转时各种情形调查结果的状况。其中,设备运转时带来的附带作业有:投入工件、取出工件、检查工件、设备操作、设备保养和检查等;对不合格情况的反应有:故障发生、故障处理、作业人员的等待等。

对设备运转状况的调查还确认了稍微有所行动就能立即产生的效果。同时还存在着等待工件、试运行、空运行、试制等与提高总产量无关的项目,使这些与提高总产量无关的项目减到最少,其中的一部分问题就会得到解决。

以上的调查证明,通过深化生产管理、改进作业安排等活动,很快就能提高至少10%左右的生产数量。

步骤3:让非瓶颈工序服从瓶颈工序

非瓶颈工序(制约条件以外的工序)指即使未按其能力运转也不会影响总产量的工序。因此,可以认为非瓶颈工序总是为了让瓶颈工序能够充分运转而进行作业的。为此,在非瓶颈工序中最重要的工序就是为瓶颈工序投入物料的工序。在实际工作中,让瓶颈以外的工序从属于瓶颈工序的顺序可依据下面的顺序来实现:

(1)在瓶颈工序之前收集在制产品。配合瓶颈工序的作业,减少其他工序的在制品数量。这时,作为作业规则,重要的是明确制约条件工序和非制约条件工序、开头工序,并遵守和执行各自的作业规则。

对制约工序、开头工序做特别管理,除此以外的非制约工序则要求做到"如有任务,用100%的能力迅速完成;如没有时,也不做多余的工作",并要求实践"先入先出"的管理。

(2)将瓶颈工序之前的工序与瓶颈工序相结合,配合瓶颈工序进行控制。也就是使瓶颈工序之前的工序与瓶颈工序同步。这时,要修改部件的投入方法,进行物料投入时要与瓶颈工序的日程相吻合。还有,需要确认非瓶颈工序的在制品数量,设定最低限度的在制品数量。

作为基本的原则,除了在瓶颈工序的在制产品外,我们希望在制品数量是零。但是有时由于工厂内各种因素的变动而难以做到。不过,也应该做出计划,首先是尽可能地比现状少持有一些在制产品,然后再慢慢地减少。

对于确定瓶颈工序之前的在制产品数量的方法,一开始不要去做困难的解析、预测,应该先去分析现状下的在制产品的推移情况。这时候,通过对流动数的分析(根据对象部件的接收以及发出的实绩累计,明确地分析出物品的滞留期间),对过去的3个月左右在制产品在工序中的停留和使用情况进行确认。依据这个结果来设定平均在制产品数量并运用它。不过这里需要强调的一点是,要考虑到由前面工序的故障带来的影响、部件的采购情况等,以此来决定在制产品数量的大小。

此外,由于要一下子完全消除瓶颈工序以外的工序的在制产品停留是困难的,所以要有计划分阶段地予以消除。关于瓶颈工序之前的标准在制品数量,应根据其需要设置它的上限。

运输的批次、加工的批次在TOC中,建议运输的批次大小要小于作业批次大小。虽然运输批次小时,运输的频率会增大,用于运输的时间也增多;但是,非瓶颈工序原本开工率就低,作业者可以利用手头空闲的时间进行运输,就很容易做到小批次的运输了。

关于加工批次,在TOC中也与在MRP(企业资源计划)中推荐的经济批次大小的思考方式有较大的差异。在MRP里,预先计算经济批次的大小,不按照每一个工序来改变批次大小;但在TOC中,总产量的增长是唯一的判断标准,即使把非瓶颈工序的批次大小做小。但只要总产量不下降,就可认为它的成本是不会增加的。

在 TOC 中,要有意识地管理制约条件。就是要考虑把制约条件设置在哪里最终将是行之有效的。因此,有很多的企业在引进 TOC 并且完成了第一阶段的改进后,就努力地把制约条件放到最容易进行生产管理的工序中。设置制约条件的指导方针是:该工序通过它的设备投资、技术把握是否决定着本公司的利润。

更进一步说,非制约工序的保护能力也不是从工厂各个设备的能力差异中自然而然产生的,积极地管理好工序持有的保护能力是非常重要的。特别是随着改进的持续进展,工期、库存将缩减到极限,这时保护能力将会更加重要。

因此,找到各工序的位置(是靠近瓶颈工序,还是靠近出货工序)决定各工序与上游工序波动的大小相适应的保护能力,通过有计划地让各工序保持这种保护能力,就可以在不失去总产量的前提下缩短工期。

步骤 4:强化约束条件

强化约束条件也就是让制约条件(瓶颈工序)的能力得到提高。即,在无法更大地发挥瓶颈工序的潜在能力时,通过投资等手段改变约束条件以使生产能力得到提高。不用说,执行步骤 4 的前提是,在进行投资之前已经无法再发挥出其潜能。因此,实施步骤 3 是实施步骤 4 的前提。对此,需切实确认以下三个方面事项:

(1)确认瓶颈工序的潜力是否已经使用完全。

(2)确认对理论值和实际值的差异是否已经做了深入的了解。

(3)再次确认是否有提高能力的可能。

如果实施了以上的办法仍不理想时,作为提高现有设备能力的办法就是,进行最低限度的投资,实施增加单位时间产量的对策。在引进新设备提高能力的情形下,希望能充分调查、估计将来的需求量,在决定投资规模的同时,根据投资金额设定由于能力提高而得到的总产量金额,并考虑回收的时间。

在改造闲置设备使能力提高的情况下,可以通过改造所需的投资额与能力提高后带来的总产量的增加额做出比较,以便对是否应该进行改造做出经营上的判断,并计算出改造的费用;但如果改造是在公司内进行,则费用计为零(因为在使用间接人员、职员等人员时,没有增加业务费用)。

步骤 5:警惕惰性并回到步骤 1

这并不是单纯、无止境地重复 5 个步骤,而是在注意瓶颈工序是否已经发生变化的同时反复进行。当瓶颈工序的能力不断提高时,总会有其他的工序、市场、方针成为新的瓶颈。因此在推进时需要不断发现新的瓶颈工序。

TOC 要求在开始活动前,一定要利用这个思维过程,集中问题点,使活动重点化,并设定活动目标。这是 JIT(准时化生产)和 TQM(全面质量管理)常用的改进方法,它是按照选定的目标开展活动的。它和许多企业所推行的 5S(整理、整顿、清扫、清洁、素养)定型活动不同的是:在 TOC 中,为了明确地发现不断变化的约束条件以及进行持续的改进,首先要非常重视相关者的意见是否一致。

TOC 的思维过程就是"引发变化,并运用到实际行动中的系统方法",按照"改变什么"、"改变成什么"以及"如何使改变得以实现"的步骤依次地实践,使其实现改变,使系统性的问题得以解决。

因为不是为了让仓库装满而工作,因此企业的目标是将产品销售出去。也就是说赢利是它的目标,所以,以赢利为目标,提高生产效率的活动才是 TOC 活动。

这并不是要否定工厂进行的改进活动,通过把工厂改进中获得的改进资源转向销售方面,较之过去,将会实现销售额的增长,提高生产效率。

思维过程的方法就是,分析各种问题的因果关系,使相关人员发现其中的根本问题,从而得出突破难关的对策,并明确改进的方向和道路。

三、发现问题和解决问题的方法——约束理论的思维过程

1. 什么是思维过程

思维过程在 TOC 方法中是重要的理论基础。TOC 是着眼于瓶颈、并通过较少的努力取得较多效果的方法。TOC 的原理并不复杂。我们并不仅仅是为了生产产品而工作,企业活动的目标是销售,其最终目的是赢利。同样,思维过程也不仅仅指发现看得见的制约条件,也指发现看不见(在意识深处)的制约条件,站在利润最大化的视角使问题得到真正解决。因此,通过引入 TOC,不仅可以改变事物(产品、车间),还可以使组织、制度得到改进,最终改变人的思维和意识。

TOC 的主要构成元素是思维过程,它严格地按照因果逻辑和假言逻辑,来回答系统改进设计中所必然提出的三个问题:改变什么(What to change);改成什么样子(What to change to);怎样使改变得以实现(How to cause the change)。思维过程的技术工具是一套逻辑图表,包括当前现实树(current reality tree,CRT),冲突解决图表(contradiction resolution diagram,CRD),将来现实树(future reality tree,FRT),必备树(prerequisite tree,PT)和转变树(transition tree,TT)。这套逻辑图表指导设计者依次执行构造问题,确认问题,建立解,确定要克服的障碍和实施解五个步骤。五个图表建立在充分逻辑或必要逻辑的基础上,一套逻辑规则(categories of legitimate reservation,CLR)用于检查和纠正逻辑中常见的错误,保证分析的严密性。

2. 两种类型的逻辑:充分逻辑和必要逻辑

五个逻辑图表采用两种类型的逻辑,其中当前现实树、将来现实树和转变树采用充分性因果逻辑,冲突解决图表和必备树采用必要性逻辑。"充分原因"是正确建立因果逻辑关系的基础,可以分为三类:事件 A 充分地导致事件 C 的产生,如图 4.4(a);假如事件 A 和事件 B 同时发生,则事件 C 发生,如图 4.4(b);假如事件 A 和 B 中的任何一个发生,则事件 C 发生,如图 4.4(c)。必然性逻辑关系的建立以必要条件为基础,以"in order to … we must …"的形式来表示。

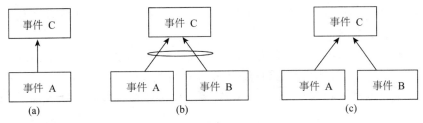

图 4.4　三种类型的"充分原因"

3. 八条逻辑规则

（1）明确性（clarity）。明确性是保障逻辑有效性的第一步。严格地讲，它并不是一种基于逻辑的规则，其目的在于交流。好比两个人交谈，不管什么形式，重要的是能相互理解。同样，在构造逻辑图表时，首先要保证描述的实体以及它们之间的逻辑关系能够被其他人所理解和认同。例如："计算机是一件令人头疼的事"就是一句语意不清的话。而"给计算机软件升级很耗时"就很容易被理解。

（2）实体存在性（entity existence）。实体是逻辑图的主要组成元素，不论是原因还是结果，都必须满足存在性规则。它主要包含三方面的意思：

1）完整性：实体必须是一个完整的概念，从语法的角度考虑就是起码要有主语和谓语，通常情况下含有宾语。例如："经济的衰退"不能单独作为一个实体，而"出现经济衰退"则满足上述规则。

2）结构合理：实体不能含有多个概念、"if-then"及其变形形式。像"天是蓝的草是青的"以及"假如将车停在车库，就不会被破坏"，都不满足要求。

3）有效性：指描述的事实是现实存在的或经过合理地推断得出的结论。例如："天要掉下来"，这个陈述不能被接受，所以无效。

（3）因果关系的存在（causality existence）。实体的存在性确保陈述的有效性，因果关系的存在保证相关实体因果逻辑的有效性。用"if-then"的形式确定原因是否真的导致结果的出现。通常结果是明显的，原因有的显而易见，有的不明显，当遇到后面的情况时，可借助"可预测结果的存在"的逻辑规则来确定因果关系的有效性。

（4）原因不充分性（cause insufficiency）。世界是由错综复杂的系统构成的网络，原因不充分性是逻辑图中常出现的不足。在一个复杂的相互作用的过程中，很少有结果是由单一的原因所导致，在大部分情况下，一个给定的原因或者是由多个相互依赖的因素导致或者由几个独立的原因导致。

（5）附加原因（additional cause）。当构造和检测因果逻辑时，通常会提出这样的问题：是不是还有其他的原因也能产生同样的结果。附加原因的提出并没有否定最初的原因，仅是对其进行补充和完善，且附加原因和最初的原因具有同等的重要性。

（6）可预测结果的存在（predicted effect existence）。可预测结果的存在指假如被建议的因果关系存在，那么另一未声明的结果必然存在。例如："我腹部疼痛",医生诊断为阑尾炎。假如上面的原因有效,必然有其他的症状,像"我身体发热"、"白细胞数量增多"等。

可预测结果的存在不能单独作为一条规则使用,经常借用来证实"因果存在性、原因不充分性、附加原因、因果颠倒"这些逻辑规则的有效性。

(7)因果颠倒(cause-effect reversal)。"结果为什么存在"和"如何得知它的存在"的微妙的差别是因果颠倒产生的基础。有时当一个因果关系被描述或用图表示后,这种差别常被忽视。一种检验该规则的方式是对逻辑关系提出质疑:设定的原因是结果产生的根源吗?或结果导致原因的产生。

(8)同义反复(tautology)。同义反复又称"循环逻辑",指结果是原因存在的基本依据,即结果仅解释原因的存在,两者没有直接的因果逻辑关系。例如:"在高速公路上有一辆救护车,那么得出有交通事故发生的结论"。救护车不能导致交通事故的发生,仅解释如何得知交通事故发生。

同"可预测结果的存在"一样,循环逻辑也不能单独作为一条规则使用,仅当因果关系的存在性被提出质疑或原因不明确的情况下,才被采用。

4. 五个逻辑图表

在高德拉特的约束理论(TOC)中有五个逻辑工具,该五个工具构成了完整的思维过程。其中每一个逻辑工具可以单独使用,也可以作为一个综合的工具形成一个思维过程。用这五个逻辑工具可以回答要改变系统必须回答的三个问题,即改变什么(What to change to)、改成什么样子(What to change to)、怎样使改变得以实现(How to cause the change),如图 4.5 所示。

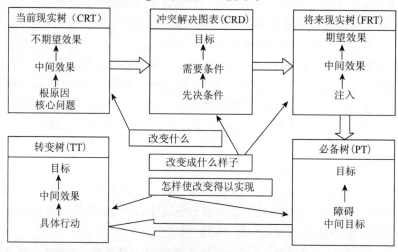

图 4.5　五个逻辑工具组成一个思维过程

(1)当前现实树。当前现实树建立在"充分逻辑"的基础上,描述了给定系统的现实状况。它反映出给定系统在一特殊的和确定的环境下的因果关系链,从系统中明显存在的不良结果来推断根原因和确定核心问题。现实树的建立要严格地遵守上述的八大逻辑规则。它从"树根"开始,向"树干"和"树枝"发展,一直到"树叶"。"树根"是根本性的原因,"树干"和"树枝"是中间结果,"树叶"是最终结果。当前现实树回答系统改进中提出的第一个问题:改变什么。其结构如图 4.6 所示。

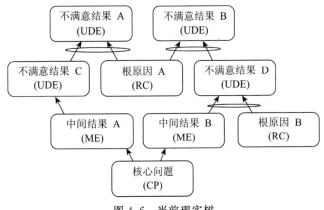

图 4.6 当前现实树

构建当前现实树,意在实现下列目标:

1)提供了理解复杂系统的基础。

2)确定存在于系统中的不满意结果(一般 5~10 个)。

3)通过因果逻辑链将不良结果和根原因联系起来。

4)确定可能在哪一个核心问题最终导致 70% 以上的不良结果产生。

5)确定在何位置根原因或核心问题位于设计者的控制或影响范围之外。

6)为实现系统最大程度的改进,隔离开那些为数很少的约束因素。

7)确定最简单的改变,以对系统产生积极的影响。

(2)冲突解决图表。冲突解决图表又称为"蒸发云",建立在必要条件的基础上,确定和显示一个冲突环境中所有的相关元素,并找出解决问题的方法。冲突解决图表包含系统的目标,两个需要和两个先决条件,五个元素之间的关系如图 4.7 所示。表面化目标与需要、需要与先决条件及两个先决条件之间的假设,确定其中无效的假设或通过替代方式使假设无效,就可以找到解决问题的突破点,即注入。注入要满足两个需要,但没必要满足两个先决条件。冲突解决图表用来回答第二个问题:改变成什么样子。

冲突解决图表意在实现下列目标:

1)确定冲突存在。

2)识别导致主要问题存在的冲突。

3)深入分析问题存在的原因。

4)确定一个双赢的解,避免折中。

5)确定存在于问题和冲突之间的所有假设。

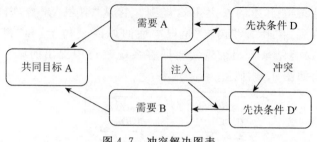

图 4.7　冲突解决图表

(3)将来现实树。将来现实树建立在充分逻辑的基础上,显示现状的改变将如何影响事实,即检验注入是否能产生期望的结果,以及是否有新的不良结果产生。将来现实树很好地描述了实施"注入"后的未来图景,展示了对于当前系统的改变和产生的结果之间的因果关系。将来现实树与当前现实树的构造顺序相反,它采用自底向上的方式,从当前推断将来结果,它的"树根"是解决核心问题的方案,"树叶"是人们最终想看到的结果,其结构如图 4.8 所示。

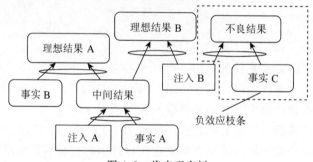

图 4.8　将来现实树

当将来现实树中出现不良结果,又称为负效应枝条(negative effect branches)时,通过改变原注入或加入新的注入来剪切掉负效应枝(trimming the negative branches),改进后的将来现实树如图 4.9 所示。

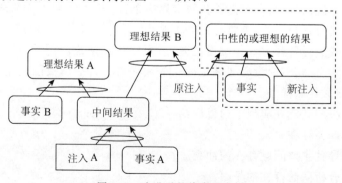

图 4.9　改进后的将来现实树

将来现实树实现的目标：

1）在资源投入以前，测试解的有效性。

2）确定是否被提议的系统改变将产生理想的结果，而不产生负面的影响。

3）当解决问题时，通过负效应枝来显示是否以及在什么位置建议的改变将产生新的或附属的问题，此外，为防止负面效应的产生，所采取的必要的附加措施。

4）提供一种评价方法，用来确定局部决定对整个系统的影响。

5）提供一种有效的工具，用来说服决策者支持一个理想的行为过程。

6）作为改变将来过程的一个最初的计划工具。

（4）必备树。必备树建立在必要逻辑的基础上，当目标（将来现实树中的注入）是一个复杂的条件或不知道如何实现时使用。它用来系列化地确定实现目标的过程中所遇到的各种障碍以及克服这些障碍所采取的措施和必要条件。简单地说，就是用来显示克服障碍路径的逻辑图。必备树和转变树一同解决第三个问题：如何使转变得以实现。如图 4.10 所示，其中"中间目标"用来克服所对应的障碍，包含措施和必要条件。

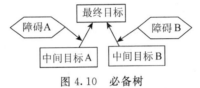

图 4.10 必备树

必备树用于实现下列目标：

1）确定阻止理想的行为过程、目标或注入得以实现的障碍。

2）确定补救措施或必要条件，用于克服或消除障碍。

3）确定实现理想的行为过程所必需的行为序列。

4）当对如何取得理想的结果不明确时，用于确定和描述未知的步骤。

5）承上启下地建立起将来现实树和转变树之间的联系。

（5）转变树。转变树也建立在因果逻辑的基础上，指导设计者逐步实现从直觉到行为的转变。它是一种执行工具，将专门的措施和存在的事实结合起来以产生新的期望结果。转变树也是一个累积的过程，将连续的期望结果与随后的措施结合起来产生新的结果，直至实现最终的目标。转变树起初由四个元素构成：事实、需要、采取的措施和期望的结果，近来，高德拉特博士在原来基础上加入了一个新的元素，产生了上层需要的基本原因。两种结构如图 4.11 所示。

转变树实现九个基本目标：

1）提供一个逐步的方法，用于行为的执行。

2）能够有效地通过一个改变过程。

3）确定实现一个限定目标的过程中产生的偏差。

4）与其他设计人员就所采取行为的原因进行交流。

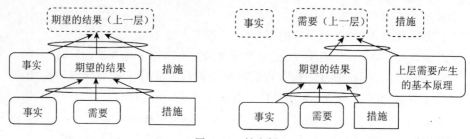

图 4.11　转变树

5)实施冲突解决图表和将来现实树中产生的注入。

6)实现必备树中确定的中间目标。

7)从概念或战略计划形成战术行为计划。

8)排除在实施行为过程中产生的不良结果。

5. 五个逻辑图表之间的关系

依据要解决问题的复杂程度,五个逻辑图表可单独使用,也可结合起来使用。五个逻辑图表常见的关系如下。

(1)当前现实树和冲突解决图表。当前现实树表明,问题得不到解决的原因有两种:导致问题产生的原因不清楚;潜在的冲突存在。当遇到后面的情况时,引入冲突解决图表。通常情况下,当前现实树中确定的核心问题是冲突解决图表中"共同目标"的反问题。两者的关系如图 4.12 所示。

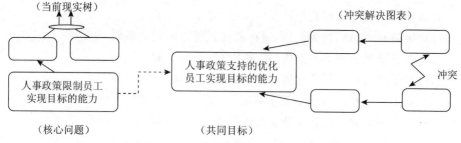

图 4.12　当前现实树和冲突解决图表

(2)当前现实树和将来现实树。当问题的存在是由于产生的原因不清时,通过构造一个有效的当前现实树就可以确定解决核心问题的方法。在这种情况下,直接建立将来现实树。通常核心问题的反问题成为将来现实树中的中间步骤。用来实现反问题的行为称为"注入",在逻辑图表中位于反问题的下方。当前现实树和将来现实树的关系如图 4.13 所示。

(3)将来现实树和必备树。将来现实树中的注入是一种行为或一种状况,其中行为是一种具体措施;而状况则是概述将要实现的目标,但具体的实施步骤未知。当遇到后一种情况时,将来现实树需要必备树的支持,现实树中的注入成为必备树中的目标。必备树用于确定实现目标过程中遇到的障碍和克服障碍所采取的措

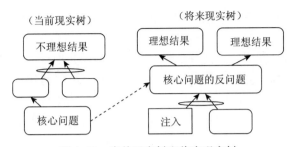

图 4.13 当前现实树和将来现实树

施。反之,当构造注入某一目标的必备树时,通常会发现现实树中其他注入可能是实现该目标的中间目标,因此,将来现实树可以作为必备树的一部分,以简化其构造。图 4.14 是将来现实树和必备树结合的一个简例。

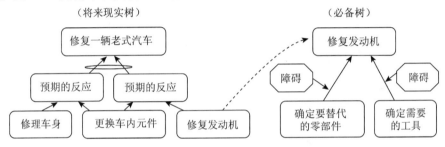

图 4.14 将来现实树与必备树

(4)冲突解决图表和必备树。当构造必备树时,可能会遇到一个非确定的中间目标来消除某一障碍。在这种情况下,暂假设中间目标为障碍的相反状况,然后通过冲突解决图表将反状况转变为积极的状况或行为。具体的实现过程为:首先,将反状况作为冲突解决图表的"共同目标",其次,自左向右构造图表的上半分支,最后,自右向左确定下半分支。图表完成后,通过确定无效的假设等产生注入,以消除冲突,该注入即可替代临时设定的反状况。图 4.15 是两者结合的一个实例。必备树中遇到的障碍是:由于交通原因,影响我按时上班。

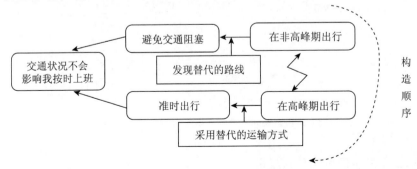

图 4.15 使用冲突解决图表产生必备树中的中间目标

(5)转变树和必备树。转变树和必备树的共同特征是两个逻辑图表都按时间先后顺序来构造。在一些情况下,必备树成为构建转变树的基础。必备树确定了实现一个目标所必需的条件,这些条件在转变树中成为期望的结果,转变树详细地描述了为逐步实现必要条件所采取的措施及产生的相应的结果。因此,必备树类似于项目管理中的计划评估和检测技术图表,而转变树则作为项目完成后的一个清单。显然,两种工具结合将在很大程度上改进项目的计划和管理。图 4.16 是两种工具结合的简图。

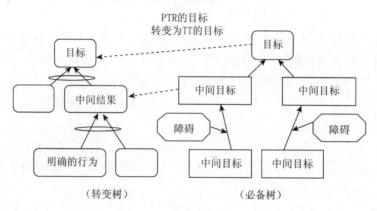

图 4.16 必备树和转变树结合

约束理论的每一个逻辑图表都有其各自的目标和对于解决问题的作用,约束理论思维过程的五个逻辑图表之间的关系如图 4.17 所示。五种用于思维的逻辑图表构成了逻辑思考问题和解决问题的结构化方法,运用此思维过程通过不断地寻找约束、解决约束来达到组织持续改进的目的。

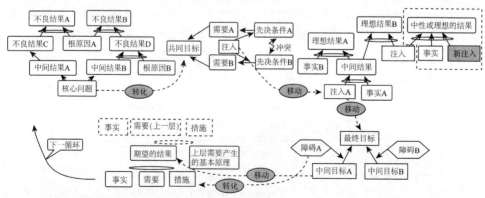

图 4.17 约束理论五个逻辑图表之间的关系

6. 五个逻辑图表的单独应用
按照各顺序使用是开发思维过程五个逻辑图表的前提。不过,在现实中使用全部的图表来解决问题的情形并不多。分别单独地使用这些图表,就可以很圆满地解决日常发生的小问题。

(1)单独使用当前现实树。在向对方说明整个问题的结构时可以单独使用当前现实树。特别是在向大家提示什么是引起现实中大半问题的核心问题时,它是非常有效的一个方法。有时候,只要发现了核心问题,它的解决方案就会显而易见,因此,发现核心问题非常重要。

此外,当前现实树在解析问题时也能发挥出很大的威力。可以分析出各问题的因果关系。甚至,在人为引起的不良情况中,还可以明确引起错误的管理上的主要原因是什么。

(2)单独使用冲突解决图表。单独使用最多的图表是冲突解决图表。当有什么冲突出现时,在考虑制订非折中方案的突破方案时可以使用它。

当然,并不是说这个图表本身可以给出突破方案,而是指通过把隐藏在冲突背后的假设、想法摆到前面来,以明确冲突的结构,避免无用的纠缠。

此外,在描述不明朗的困难时,冲突解决图表是非常有效的工具。

(3)单独使用未来现实树。在决定执行某一方案时,预测将会出现哪些问题时可使用未来现实树。它并不是只有该项功能,在未使用其他的图表就决定了执行方案的场合也可以使用该图表进行检验。

7. 思维过程和五大核心步骤之间的关系

思维过程和五大核心步骤均以约束为核心,其重点是系统构成元素之间的关联。它们都针对系统改进中的三个问题:改变什么、改变成什么样子和如何使改变得以实现,一一作出回答,从而提高整个系统的性能。

思维过程和五大核心步骤适用于不同的条件。当约束环节较容易确定时,五大核心步骤提供一种简单且有效的方法,以实现系统的连续改进。但当约束是一种政策约束或者处于复杂混乱的情形下,约束环节很难确定。在这种情况下,使用思维过程,可以有效地明确问题症结。

第四节　应用案例

一、TOC 在恒流阀改进设计中的应用

(一)问题描述

目前,大部分工程机械的转向系统均采用了动力转向形式。在这样的系统中,为保证进入转向器的工作介质的流量基本恒定,通常要在转向器前安装流量调节结构——恒流阀系统。某公司生产的拖拉机转向系统中安装了恒流阀系统,其装配图如图 4.18 所示。在当前的设计中,该系统存在的问题是:工作一段时间后,出油口的最高输出压力达不到预定值。

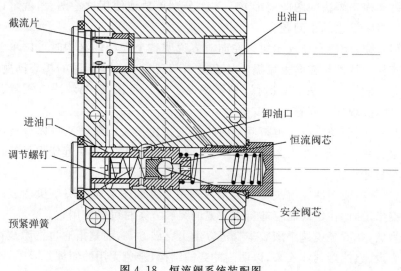

截流片

出油口

进油口

卸油口

恒流阀芯

调节螺钉

预紧弹簧

安全阀芯

图 4.18　恒流阀系统装配图

（二）工作原理

恒流阀系统安装在齿轮泵的后盖体中,工作介质从齿轮泵的出油口进入恒流阀系统,在流量和压力保持基本恒定的情况下,恒流阀和安全阀关闭。当流量增大时,在节流片左侧工作介质的压力增高,高压油推动恒流阀芯向右运动,接通卸油口,将多余的油流回油箱;当负载压力高于系统调定的最高工作压力时,并联于出油口的安全阀打开,接通卸油口,使恒流阀系统中工作介质的压力保持恒定。

（三）初步对恒流阀系统中存在的问题及相关的系统进行分析

1. 定义恒流阀系统中存在的问题

按照设计者的要求,恒流阀系统一方面要保障流量的基本恒定,另一方面要保障能在系统调定的最高压力下可靠地工作。最高工作压力值的设定既要满足负载的要求,又要保障系统中结构件的强度要求。该系统工作一段时间后,出油口的最高输出压力达不到预定值,即一个有用的参数或功能不充分,系统(产品)需要进一步改进提高。该类问题属于第二类。

2. 分析系统

(1)系统的构成。

问题所在的系统为:恒流阀系统。

其超系统为:整个转向系统。

超系统中的其他系统为:发动机、齿轮泵、油箱、转向器和转向执行结构。

子系统为:恒流阀、安全阀、不可调节流阀、工作介质、进油口、出油口和卸油口。

(2)系统元素间的相互作用。

如表 4.1 所示。

表 4.1 系统元素的关系

作用系统	功能/作用	被作用系统
齿轮泵	提供工作介质	恒流阀系统
不可调节流阀	调节流量	出油口
安全阀	调节最高工作压力	出油口
安全阀	卸载压力	出油口
恒流阀	保持流量	出油口
恒流阀	定位	安全阀
恒流阀系统	提供工作介质	转向器

(3)系统中的可用资源。

空间资源:从出油口到调节螺钉之间的一段空间距离等。

能量资源:在工作过程中,工作介质温度升高而形成的热能;在节流片两侧、恒流阀芯和安全阀芯两侧形成的压力能等。

(四)构造恒流阀系统的逻辑图表

1. 确定逻辑图表的输入

工作一段时间后,出油口的最高输出压力达不到预定值。

2. 确定逻辑图表中涉及的相关实体

(1)工作一段时间后,出油口的最高输出压力达不到预定值。

(2)安全阀的开启压力减小。

(3)调节弹簧的预紧力减小。

(4)调节螺钉出现松脱。

(5)螺纹副间产生相对滑动。

(6)一定时间的积累。

(7)受工作环境和结构的限制,所采取的螺纹防松措施不理想。

(8)螺纹连接不能实现回程自锁

(9)螺纹连接处于变载、冲击环境下。

(10)安全阀处于不稳定的工作状态。

(11)负载受力影响系统工作介质的压力。

(12)负载受力不稳定。

(13)在出油口并联安全阀。

(14)安全阀的开启压力决定系统的最高输出压力。

(15)出油口压力出现很大的波动。

(16)卸载高的压力,保护系统。

3. 建立完整的逻辑图表

如图 4.19 所示。

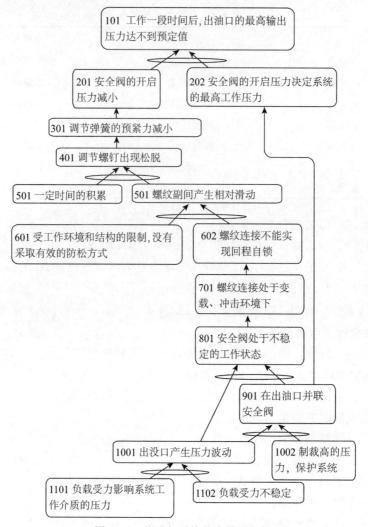

图 4.19　恒流阀系统的当前现实树

4. 检测逻辑图表的有效性

经检验构建的逻辑图表满足八大逻辑规则，且变量均为定性的。

（五）确定问题的根原因，解决问题的可能方向

解决问题必须先确定问题的根原因，分析问题的当前现实树，即构造问题的逻辑图表，能帮助确定问题的根原因。

1. 分析最终不良结果产生的根原因

不理想结果：工作一段时间后，出油口的最高输出压力达不到预定值（101），所对应的逻辑关系为：

$$501 * 601 * 1002 * 1101 * 1102 \Rightarrow 101 \tag{4.1}$$

在式（4.1）中，501、1002、1101 和 1102 是设计者不能改变的实体，在逻辑中，

其值设为1,则式(4.1)简化为:

$$601 \Rightarrow 101 \tag{4.2}$$

由式(4.2)得出问题产生的根原因为601,即受工作环境和结构的限制,所采取的螺纹防松措施不理想。

2. 确定冲突

从当前现实树中,可以分析得到系统中存在的冲突:①选用螺纹连接作为预紧力调节装置,通过调整调节螺钉在恒流阀芯的位置可以确定系统的最高输出压力,但不能选用螺纹连接作为预紧力调节装置,以防止螺钉松动,导致最高输出压力下降。②在稳定工作状况下,螺纹连接能够实现回程自锁;但在实际工作中,螺纹连接不能实现回程自锁。③在冲击、振动或载荷变化的工作环境中,对于螺纹连接应采取有效的防松措施,但受恒流阀系统结构的限制所采取的螺纹防松不理想。综上所述,系统的一对主要冲突为:调节系统的最高输出压力时,预紧力调节结构(调节螺钉)必须是可动的,在工作状况下,预紧力调节结构不能松动。图4.20为恒流阀系统的冲突解决图。

图 4.20　恒流阀系统的冲突解决图

3. 确定解的方向

(1)基于该系统的结构和工作状况,寻找一种理想的防松方式。

(2)解决调节结构动与不动的冲突

解决(1)或(2)中任何一个问题都能实现系统的改进,解决第一个问题主要依据设计者的专业知识和工作经验,而第二个问题可以通过 TRIZ 理论的冲突解决原理,使设计者尽快地找到满意的解。

(六)产生解

从恒流阀工作状况可以看出,预紧力调节结构的运动和静止是在不同场合下所需要的两种状态。因此,可考虑对恒流阀的预紧结构进行改进设计,以达到既可以方便地调整预紧结构,同时也能保证恒流阀在工作过程中预紧结构的自锁性。

在给定的工作环境下,防止螺纹连接的松脱,可以从以下几方面进行补偿。

1. 提高自锁性能

在普通螺纹连接的基础上增加一个有效力矩或附加压力,其作用是在连接副中增加一个不随外力变化的阻力矩,阻力矩存在,螺纹连接就能实现自锁。

对于增加阻力矩方面,下面两个方案可以达到其目标。

(1)内嵌金属弹片结构。在恒流阀芯与调节螺钉相配合的内螺纹处开沿轴向方向的槽,在槽内嵌入金属弹性元件,在槽的位置沿径向方向开两个螺纹通孔。当调节螺钉调到一定位置时,在上述的螺纹孔中拧入螺钉,将金属弹性元件压紧在调节螺钉上,增大螺纹副之间的摩擦阻力。改进后的恒流阀芯如图 4.21 所示。

槽　　　　　　　　　　　　　　径向螺纹孔

图 4.21　改进后的恒流阀芯

(2)涂覆工程树脂材料。在调节螺钉的表面涂覆一层特殊的工程树脂材料,利用工程树脂的材料的反弹性,使螺纹连接在锁紧的过程中通过挤压树脂材料产生强大的摩擦力,从而达到对振动和冲击的阻止,解决螺纹松脱的问题。

2. 消除或减弱引起松脱因素的影响

对于消除或减弱引起松脱因素的影响在这里可理解为减少或消除传递到螺纹副中的振动能量。对于减少或消除振动能量方面,从当前现实树中可以看出导致最终不良结果产生的根本原因是冲击、振动工作环境。冲击、振动是由于外负载的受力引起的,然后通过工作介质传递给安全阀的预紧力调节结构,最终导致螺纹连接的松动。外负载的受力不稳定是安全阀系统存在的前提,也是设计者无法控制和改变的。从负载到预调系统存在一定的空间距离,可以利用此空间资源增加减振结构,减小或消除传递到螺纹副的振动能量,最终实现防松。

(1)复合减振垫片。将一层耐火纤维和一层钢片依次固定在调节螺钉的内端面上,耐火纤维用来吸收振动能量,钢垫片增加结构强度。复合减振垫片结构如图 4.22 所示。

(2)阻尼合金垫片。随着材料科学的发展,各种新型的功能复合材料不断出现,其中阻尼功能复合材料就是一种优良的减振材料,由该材料加工制造的零部件在受到力的振动波作用时,通过材料内部微观结构的变化实现振动能量的衰减,从而达到减振的目的。鉴于此,可以用减振合金来加工调节螺钉或者将减振垫片固定在调节螺钉与弹簧接触的一侧上,使预紧弹簧不直接与调节螺钉接触。阻尼合金垫片结构如图 4.23 所示。

为了达到恒流阀预紧力调节结构防松的目的,可以采用内嵌金属弹片结构、螺钉表面涂覆工程树脂材料、复合减振垫片、阻尼合金垫片以及形状记忆合金等结构。

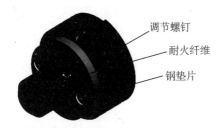

图 4.22 带有复合减振垫片的调节螺钉

图 4.23 带有阻尼垫片的调节螺钉

二、使用 TOC 螺杆泵改进项目实施

本案例将利用约束理论,针对螺杆泵在采油过程中存在的问题进行分析,并实现对螺杆泵的改进。

(一)运用 TOC 理论分析和确定螺杆泵存在的问题

1. 初步对螺杆泵系统进行分析

(1)定义螺杆泵采油系统中存在的问题。按照生产使用的要求,用于采油系统的螺杆泵一方面要保证泵具有稳定的效率,另一方面要能够可靠地工作。这就要求螺杆泵的定子和转子的设计既要满足容积腔保持恒定的要求,同时要保持定子、转子的强度要求。然而,该螺杆泵工作一段时间后,常出现电流波动大、连接杆折断、泵效降低等问题。

(2)分析系统。

1)螺杆泵的主要构成部件。定子和转子是构成螺杆泵的主要部件。定子、转子和泵体与泵的排量、可靠性均有关联。转子由转子基体、转子涂层、涂层材料组成。螺杆泵采油时,定子、转子、采出油液(矿物质)是相互作用的元素,而转子形状、定子形状、定子材料这些元素直接影响着泵的效率和可靠性。

2)元素之间的关系。

表 4.2 系统元素及其关系

作用元素	被作用元素	元素之间的关系
转子涂层	转子基体	保护(增加基体耐磨性与防腐性)
转子涂层	定子	形成容积腔(决定配合的过盈量)
矿物质	转子涂层	摩擦与吸附(有害作用)
矿物质	定子	摩擦与吸附(有害作用)
转子形状	密闭容积定子形状	影响泵的效率

3)元素的可控性。依据约束理论,本案例将元素的可控性分为三类:①直接可控(C_1):对于这种类型的实体,设计者是可以直接改变的,通常问题产生的原因属于这种类型。②间接可控(C_2):对于这种类型的实体,设计者不能直接改变,而是通过作用于与其相关的实体,最终影响需要改变的实体。通常情况下,设计的最终

结果属于该类型。③在设计者的影响范围之外(C_3):这种类型的元素在设计者的影响范围之外,是设计者无法改变的。

根据各元素的关系及其可控性状况,元素的可控性可确定,如表 4.3 所示。

表 4.3 元素的可控性分类

C_1	C_2	C_3
转子形状	容积腔的大小	采出液中的矿物质
涂层材料	摩擦力的大小	
定子形状	吸附力的大小	
定子材料	过盈量的大小	
	泵效率的大小	
	定子	
	转子基体	

2. 建立螺杆泵的当前现实树

(1)使用 TOC 理论对电流的变化问题建立当前现实树。对螺杆泵存在的每一个问题建立当前现实树,以便找出根原因。首先对电流波动大现象建立 CRT,如图 4.24 所示。

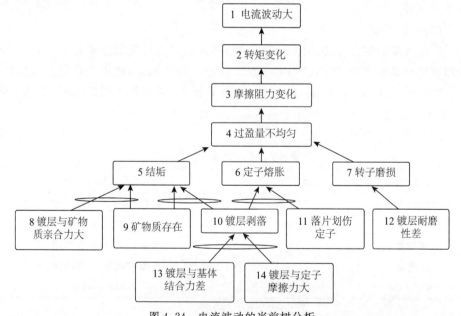

图 4.24 电流波动的当前树分析

通过建立当前现实树,可以得出导致"电流波动大"该项不理想结果产生的逻辑图,该逻辑树中涉及的元素的可控性如表 4.4 所示。

表 4.4　电流变化影响元素的可控性

C_1		C_2		C_3	
镀层与基体结合力差	13	电流波动大	1	矿物质存在	9
镀层与定子摩擦力大	14	转矩变化	2		
镀层耐磨性差	12	摩擦阻力变化	3		
镀层与矿物质亲合力大	8	过盈量不均匀	4		
		结垢	5		
		定子熔胀	6		
		转子磨损	7		
		镀层剥落	10		
		落片划伤定子	11		

对于"电流波动大"不理想结果,根据上述逻辑树所对应的逻辑关系可表述为:

$$(8*9)+(9*13*14)+(13*14*11)+12 = 1$$

其中"$*$"表示与关系,"$+$"表示或关系,按照上述的可控性分析,在上式中 9 为设计者不能改变的实体,在逻辑中其值设为 1,则引起"电流波动大"结果的表达式可简化为:

$$8+13*14+13*14*11+12 = 1$$

(2)使用 TOC 理论对接杆断裂问题建立当前现实树。螺杆泵在使用过程中出现连接杆断裂,设备维修困难,影响原油采出效率,是最严重的事故之一,下面利用当前现实树对其原因进行分析,如图 4.25 所示。

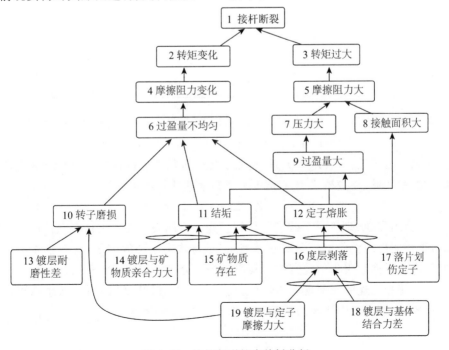

图 4.25　接杆断裂的当前树分析

通过建立当前现实树,可以得出导致"接杆断裂"不理想结果的逻辑图,该逻辑树中涉及的元素及可控性如表 4.5 所示。

表 4.5 "接杆断裂"的元素可控性

C_1		C_2		C_3	
镀层与基体结合力差	18	杆断	1	矿物质存在	15
镀层与定子摩擦力大	19	转矩变化	2		
镀层耐磨性差	13	转矩过大	3		
镀层与矿物质亲合力大	14	摩擦阻力变化	4		
		摩擦阻力大	5		
		过盈量不均匀	6		
		压力大	7		
		接触面积大	8		
		过盈量大	9		
		转子磨损	10		
		结垢	11		
		定子熔胀	12		
		落片划伤定子	17		
		镀层剥落	16		

对于"接杆断裂"的不理想结果,根据上述逻辑树所对应的逻辑关系可表述为:

$$13+14*15+15*18*19+18*19*17=1$$

其中 * 表示与关系,+表示或关系,按照上述的可控性分析,在上式中 15 为设计者不能改变的实体,在逻辑式中其值可设为 1,表达式可简化为:

$$13+14+18*19+18*19*17=1$$

(3)使用 TOC 理论对泵效率降低问题建立当前现实树。螺杆泵在使用一段时间后,很快便出现设备检修周期明显缩短,运行成本增加等问题,这严重影响了原油的生产。下面利用当前现实树对其原因进行分析,如图 4.26 所示。

通过建立上述的当前现实树,可以得出导致"泵效降低"该项不理想结果产生的逻辑图,该逻辑树中涉及的元素及可控性如表 4.6 所示。

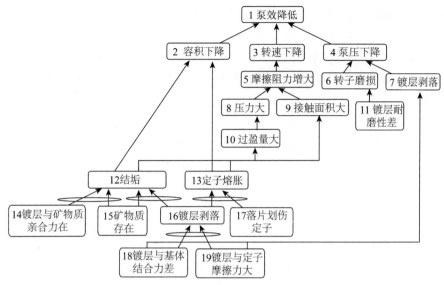

图 4.26 泵效降低的当前现实树

表 4.6 泵效降低元素可控性

C_1		C_2		C_3	
镀层耐磨性差	11	泵效降低	1	矿物质存在	15
镀层与矿物质亲合力大	14	容积下降	2		
镀层与基体结合力差	18	转速下降	3		
镀层与定子摩擦力大	19	泵压下降	4		
		摩擦阻力增大	5		
		转子磨损	6		
		镀层剥落	7		
		压力大	8		
		接触面积大	9		
		过盈量大	10		
		结垢	12		
		定子熔胀	13		
		镀层剥落	16		
		落片划伤定子	17		

对于"泵效降低"该项不理想结果,根据上述逻辑树所对应的逻辑关系可表述为:

$$14*15+15*18*19+18*19*17+11+18*19 = 1$$

其中 * 表示与关系,+ 表示或关系,按照上述的可控性分析,在上式中 15 为设计者

不能改变的实体,在逻辑式中其值设为1,表达式可简化为:
$$14+18*19+18*19*17+11+18*19 = 1$$

(二)确定解的方向

通过对以上三个当前现实树及逻辑关系的分析可以看出,设计者直接可控的实体中皆与转子镀层有关,作为转子承受过盈配合的压力和运转的扭矩,它必须具有很高的强度,还要有耐磨性能,因此,通过实验证明,螺杆泵的转子表面采用电镀硬铬处理,表面为铬层是不可行的,只有采用高强度金属材质且表面进行处理才能满足要求,也就是说改变涂层性能是问题的主要解决方向。

鉴于以上分析结果得出,要解决螺杆泵在油井中出现的问题,就得改变转子表面特性。可考虑引进一种与油井矿物质亲和力较小的涂层材料,减少垢的生成或降低垢与转子的结合力,使油液在流动过程中能够把垢冲刷掉;其次,涂层材料与基体的结合力要好,远远大于涂层与定子之间的吸附力;再者,涂层材料生成的涂层本身物理性能要好,致密度高,表面与橡胶的摩擦系数低,耐蚀性好,能够保护基体不腐蚀,涂层不脱落。

(三)方案选择

螺杆泵是油田后期采油的重要设备,随着工况的复杂和恶化,已显示出其当前的设计存在不足。使用 TOC 对问题进行分析,确定出了根原因。为了解决问题,需要针对问题制订有效的解决方法。当前工业生产中应用的表面工程的工艺主要有电镀、化学镀、表面粘涂、陶瓷热喷涂等技术,根据螺杆泵在油井中使用的具体情况,初步选定在螺杆泵转子表面上采用等离子喷涂陶瓷涂层的方案以防止因结垢等引起的各种问题。

(四)螺杆泵技改方案的实施

通过分析和试验,确定使用陶瓷等离子喷涂工艺对螺杆泵转子进行表面处理,以在实现防垢、除垢功能的同时达到提高寿命的目的。

新的方案就是将常规螺杆泵转子表面的喷涂铬层工艺转变为喷涂陶瓷涂层。由于陶瓷是一种惰性化合物,表面特性极不活泼,在通常情况下和其他物质基本不具有亲和力,因此利用陶瓷的这种特点,能够在一定程度上提高螺杆泵的抗结垢和耐磨损性能。

通过实际验证,喷涂陶瓷涂层的螺杆泵在井下运转的状况与常规螺杆泵相比,陶瓷转子表面未见结垢,体现出了良好的抗结垢性能。

参考文献

[1] 王玉荣. 瓶颈管理[M]. 北京:机械工业出版社,2002.

[2] 村上悟,石田忠由. 让你的公司奔跑起来[M]. 刘蔚三,李坤堂,译. 北京:北京大学出版社,2004.

[3] KWANGSEEK CHOE, SUSAN HERMAN. Using theory of constrains tools to manage or-

ganizational Change: acase study of euripa labs. International Journal of Management & Organisational Behaviour,8 (6):540-558.

[4] VICTORIA MABIN. Goldratt's "Theory of Constraints" Thinking Processes: A Systems Methodology linking Soft with Hard. http://www. systemdynamics. org/conferences/1999/PAPERS/PARA104.

[5] WILLIAM DETTMER H. Theory of Constraints: A System-Level Approach to Continuous Improvement. http://www. rogo. com/cac/dettmer1.

[6] MAHAPATRA S. S, AMIT SAHU. Application of theory of constraints on scheduling of drum-buffer-rope system. Proceedings of the International Conference on Global Manufacturing and Innovation 2006,27-29.

[7] WILLIAM H. DETTMER. Goldratt's Theory of Constraints: A System Approach of Continuous Improvement. Milwaukee, Wisconsin: ASQC Quality Press, 1997.

第五章

六西格玛方法与案例

第一节　概　述

六西格玛是一种度量、一种技术方法，同时也是一种管理系统。但当绿带、黑带、黑带大师、项目负责人和发起者都接受了六西格玛作为度量和技术方法的培训以后，却很少有人能够意识到六西格玛是一个全面的管理系统。了解作为度量和技术方法的六西格玛，有助于开始将六西格玛理解成为一个管理系统，如图 5.1 所示。

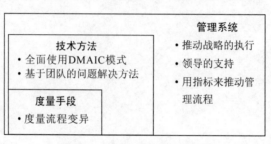

技术方法
- 全面使用DMAIC模式
- 基于团队的问题解决方法

度量手段
- 度量流程变异

管理系统
- 推动战略的执行
- 领导的支持
- 用指标来推动管理流程

图 5.1　六西格玛的应用范围

一、六西格玛作为度量方法

西格玛可度量一个流程的表现如何，度量一个改进的结果如何，是一种衡量质量的方法。企业用西格玛来衡量质量，因为它是一个标准，可以用来反映对于流程的控制程度，看它是否达到设定的绩效标准。

西格玛是一个通用的尺度，就像码尺上的英寸、天平上的盎司、温度计上的温度。通用的尺度像温度、重量和长度让我们可以比较不同的物体，而西格玛度量可以使我们能够比较不同的业务流程，以检验它们是否达到了事先设定的流程质量标准。

西格玛的尺度衡量 DPMO(defects per million opportunities)，即每百万个机会里的缺陷数。六西格玛相当于每百万个机会中出现 3.4 个缺陷。使用西格玛衡量方法可以比较不同的业务流程，这种方法是基于每百万个机会中出现的缺陷数的比较。

二、六西格玛作为技术方法

六西格玛技术方法建立于六西格玛的度量之上。六西格玛的实践者使用 DP-MO 来测量和评价一个流程的表现，使用严谨的定义、测量、分析、改进、控制模式(define,measure,analyze,improve,control,DMAIC)来分析一个流程，找出其不可接受的变异的来源，并找到多种解决方法来消除或减少错误和变异。当改进措施执行以后，就进入控制步骤，以确保有一个持久的结果。

六西格玛方法不局限于 DMAIC，其他的一些解决问题的方法和技术在 DMAIC 框架下也会被经常用到，用以扩展六西格玛的项目团队可以使用的工具主要有以下几种：

(1)发明问题解决理论(theory of inventive problem solving,TRIZ)。

（2）精益（lean production，LP）。

（3）福特 8Ds 规则（Ford 8Ds）。

（4）5 个为什么（5 Whys）。

（5）是/不是原因分析法（Is / Is not Cause Analysis）。

采用西格玛尺度并将这些解决问题的方法融入到 DMAIC 之中去，使得六西格玛方法成为一个强有力的解决问题和持续改进的方法。

显而易见，采用一系列的衡量指标可以有效地帮助组织来理解和控制它的关键流程。同样，这个严谨的解决问题的方法，明显地增强了一个组织推进有价值改进的能力，加强了基于问题出现的根本原因来解决问题的能力。

三、六西格玛作为管理体系

六西格玛作为一种最优的方法，不仅是建立于一系列的度量基础之上的解决问题和改进流程的工具，在最高层次上，六西格玛已经被发展成为一个实用的管理系统。这个管理系统着重于管理和组织持续不断的业务改进，主要注重以下四个方面：

（1）理解和管理客户的需求。

（2）整合关键流程来实现这些需求。

（3）利用严格的数据分析来了解和减少关键流程中的变异。

（4）推动对业务流程做出快速和持久的改进。

同样地，六西格玛管理系统包含了六西格玛度量和六西格玛技术方法，只有当六西格玛被当做一个管理系统而实施时，才能对组织产生深远和巨大的影响。

第二节　六西格玛的框架

企业在以六西格玛为一个管理策略时，首先就要考虑在企业中构建六西格玛的框架以作为其实施的基础。六西格玛框架至少应包括五个因素，即高层管理承诺、培训计划、项目团队的活动、测量系统和利益相关方的参与，如图 5.2 所示。

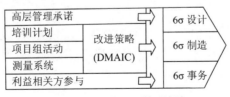

图 5.2　企业的六西格玛框架

许多大公司的实际运营表现在三个层面操作，即研究与设计（R&D）、制造和事务。六西格玛在这三个层面都可以发挥它的作用，但是六西格玛在每一层面中的风格是不相同的。如六西格玛在 R&D 中经常被称为六西格玛设计（DFSS），而六西格玛制造和六西格玛事务则分别用于制造业和服务业中。

一、高层管理承诺

在公司中推行六西格玛是一个战略管理的决策，它需要由高层管理发起。所有的框架元素以及结构化的改进策略（DMAIC）都需要高层管理的承诺才能得以成功地实施。如果没有高层管理强有力的承诺，这些培训计划和项目组的活动很少会成功。尽管高层管理者并非每天直接活动于改进项目中，但其作为领导者的角色、项目的保证人和倡导者是非常重要的。

二、利益相关者参与

利益相关方包括企业员工、所有者、供应商和顾客。为了达成所设定的过程性能的改进目标以及完成六西格玛的改进项目，仅仅有高层管理的承诺是不够的，还必须有利益相关方的直接参与。

企业的员工是重要的利益相关方，在课程培训、项目组活动以及过程性能评价等方面，企业员工是直接的参与者与实施者。企业中的项目组主要由他们组成，而且很多的重要项目必须通过他们积极的参与和实施才能完成。

供应商也需要参加到六西格玛活动中。一个六西格玛公司通常鼓励其重要的供应商也要拥有六西格玛程序。为了支持供应商推行六西格玛程序，常常使供应商分享他们的性能数据、分享六西格玛培训以及邀请他们分享六西格玛项目报告会。企业这样做的目的就是要使由供应商所提供产品的变异在供应商的过程中通过供应商的六西格玛活动得到改进，最终确保性能的提高。

顾客在六西格玛的活动中也是重要的角色。顾客满意是六西格玛公司主要目标之一。顾客将参与到识别产品和过程特性（critical to customer，CTC）的特殊活动中。CTC 是顾客观点上的关键质量特性（critical to quality，CTQ）的子集。完成识别 CTC 后，顾客还会被要求去指定特性的期望值，也就是特性的目标值和规格限。这些关键的信息将被用于六西格玛活动中对于过程性能测量的基础信息。

三、培训计划

在任何六西格玛程序中，一个全面的过程性能的知识、改进的方法、统计工具、项目团队的活动过程和顾客要求的部署等都是需要的。这些知识通过适当的培训计划而成为全体员工所共享的知识。

四、测量系统

一个测量系统是操作、程序、量具、人等的集合。六西格玛公司将提供一个有效的测量系统，用于测量过程性能的西格玛水平。这个测量系统可以显示出不好的过程性能或者提供早期的问题将要到来的迹象。对于测量系统进行分析是必要的，其目的是保证测量系统的正确性。

五、项目小组活动

1. 项目小组活动的方式

对于希望导入六西格玛项目小组活动的公司,作为一个管理策略,可采用下面七步骤的程序在公司内展开六西格玛项目活动。

(1)组织一个六西格玛小组并且建立一个长期的关于公司的六西格玛愿景。公司首先要指定几个人员作为六西格玛小组去掌握所有的六西格玛活动。然后这个小组将在高层管理者的直接领导下建立长期的关于公司的六西格玛愿景。六西格玛愿景要与改变、顾客和竞争密切相关,而且公司中的员工必须同意和尊重这个愿景。

(2)首先要对六西格玛倡导者进行六西格玛培训。展开对公司所有层次的员工进行适当的六西格玛知识的培训。首先对高层管理者和主管(倡导者)进行培训。如果倡导者不理解六西格玛的含义,那么六西格玛就无法在公司内布置。随着倡导者的培训,对于绿带、黑带、黑带大师也必须进行培训。对黑带大师的培训还要通过专业的机构进行。

(3)选择一个六西格玛项目区域首先导入六西格玛。六西格玛根据其特性可以分为三个不同的部分,即针对研究与开发领域的六西格玛设计、针对制造业的六西格玛制造和针对事务的六西格玛事务。在此情况下,CEO 将决定导入三个领域六西格玛的次序。通常,首先导入六西格玛制造是比较容易的,接着是事务领域和研究与开发领域,当然这还要根据企业当时的具体情况而定。

(4)开始对绿带和黑带进行培训。绿带和黑带的培训对于六西格玛的成功是非常重要的因素。

(5)对所有相关区域部署关键质量特性(CTQs)。任命几个黑带作为全职的六西格玛项目小组领导,并且要求小组去解决一些重要的 CTQs 问题。CTQs 的展开对于公司所有部门都是相关的。这些 CTQs 的展开可以通过方针管理或者目标管理进行。当黑带产生后,一些重要的 CTQs 问题可以交给黑带去解决。原则上黑带是项目组的领导,而且对于质量改进是全职的。

(6)巩固六西格玛基础工作,如统计过程控制(SPC)、知识管理和数据库系统管理。为了稳固地导入六西格玛,必须做一些基础工作。这些工作包括统计过程控制、知识管理和数据库管理系统。具体包括有效数据的获得、数据存储、数据分析以及信息分发等。

(7)在每月中指定一个"六西格玛日"。在那一天高层管理者(CEO)必须亲自检查六西格玛项目小组的进程、组织汇报活动状况以及奖励取得的成就等。

2. 项目活动解决问题的过程

最初由摩托罗拉公司开发的六西格玛解决问题的程序是 MAIC,即测量、分析、改进和控制。后来由通用公司提倡的六西格玛 DMAIC 程序取代了 MAIC 程序,其中增加的"D"指的是定义。MIAC 或 DMAIC 都是主要用于制造业解决问题的程序。

3. 六西格玛项目组与质量圈的区别

在六西格玛活动中,由黑带领导的项目组是团体的骨干,而在 TQC(全面质量控制)或 TQC 活动中,质量圈小组是团体的骨干。在老的 TQC 或 TQM(全面质量管理)的管理策略中,通常有两种小组的工作形式,即特别工作小组和质量圈小组。特别工作小组主要由工程师和科学家组成,而质量圈小组则由生产线的操作者组成。但在六西格玛项目小组中由工程师、科学家和操作者共同组成,其领导者通常是黑带。六西格玛小组以及 TQC 的质量圈小组的人员组成、活动主题的选择和问题解决流程的区别如表 5.1 所示。

表 5.1 六西格玛项目小组与质量圈小组的区别

分 类	六西格玛项目组	质量圈小组
组织	工程师(或科学家)、操作者、几个绿带和一个黑带	操作者
主题选择	自上而下,公司的 CTQs	自下而上,自选择
问题解决流程	DMAIC、DMADV、DMARIC	PDCA(或 PDSA)

4. 如何选择项目主题

六西格玛项目主题的选择是一个自上而下的方法,通常要解决的 CTQs 问题是由公司推荐的。项目主题的展开方法如图 5.3 所示。

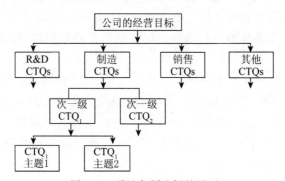

图 5.3 项目主题选择的展开

第三节 六西格玛方法中的重要概念

六西格玛的核心目标就是要改进过程的性能,并据此来达到三个分目标:减少成本、改进顾客满意度和增加利润。为了实现改进过程性能的目标,首先应理解与过程性能有关的基本概念。

一、过程

过程就是指将输入转换为输出的一系列活动。对于公司而言,输出主要是指硬件产品或与此相关的服务。如果是研究、设计或非制造业的服务等活动,虽然没有硬件产品的输出,但也是一个过程。输入、输出与过程的关系如图 5.4 所示。输入可以是活动、材料、机器、决策、信息、温度和湿度,输入既有可以进行物理控制的因素,也有不可控的噪声因素。这些变量经过过程转换后即变成了输出或产品特性。

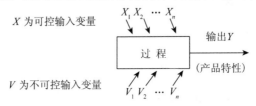

图 5.4　输入、输出与过程的关系

任何一个给定过程都将会有一个或多个指定的特性与收集的数据相对应。这些特性的状况可以反映过程的性能状况。为了测量过程的性能,有关特性的数据是需要的。数据有两种类型,一种是连续性数据,另一种是离散性数据。连续性数据可以在一个连续的范围内取任何测量值,如时间、温度、速度等;离散性数据也指计数性数据,如接受/不接受、好/坏等。

二、变异

任何过程或产品特性的数据值总是变化的,这是因为任何过程都包含许多变化源。如果产品的特性值是可以测量的,那么由多个变化源所引起的变异可以通过最适合观测的分布图形来将变异显现出来。变异是质量控制的障碍之一,通过使用六西格玛方法对过程性能的跟踪和改进,过程性能的变异就会减小。变异是过程性能三角形的关键因素,如图 5.5 所示,其中"变异"涉及测量的数值与目标值如何地接近,而"周期时间"和"产量"分别涉及"多么快"以及"多少"。

图 5.5　过程性能要素

1. 普通原因和特殊原因

对于在过程中存在的许多变化源通常可以分为两类,即普通原因和特殊原因。如果过程仅有普通原因产生变异,那么这个变异随着时间有一个稳定的和可重复的分布,这时过程的状态称为"统计控制状态"。随机变异是过程所固有的特性,除非改变过程或产品的设计,否则是不易改变的。如果仅有变异的普通原因,那么这个过程的输出是可以预测的,如图5.6所示。

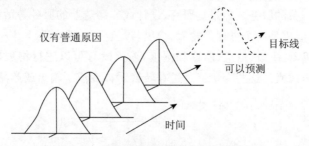

图 5.6   仅有普通原因的统计控制状态

特殊原因是指由任何因素引起的变异,这个变异通常在过程中不出现。也就是说当它发生时它将改变过程的分布,除非所有变异的特殊原因被识别和处理,否则它们将持续地以不可预测的方式影响过程的输出。如果特殊原因出现,那么这个过程的输出随时间变化是不稳定的,如图5.7所示。

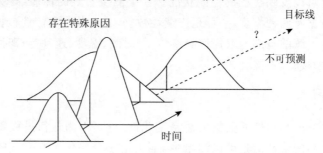

图 5.7   存在特殊原因时的过程状况

任何一个过程状态可以区分为四种形式,这四种状态以及应采取的对策如表5.2所示。

表5.2   对过程四种状态采取的对策

过程状态	应采取的对策
在控制状态下且能力充足	理想的状态,应维持
在控制状态下但能力不足	必须降低普通原因的变异
不在控制状态下但能力充足	必须矫正特殊原因
不在控制状态下且能力不足	既要矫正特殊原因,也要降低普通原因的变异

2. 普通原因和特殊原因的判断

判断过程是否存在特殊原因或者过程是否处于失控状态,可以通过过程是否发生异常的变化来判断,如缺陷突然增多或者缺陷突然消失等。过程是否处于失控状态也可以通过对过程控制图的判断来确定。使用控制图时,一般将控制图中心线两侧到控制线按 $\pm 3\sigma$ 原则划分为三个区间,从控制线到中心线分别记为 A 区、B 区和 C 区,如图 5.8 所示。

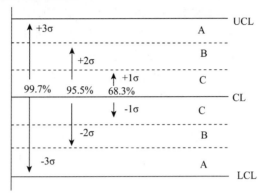

图 5.8 控制图及分区

借助于控制图的这种分区,便可以通过观察点在各区上的分布状况来判断过程是否受特殊原因的影响,即过程是否失控。

判断过程是否失控有八个准则:

准则一:有一点在 A 区以外,这有可能是由测量误差或设备出错等原因引起的。

准则二:连续 9 点在 C 区或 C 区以外,可能是由于设备不稳定、操作有误等原因所引起的。

准则三:连续 6 点持续上升或下降,这种情况可能是由于过程偏移、量具需要调整或设备不稳定引起的。

准则四:连续 14 点交替上升或下降,可能是由于量具异常或过程偏移引起。

准则五:连续 3 点有 2 点在 A 区,可能是由于设备等的热变形或刀具磨损引起的。

准则六:连续 5 点有 4 点在 B 区或 B 区以外,可能是由于过程的调整等原因引起的。

准则七:连续 15 点在中心线上下两侧的 C 区,可能是由于量具异常或过程偏移等原因引起的。

准则八:连续 8 点在中心线两侧,但 C 区无点,可能受两个或多个过程或循环的影响。

3. 使用控制图的两类错误

在使用控制图根据上述八个准则判断过程是否失控时,由于描在控制图上的点是通过抽样检验而得来的,它具有不确定性,因此应用控制图会存在两类错误:

（1）虚发警报的错误。虚发警报也称第一类错误，即过程处于稳定的状态下，但由于纯粹的偶然原因而使点超出控制线。这时如果判断过程失控，就产生了第一类错误。

（2）漏发警报的错误。漏发警报也称第二类错误，即虽然过程已失控，但是由于仍有大部分的质量特定值处于上下控制界限内，而且抽样没有抽到界外点的场合，则判断过程处于控制状态，这时即为漏发警报。

质量管理大师朱兰在其质量管理三部曲即质量策划、质量控制和质量改进（图5.9）中指出，由特殊原因引起的偶发性质量问题将导致过程失控，这类原因主要是由于过程的作业条件即人、机、料、法和环境（4M1E）产生问题所致，并且可由作业人员解决和纠正。而导致慢性质量问题的普通原因是系统的原因，必须由管理层通过改变系统的性能如产品改进设计、过程再设计以及更新设备等方法来解决。

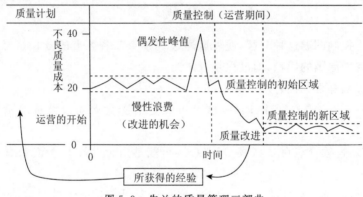

图5.9　朱兰的质量管理三部曲

三、周期时间、产量和生产力

任何一个过程都有一个周期时间和产量（产能），过程的周期时间是指一个单元（或产品）完成所有输入到输出转换的平均时间。过程的产量就是涉及输入时间和工件输出的数量。一个高效的输入因素转换成产品必然会有一个较好的产出。公司的生产力通常定义为输出性能的功能与其输入的比较。

四、顾客满意

顾客满意是指全部的顾客要求都得到满足。六西格玛强调顾客的要求必须通过测量和改进过程和产品以及关键质量特性得到满足。在六西格玛中，顾客的要求要彻底地识别，为了改进和满足这些要求必须很好地将它们转换到重要的过程和产品特性中。顾客通常要求指定特性的期望值是什么，也就是目标值以及对于特性的缺陷是什么，也就是规格限。这些关键的信息在对过程性能的测量中都是重要的基础。六西格玛的项目改进都是基于顾客满意而展开的,其最终目标是增加市场份额以及提高收益。公司收益的增加会促使公司做进一步的项目改进,这种循环可称为"六西格玛项目改进循环",如图 5.10 所示。

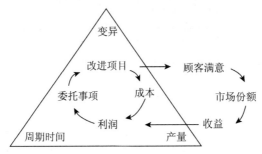

图 5.10 六西格玛项目改进循环

五、西格玛质量水平

西格玛(σ)是数理统计中的一个术语,即标准差。

其中,$\sigma = \sqrt{\dfrac{\sum\limits_{i=1}^{n}(x_i - \overline{x})^2}{n-1}}$,表征一组抽样样本数据的离散程度。

自然界中很多随机变量都服从或近似服从正态分布。产品在制造过程中的最终参数的分布也是服从正态分布的,如图 5.11 所示。

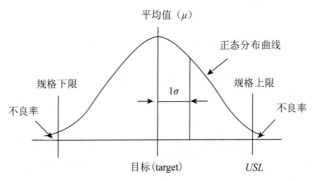

图 5.11 产品的正态分布曲线

规格限就是顾客对其所购买的产品或过程性能范围的公差要求,如图5.12所示。在此图中,LSL 表示公差的下限,USL 表示公差的上限,T 表示目标值。西格玛质量水平(也可称为西格玛水平)是从过程平均值(μ)到规格限的距离中所包含西格玛的倍数。

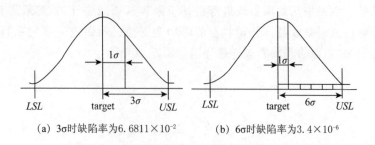

(a) 3σ时缺陷率为6.6811×10⁻²   (b) 6σ时缺陷率为3.4×10⁻⁶

图 5.12　三西格玛和六西格玛质量水平

　　现实中,人们总是期望过程的平均值保持在目标值上。然而,在某一段时间内的过程平均值与另一段时间内的过程平均值由于各种原因存在着差异性,这就意味着过程平均值在不断地围绕着目标值移动。为了表示过程均值所允许的最大移动,摩托罗拉公司将该移动值规定为±1.5σ。一般过程性能的西格玛水平都是在考虑过程平均值已发生±1.5σ 的偏移量的前提下计算的,如图 5.13 所示。

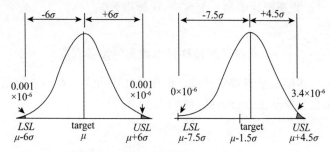

图 5.13　在达到六西格玛水平时过程均值存在 1.5σ 的情形

　　在图 5.13 中,当过程达到六西格玛水平且过程均值相对目标值(T)无偏移时,此时过程的缺陷率为 $0.002×10^{-6}$;如果过程均值相对目标值有 1.5σ 偏移时,则过程的缺陷率为 $3.4×10^{-6}$。

　　对于产品的生产设备或过程而言,表述其生产具有一致性产品的能力水平通常用工程能力指数(Cp 值)来表示。其中,Cp 值也称短期过程能力,Cpk 值也称长期过程能力。

$$Cp=\frac{T}{6\sigma}=\frac{(USL-LSL)}{6\sigma}$$

$$Cpk=\min\left[\frac{USL-\mu}{3\sigma},\frac{\mu-LSL}{3\sigma}\right]$$

　　过程的能力指数就是产品的规格与过程的六倍标准差(σ)的比值。这一比值(即 Cp 值)预示着该过程产生缺陷的概率。

　　当过程具有不同的 Cp 值时,其产生缺陷概率和坏质量成本是不同的,如表5.3所示。

表 5.3 过程能力与缺陷概率的关系

σ 水平	Cp 值	Cpk 值	缺陷数$(Cp,\times 10^{-6})$	缺陷数$(Cp,\times 10^{-6})$	劣质成本$(COPQ)$
2	0.67	0.17	45500	308537	销售30%~40%
3	1	0.5	2700	66810	20%~30%
4	1.33	0.83	63	6210	15%~20%
5	1.67	1.17	0.57	233	10%~15%
6	2	1.5	0.002	3.4	10%以下

第四节 六西格玛方法

根据公司的具体情况,六西格玛可以在公司的三个层面上操作,这三个层面就是研究与设计、制造和事务,它们所对应的六西格玛模型分别是为六西格玛设计(DFSS)、六西格玛制造(DMAIC)和六西格玛事务(TSS),如图5.14所示。

图 5.14 六西格玛模型

一、六西格玛设计

六西格玛设计(DFSS)是一个利用工具、培训和测量以在六西格玛质量水平上设计满足客户期望的产品和过程的系统化方法。DFSS通过以下几种框架进行部署和实施:

(1)DMADV(define-measure-analyze-design-verify),即定义、测量、分析、设计和验证,是摩托罗拉公司推荐的用于六西格玛设计的程序。其特点是最大限度地保持了与DMAIC程序的一致性。

(2)IDOV(identify-design-optimize-validate),即识别、设计、优化和确认,这是由通用公司推荐的程序。

(3)DIDES(define-initiate-design-execute-sustain),即定义、发起、设计、实行和维持,这是由Qualtec咨询公司推荐的程序。

对于事务领域的六西格玛程序与制造或R&D领域的六西格玛程序有一些区别,Sung H. Park推荐使用DMARIC(define-measure-analyze-redesign-implement-control)程序,即定义、测量、分析、再设计、执行和控制。这里的"再设计"阶段的含义为对于事务(如服务)的工作系统进行再设计以改进事务的功能。

1. DMADV

六西格玛项目开始于建立一个项目章程。如果一个过程已经存在,黑带需要对现有的过程确定是用 DMAIC 方法还是用 DFSS 方法进行改进。一个很好的方法就是直接地观察这一工序。如果没有过程存在,考虑是否在别处存在着类似的过程,如果存在,则安排去观察它们,也许在不同的地方存在子过程,同时使你可以看到需要你创造的部分。

表 5.4　DFSS 的 DMADV 框架

定义	定义设计活动的目标
测量	测量客户的输入,以确定对于顾客什么是关键质量。当一个新的产品或服务被确定要设计时,使用专门的方法
分析	分析产品和服务的创新概念,以为客户创造价值
设计	设计新过程、产品和服务,以提供客户价值
验证	确认新系统完成预期的情况。建立机制,以保证持续优化性能

定义

在 DFSS 项目的定义阶段,主要的任务是进行关键质量特性的识别,即要交付以下的内容:

(1) CTQs 的明细表。

(2) 识别"喜悦"(客户未意识到的 CTQs)。

测量

这个阶段就是要测量我们将要进行的项目 CTQs。从 DFSS 的测量阶段要交付的内容是:

(1)对于新过程、产品的已验证数据。

(2)测量计划。

在定义阶段,CTQs 已经确定,但是它们是以客户声音(VOC)表达的。在测量阶段,CTQs 是在操作层面上加以定义的。这意味着团队为每个 CTQ 都要制订具体的指标,以有效地将它们转换为内部的要求。确定或创建数据的来源。当使用现有的数据时,一定要考虑数据的质量和范围的问题。也就是说,这些数据对于我们的目的适合吗? 它们是准确和可靠的吗? 它们能够覆盖一段时间的情况吗? 同时还要问:①什么数据我们将需要但不存在? ②我们将如何收集它们? ③我们要求的样本大小是什么? ④对于这些数据合理的子群是什么?

由于顾客是你的重点,你需要确定如何测量顾客的满意度,还要调查和验证其结果。最后,应该编制一个收集数据的计划以验证测量系统的有效性。所有测量系统的一般的属性应予以确认,如测量系统的准确性、重复性和再现性等。

分析

在分析阶段要选择一个所创造的高水平的设计概念。这个设计应能最好地满足 CTQs,为了达到这一目的,有必要将设计的某些特征与 CTQs 联系起来。

DFSS 在分析阶段采取的步骤是:

(1)选择一个有关需求的概念设计:①将 CTQs 映射到设计特征。②对于实现特征确定高水平的设计概念。③选择最佳概念。

(2)保证需求始终得到满足:①预测 CTQ 性能水平。②对比预测和需求。③修改设计概念。

设计

"设计"这一术语在 DMADV 中使用时更准确的称呼应称作"详细设计",也正是在项目的这一阶段,实际的产品或过程将被设计出来。DFSS 设计阶段的任务如表 5.5 所示。

表 5.5 DFSS 阶段的任务

任务名称	资源名称
设计	
开发详细设计	过程专家,团队
预测 CTQs	黑带
修改直至预测的 CTQs 满足要求	团队,过程专家
局部试点	过程管理者,过程操作者
从试验结果分析 CTQs	黑带,绿带
修改设计直至试点的 CTQs 满足要求	过程专家,团队
制订实施计划	团队,过程管理者,过程操作者
FMEA	黑带,团队
设计评审	发起者

验证

DMADV 的验证阶段与 DMAIC 的控制阶段非常相似。DMADV 验证阶段的任务如表 5.6 所示。

表 5.6 DFSS 验证阶段的任务

任务名称	资源名称
制订控制计划	过程管理者
实施 FMEA	过程管理者
建立控制方法	过程管理者
确定数据收集工具	黑带
过渡计划	
培训和移交给过程操作者	过程专家,过程操作者
使用控制计划监控过程	过程操作者,黑带
项目评审	
接受可交付物	发起者
横向展开	发起者,业务领导

2. IDOV

IDOV 的主要步骤如图 5.15 所示。要实施六西格玛有几个问题需要处理。

其问题如下：

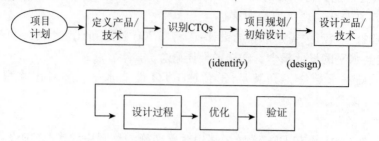

图 5.15 IDOV 主要步骤

（1）研究人员往往有抵制采用任何新的科学方法进入其研究活动的倾向。因此，在介绍了六西格玛进入其活动之前，需要寻求他们的理解与合作。

（2）绿带或黑带的教育和培训是非常必要的，因为有许多科学的工具如 QFD、DOE、仿真技术、鲁棒设计、回归分析等都可用于 R&D。

IDOV 的各个步骤可应用的主要方法如图 5.16 所示。

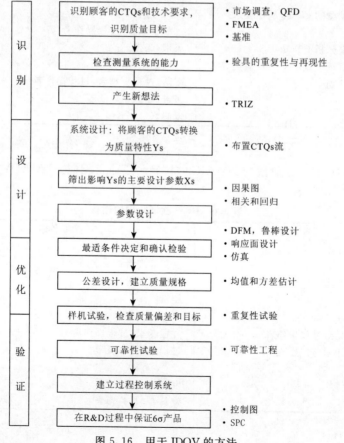

图 5.16 用于 IDOV 的方法

二、六西格玛制造

在六西格玛管理中,六西格玛制造 DMAIC 是针对现有过程进行改进的结构化的方法,如图 5.17 所示。DMAIC 作为一个突破的策略可用于改进变异、周期时间和产量等问题。

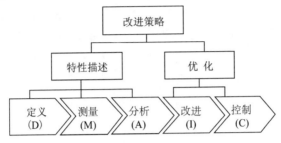

图 5.17　六西格玛改进策略

DMAIC 由五个阶段组成,其各阶段分别为定义(define)、测量(measure)、分析(analyze)、改进(improve)和控制(control)。

1. 定义阶段

此阶段的目的为定义问题、识别需要改进过程的关键质量特性(critical to quality,CTQ)或关键过程特性(critical to process,CTP),并设定目标。在设定目标时,不仅要关注顾客的要求,也要关注世界级公司的过程特性的基准。

定义阶段的主要任务有:

(1)组建团队。团队宪章是团队、团队领导人、团队负责人、发起人和利益相关人之间建立对项目的明确理解,它包含一个文件化的业务案例、改进机会、目标、范围、时间期限和项目团队的成员。

(2)确定项目章程如表 5.7 所示。

表 5.7　团队宪章

(1)业务状况 我们为什么要做此项目?	(2)机会陈述 我们正经历什么"痛苦"? 问题出在哪里?
(3)目标陈述 我们要改善的范围和目标是什么?	(4)项目范围 我们有什么权利? 我们关注的流程是什么? 哪些不在范围之内?
(5)项目计划 我们怎样才能完成项目? 我们什么时候能完成项目?	(6)团队选择 团队成员由哪些人组成? 团队成员各自的职责是什么?

(3)进行 SIPOC 分析。SIPOC(supply、input、process、output 和 customer)分析的目的是使相关者对现有流程有清晰的了解,以便发现问题或机会所处的位置。

绘制流程图的方法是按自上向下的次序逐级细化,最终结束于流程的功能展开图。

(4)顾客声音(VOC)分析。在定义阶段,团队必须了解流程需要什么。其中包括倾听顾客的声音(VOC)和业务的声音(VOB),然后将它们转换成关键质量特性(CTQ)和关键过程特性(CTP)的测量指标,其关系如图 5.18 和图 5.19 所示。

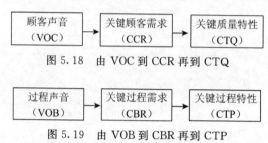

图 5.18   由 VOC 到 CCR 再到 CTQ

图 5.19   由 VOB 到 CBR 再到 CTP

在定义阶段主要使用的工具有:帕雷托图、因果图、流程分析、直方图、柱形图、排列图、头脑风暴、时间序列图、质量成本分析和满意度调查等。

2. 测量阶段

测量阶段的主要目的为确定过程的当前能力水平和界定问题范围。此阶段的任务就是选择过程输出及收集数据、测量系统分析以及确定当前过程的能力水平。

测量阶段主要使用的工具有流程图、因果图、帕雷托图、FMEA、测量系统分析、正态性检验和过程的长期能力和短期能力等。

3. 分析阶段

分析阶段的主要目的为找出影响输出(Y)的少数关键因素(Xs),即确定根原因和核心问题。该阶段的任务就是要识别自变量(Xs)以及分析变量来源。主要使用的工具有头脑风暴、相关和回归分析、方差分析(ANOVA)、区间估计、假设检验、试验设计、箱形图、散点图、帕雷托图、直方图、多变量图、QFD 和流程图等。

4. 改进阶段

改进阶段的主要目的为拟定解决方案,评价改进结果是否满足要求(即解的评价)。此阶段的主要任务有三个方面,即建议解决方案、成本/收益分析和制订实施计划。主要使用工具有 DOE,方差分析(ANOVA)、正态分布、头脑风暴以及响应面法等。

5. 控制阶段

控制阶段的主要目标为保持改进成果,并使过程一直维持稳定的统计状态。该阶段的主要任务为对输入 Xs 建立控制标准和对输入 Xs 保持控制。控制阶段的主要工具有控制图、推移图、过程能力指数(Cp, Cpk)以及统计过程控制(SPC)等。

六西格玛 DMAIC 模型的流程、各阶段的目标以及使用的主要工具分别如图 5.20 和图 5.21 所示。

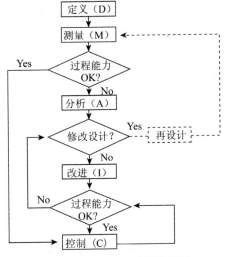

图 5.20　DMAIC 过程流程图

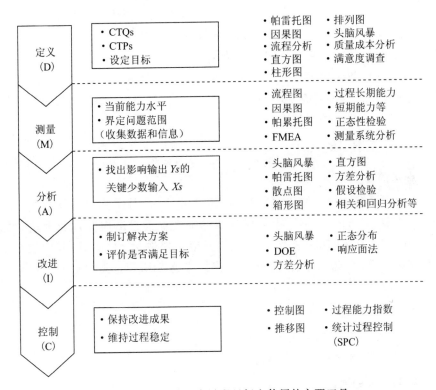

图 5.21　六西格玛各阶段目标和使用的主要工具

第五节　应用案例

一、降低仪表板表面褶皱缺陷率

(一)背景介绍

延锋伟世通(Yanfeng Visteon)汽车饰件系统有限公司(原上海延锋汽车饰件有限公司)是上海汽车工业(集团)总公司和美国伟世通国际控股有限公司共同投资(投资比例各50%)的合资企业。公司成立于1994年,主要产品有座舱系统、内饰系统、外饰系统、座椅系统和方向盘遮阳板等产品。主要客户有上海大众、上海通用、一汽大众、东风神龙、北京吉普等。

2000年,公司开始制定并实施六西格玛的总体战略方针,运用六西格玛的方法解决业务运行中的重大客户满意度问题和成本问题,通过六西格玛活动全面提高企业经营质量,降低质量成本,并为具有高潜力的员工提供系统的培训与实践机会,摸索人才培养的新思维。公司前期选派了多名黑带候选人参加了上海朱兰质量研究院的培训,随后又去美国进行了为期一个月的六西格玛专项培训。迄今为止,公司共完成六西格玛项目35个,财务表现上有了明显的突破,至少减少了900万元的成本支出。目前还有30个项目正在进行中,以下"降低仪表板表面褶皱缺陷率"项目就是已完成的实例之一。

(二)界定阶段

1. 现状描述

仪表板表面褶皱缺陷发生率相当高,2001年1～4月平均褶皱缺陷发生率为16%,4月高达26.5%。另外,由褶皱造成的损失也远远高出其他原因造成的损失,以2001年2月为例(产量为2465件):月废品损失达73398元,其中褶皱报废损失为37883元,占50%左右;另外月返修损失达2189元,其中褶皱返修损失为1572元,占72%。

2. 关键质量特性

(1)产品表面有褶皱,影响产品外观。

(2)客户对有褶皱的产品有抱怨。

3. 缺陷形成的原因

真空成型的表面在发泡工序后,表面没有完全伸展,在有效部位产生可见褶皱。

4. 项目目标

(1)短期目标:减少褶皱缺陷,将褶皱报废损失降低 50%,褶皱缺陷发生率控制在 8%以下,在 2001 年 9 月实现项目短期目标。

(2)长期目标:褶皱报废损失降低 90%。

5. 经济效益

(1)经济效益以每月产量为 2500 件计算,达到目标值所节约的原材料和人力。

(2)每年 50%改进:236730 元。

(3)每年 90%改进:426114 元。

(4)减少客户抱怨。

(5)提高生产能力。

6. 项目工作计划

(1)成立六西格玛团队,确定负责人 2 人、黑带及团队成员 9 人(包括财务人员)。

(2)对团队成员进行六西格玛基础知识培训。

(3)利用头脑风暴法、鱼刺图分析查找可能的原因。

(4)制定措施,确定责任人,跟踪整改。

(5)分析措施与效果之间的关系,进一步改进。

(三)测量阶段

1. 建立专用记录表

对本体发泡后褶皱发生情况作详细记录,包括生产日期、褶皱发生部位、操作者、褶皱发生程度等。

2. 明确缺陷标准

记录时正确区分缺陷类型。

(四)分析阶段

1. 项目小组讨论形成共识

(1)从"头脑风暴法"入手,寻找根本原因(收缩率、硬度、不同颜色的对比等)。

(2)详细记录缺陷,寻找规律。

(3)采取措施,跟踪结果。

2. 仪表板工艺流程图

仪表板工艺流程如图 5.22 所示。

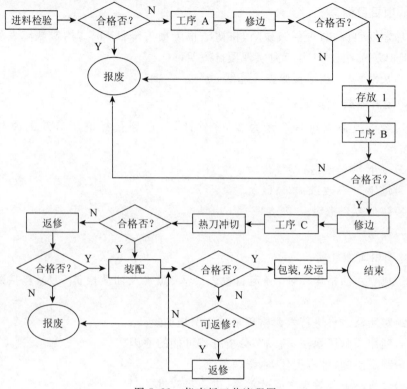

图 5.22　仪表板工艺流程图

3. 仪表板表面褶皱原因分析

仪表板表面褶皱原因分析如图 5.23 所示。

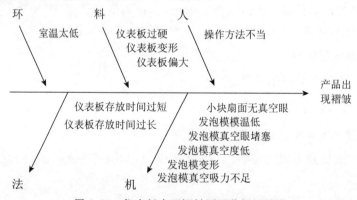

图 5.23　仪表板表面褶皱原因分析因果图

4. 仪表板表面褶皱缺陷记录

仪表板表面褶皱缺陷记录结果如表 5.8 所示,其褶皱发生部位如图 5.24 所示。

表5.8 仪表板表面褶皱缺陷记录

褶皱发生部位	累计发生次数	程度小	程度中	程度大
小块左上侧	8	6	1	1
小块扇面	11	3	3	5
大块扇面左侧	0			
大块扇面中部	0			
大块扇面右侧	1		1	
大块右侧部	40	36	2	2
大块右下部	0			
小块左下部	2	1	1	

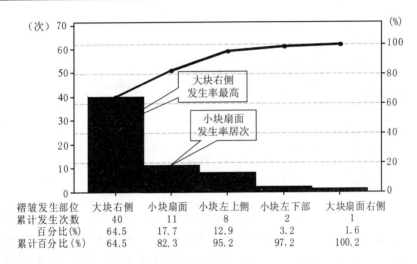

褶皱发生部位	大块右侧	小块扇面	小块左上侧	小块左下部	大块扇面右侧
累计发生次数	40	11	8	2	1
百分比(%)	64.5	17.7	12.9	3.2	1.6
累计百分比(%)	64.5	82.3	95.2	97.2	100.2

图 5.24 仪表板褶皱发生部位的帕雷托图

5. 表皮颜色与仪表板褶皱报废记录结果

表皮颜色与仪表板褶皱报废记录结果如表5.9所示。

表5.9 表皮颜色与仪表板褶皱报废记录

月份	灰色开模数	报废数	米色开模数	报废数
1	200	5	151	6
2	1083	17	1832	14
3	1237	6	426	4
4	1021	8	916	12
5	1224	13	361	4
合计	4765	49	3236	40
报废数	1.03%		1.24%	

使用假设检验比较表皮灰色与表皮米色褶皱报废率。其中：灰色开模数：$n=4765$，报废数＝49，报废率 $\hat{p}_1=.00103$；米色开模数：$m=3236$，报废数＝40，报废率 $\hat{p}_2=0.0124$。

假设检验结果表明，表皮灰色与米色褶皱发生率无明显差别。

$m+n=8001$，总报废率 $\hat{p}=\dfrac{89}{8001}=0.0111$

u 检验统计量：

$$u=\frac{0.0124-0.0103}{\sqrt{(\dfrac{1}{4765}+\dfrac{1}{3236})\times 0.0111\times(1-0.0111)}}=\frac{0.0021}{0.002389}=0.8696$$

由于 $|u|=0.8696<1.96=u_{0.975}$

假设检验结果表明，表面灰色与米色褶皱报废率无显著差异（$\alpha=0.05$）。

6. 成型后表皮收缩率试验结果

成型后表皮收缩率试验结果如表 5.10 所示。

表 5.10　成型后表皮平均收缩率试验结果

平均收缩率	纵向（%）	横向（%）
18h 后	0.38	0.16
42h 后	0.59	0.21
18 ~ 42h	0.21	0.05

方法说明：专门对真空成型后表面的收缩情况进行了测量。成型后，裁取大块扇面中部、大块扇面左侧、小块扇面共三块，试样尺寸分别为 200mm×200mm、200mm×200mm、100mm×100mm。裁取后立即测量横向及纵向尺寸，测量时间控制在成型后 20 min 内，在成型后 18 h，42 h 再次测量，计算表面收缩率。

测量结果显示：

（1）纵向（表皮纵向为本体长度方向），收缩率大于横向收缩率。

（2）横向收缩快，在 18 h 已基本收缩完毕。

（3）纵向收缩慢，在 18~42 h 之间仍有 0.21% 的收缩，而 18 h 的收缩率为 0.38%。

（4）当在 66 h 测量时，尺寸基本无变化，推测 42 h 已完成收缩。

结论：

（1）成型后在一段时间内一直处于收缩状态，特别是大块尺寸变化明显。

（2）根据测得的收缩率可计算，在成型后 18 h，长度方向大块缩短了 3 ~ 4mm，小块缩短了 0.44mm；成型后 42 h，长度方向大块可能缩短了 5 ~ 6mm，小块缩短了 0.5 mm。因此放置时间是一个不容忽视的问题，选择适当的放置时间具有实际的作用。

7. 仪表板褶皱产生原因分析

(1)悬挂方法与存放时间。

(2)发泡工艺参数(包括真空度、真空眼分布及清洁、模具严密性等)。

(五)改进阶段

1. 改进真空成型后表皮悬挂方法

悬挂方法改进前后的对比如表5.11、图5.25所示。

(1)将大小块分开悬挂,大块在下小块在上;大块原夹子夹持部位在上侧边,现夹在右侧边。悬挂时注意将表皮尽可能理平成自然形状,特别是小块扇面。

(2)合理安排生产计划,控制表皮存放时间,将存放时间控制在1～2个工作日。

表 5.11　悬挂方法改进前后的对比

| 项目 | 悬挂方法改进前 7月 | 悬挂方法改进后 | | | | | | | | | | | | 8−1～8−15 |
		8−1	8−2	8−3	8−6	8−7	8−8	8−9	8−10	8−12	8−13	8−14	8−15	
开模数	1814	119	112	130	105	135	90	190	162	80	130	125	68	1446
褶皱返修数	179	8	17	15	6	15	11	9	10	0	13	13	6	123
褶皱报废数	22	2	1	2	1	1	0	0	0	0	1	0	0	8
褶皱返修率(%)	9.87	6.72	15.18	11.54	5.71	11.11	12.22	4.74	6.17	0.00	10.00	10.40	8.82	8.51
褶皱报废率(%)	1.21	1.68	0.89	1.54	0.95	0.74	0.00	0.00	0.00	0.00	0.77	0.00	0.00	0.55
废品率(%)	3.09	4.20	1.79	1.54	1.90	1.48	3.33	0.53	4.84	1.25	6.15	3.20	0.00	2.63

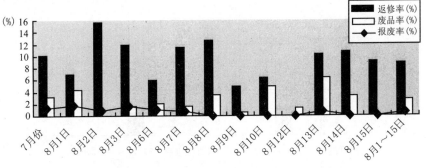

图 5.25　悬挂方法改进前后褶皱返修率、报废率及废品率的对比

假设检验结果表明:在 $\alpha = 0.05$ 的水平下,悬挂方法改进前、后褶皱报废率:

$$u = \frac{0.0121 - 0.0055}{\sqrt{(\frac{1}{1814} + \frac{1}{1446}) \times 0.0092(1 - 0.0092)}} = 1.961 > 1.96$$

有了显著的下降,但褶皱返修率:

$$u = \frac{0.0987 - 0.0851}{\sqrt{(\frac{1}{1814} + \frac{1}{1446}) \times 0.09264(1 - 0.09264)}} = 1.332 < 1.96$$

与总废品率:

$$u = \frac{0.0309 - 0.0263}{\sqrt{(\frac{1}{1814} + \frac{1}{1446}) \times 0.02883(1 - 0.02883)}} = 0.7783 < 1.96$$

没有显著下降。

2. 改进真空系统

模具改进前后的对比如表 5.12、图 5.26 所示。

(1)彻底清洁发泡模具真空孔。

(2)增加大块侧部、小块侧部真空孔。

(3)将大块、小块侧部真空孔与主气路打通。

(4)修补发泡模边缘,增加模具密封性,提高真空度。

表 5.12 模具改进前后的对比

项目	模具修改前(8 月 1~15 日)	模具修改后(8 月 18~31 日)
开模数	1446	992
褶皱返修数	123	7
褶皱报废数	8	1
褶皱返修率(%)	8.51	0.71
褶皱报废率(%)	0.55	0.10
废品率(%)	2.63	2.02

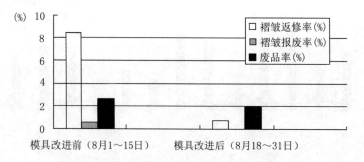

图 5.26 模具修改前后褶皱缺陷、废品率对比

假设检验结果表明:在 $\alpha = 0.05$ 的水平下,模具修改前、后褶皱返修率、褶皱报废率有了显著下降,但废品率没有明显改善。

3. 验证数据

验证数据如表 5.13、图 5.27 所示。

表 5.13 7 月、8 月仪表板表面褶皱缺陷趋势

项 目	7 月	8 月
开模数	1814	2438
褶皱返修数	179	130
褶皱报废数	22	9
褶皱返修率(%)	9.87	5.33
褶皱报废率(%)	1.21	0.37
废品率(%)	3.09	2.27

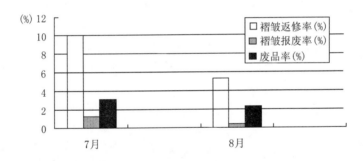

图 5.27 7 月与 8 月褶皱缺陷、废品率对比

假设检验结果表明:通过项目改进,仪表板褶皱返修率、报废率有了显著下降($\alpha = 0.05$),废品率也有了一定的改善($\alpha = 0.10$)。

(六)控制阶段

(1)更新反应计划(增加开班前彻底清洁发泡模具、定期疏通发泡模真空眼、控制存放时间等内容)。

(2)更改作业指导书(改进有关悬挂方法)。

(3)对作业相关者培训,使之掌握新的控制方法和操作要领。

二、国际纸张处理者公司:一个虚拟的六西格玛绿带案例研究

(一)案例背景

1. 公司介绍

国际纸张处理者公司(Paper Organizers International,POI)提供全面的文件归档、组织和搬运服务。POI 购买金属定位装置(metallic securing devices,

MSDs)、纸张夹、订书机、打孔机、文件夹、三孔活页夹和所有相关产品,向客户提供纸张处理服务。POI 的员工或内部顾客使用 MSD 处理堆积起来等待打包的纸张。

POI 采购部注意到,最近纸张搬运部门(paper-shuffling department,PSD)的员工对 MSD 的抱怨增加。他们抱怨 MSD 有损坏,而且不能将纸张固定在一起。这种情况增大了将客户的纸张混在一起的机会。采购部希望能够改进购买 MSD 的过程,以消除纸张搬运部门员工的抱怨。

2. MSD 六西格玛项目的由来

POI 的使命陈述为"将正确的信息放在正确的位置"(put the fight information in the right place,RIP)。为了完成这个使命,POI 建立了一系列宏伟的业务目标和指标,这些最终引发了潜在的六西格玛项目,如表 5.14 所示。

表 5.14　POI 的业务目标、业务指标与潜在六西格玛项目

总裁		PSD 主任		
业务目标	业务指标	部门目标	部门指标	潜在六西格玛项目
订单增加	每月订单数量	PSD 订单数量增加	每月 PSD 订单数量	新顾客促销项目
每个顾客使用 POI 服务(归档、组织等)的次数增加	每季度每个顾客使用服务的平均次数/标准差($\bar{X}$ 和 S 图)	每个顾客使用 PSD 部门服务的次数增加	每季度每位顾客使用 PSD 服务的平均次数/标准差($\bar{X}$ 和 S 图)	现有顾客促销项目
生产成本最小化	每月生产成本	PSD 生产成本最小化	每月 PSD 生产成本(图 5.28,$I-MR$图)	MSD 质量项目
消除员工抱怨	每月员工抱怨次数	消除 PSD 员工的抱怨	每月 PSD 员工抱怨的次数	员工士气项目

图 5.28 为单值和移动极差控制图,表示了 PSD 的月生产成本(见表5.14第4栏的倒数第2行)。

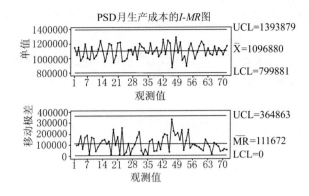

图 5.28　PSD 每月生产成本的 Minitab 单值和移动极差图

图 5.28 显示,PSD 的生产成本稳定(没有一点超出控制界限或者是许多点持续地上下波动),月平均生产成本为 1096880 美元,标准差为 99000($\bar{R}/d_2=$ 111672/1.128)美元。另外,生产成本近似服从正态分布,如图 5.29 所示。小组成员发现 PSD 管理人员认为相对于部门完成的工作量而言,每月的生产成本太高。

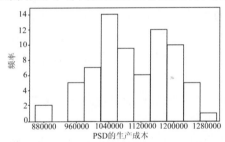

图 5.29　PSD 每月生产成本的 Minitab 直方图

表 5.14 最右边的一列给出了四个潜在的六西格玛项目,表 5.15 对这四个项目的优先级进行了排序。表 5.15 是一个因果矩阵,用来衡量与 POI 业务目标对应的几个潜在六西格玛项目的重要程度。

表 5.15　六西格玛项目优先次序

业务目标	权重	潜在六西格玛项目			
		新的顾客促销项目	现有客户促销项目	MSD质量项目	员工士气项目
订单数量增加	0.35	3	3	0	0
每位顾客使用 POI 服务的次数增加	0.10	1	3	0	0
生产成本最小化	0.40	0	0	9	3
消除员工抱怨	0.15	0	0	9	9
潜在六西格玛项目的加权平均值	1.15	1.35	4.95 *	2.55	

注:* 4.95 =（0.35×0)＋(0.10×0)＋(0.40×9)＋(0.15×9)。

单元格的值是由高层管理人员确定的,0 表示不相关,1 表示弱相关,3 表示中等相关,9 表示强相关。财务部门确定每个业务目标的权重,从而使得六西格玛项目对组织底线产生的影响最大化。

因此,业务目标最关键的项目是 MSD 质量项目,它的加权均值为 4.95。MSD过程的倡导者与过程所有者起草了一份最初的项目图,然后分发给 MSD 质量项目团队的成员。

(二)应用六西格玛 DMAIC 解决问题的过程

1. 定义阶段

定义阶段有三个组成部分:业务状况和项目目标,SIPOC 分析以及顾客之声(VOC)分析。

(1)准备业务状况和项目目标。准备一个包含项目目标的业务状况需要项目组成员回答以下一些问题。有些问题的答案可以在倡导者和过程所有者完成的项目目标草案中找到。答案中重复的内容可以帮助项目组成员提炼业务状况的关键因素。

问题:过程的名称是什么?

答案:MSD 采购过程。MSD 过程供应链的第一步就是 MSD 的采购过程。因此,MSD 质量项目组成员首先需要进行研究的就是 MSD 的采购过程。项目组成员也可以研究其他一些影响 MSD 质量的因素,如使用方法或库存时间等。

问题:过程的目标是什么?

答案:与本项目有关的采购过程的目标是购买那些可以增加产量、提高员工士气并降低生产成本的 MSD。

问题:本项目的商业理由(经济基础)是什么? 这个问题通过以下几个问题来回答。

1)问题:为什么要实施 MSD 项目?

答案:根据来自 PSD 的三个员工和两个管理人员的判断样本,小组成员认为,如果 MSD 不能够承受 4 次或 4 次以上的弯曲,那么在纸张搬运时它就不能保证完好性,也不能够保证在搬运中捆紧纸张,这种状况是不能容忍的。这被称为耐久性。有缺陷的 MSD 造成了 POI 的额外成本。例如:①如果不能正确捆扎,来自不同客户的纸张会混杂在一起,从而导致额外的处理时间。②员工可能在一个项目中不得不使用多个 MSD,造成额外的材料成本。③员工情绪不好导致无法高效高产地完成工作,不断造成额外的人工成本。

另外,小组成员发现,到达 PSD 的大多数 MSD 的包装箱中有超过 5 个 MSD是坏的。

这被称为功能性问题。由此造成了 POI 额外的处理成本。如增加了单位成本,使员工和管理人员有受挫感,生产能力下降。

项目组成员运用与上面相同的判断样本确定,大约 60% 的 MSD 没有达到耐久性标准,60% 的 MSD 箱没有达到功能性标准(见表 5.16 的调查问卷和表 5.17

的数值矩阵）。

表 5.16 调查问卷

调　查

姓名：_____

1. 请估计不能承受 4 次或 4 次以上弯曲的 MSD 的百分比。_____

2. 请估计 MSD 箱中坏的 MSD 超过 5 个的箱子的百分比。_____

表 5.17 调查数据

调查人数	表 5.16 中问题 1 的答案（%）	表 5.16 中问题 2 的答案（%）
1	55	70
2	50	55
3	60	65
4	65	60
5	70	50
平均	60	60

2）问题：为什么现在实施 MSD 项目？

答案：因为 PSD 的月生产成本非常高（见图 5.28 和图 5.29），根据 PSD2003 财政年度的记录，企业的内部客户，包括管理人员和小时工的抱怨次数在增加，抱怨次数第一季度为 14 次，第二季度为 18 次，第三季度为 32 次。PSD 有小时工 100 人。

问题：MSD 质量项目支持的业务目标是什么？

答案：与 MSD 项目关系最密切的业务目标是"生产成本最小化"和"消除员工抱怨"（见表 5.15）

问题：不实施该项目的后果是什么？

答案：后果就是由于生产成本高导致边际利润降低，由于生产材料的质量问题导致员工积极性下降。

问题：什么项目有较高或相同的优先级？

答案：此时，MSD 质量项目有最高的优先级（4.95），见表 5.15 的最后一行。

问题：如何进行问题陈述？问题出在哪里？

答案：质量低下的 MSD 造成额外的生产成本和员工挫折感。

问题：该项目的目标（期望效果）是什么？

答案：MSD 过程的倡导者和过程所有者最先确定六西格玛项目的目标是 MSD 质量（耐久性和功能性）提升 100 倍。他们确定这一目标是源于摩托罗拉 1986 年刚开始实施六西格玛项目时的改进目标，当时，摩托罗拉将改进的目标设定为每两年提升 100 倍,或每 4 年提升 100 倍。由于 100 倍的改进意味着每 100 万次机会的缺陷数量(DPMO)将从 600000 降为 6000,而 DPMO 为 6210 意味着四西格玛过程,所以项目组成员决定以四西格玛作为 MSD 项目的目标。

问题:项目范围是什么?这个问题通过以下几个问题来回答。

1)问题:过程的边界是什么?

答案:项目的起始点为采购部接到 PSD 的采购订单。项目的结束点为 PSD 将 MSD 存入仓库。

2)问题:什么样的情况是超出边界的?

答案:项目组成员不能改变员工处理或使用 MSD 的方式。

问题:该项目可利用的资源有哪些?

答案:MSD 项目的预算是 30000 美元,其中包括了项目参与者的小时工资及小组成员布雷恩·墨克瑞奥和杰里米·普莱斯曼由于实施该项目必须承担额外工作的工资。预算报表中有"机会成本"(opportunity cost)和"硬性成本"(hard cost)(见表 5.18)。期望的机会成本为 15540 美元,硬性成本为 10500 美元,都小于预算金额 30000 美元。

问题:谁可以批准费用支出?

答案:只有过程所有者丹娜·瑞塞斯可以批准费用支出。

表 5.18 项目预计的人工成本

姓名	职位	预计薪酬/小时(美元)	每周的期望小时数	21 周期望的机会成本(美元)	21 周期望的实际成本(直接人工成本)(美元)
亚当·约翰逊	倡导者	100	2	4200	
丹娜·瑞塞斯	过程所有者	50	2	2100	
贝蒂娜·阿吉勒斯	绿带	50	5	5250	
布雷恩·墨客瑞奥	项目组成员	25	10	0	5250
杰里米·普莱斯曼	项目组成员	25	10	0	5250
林赛·巴顿	财务代表	45	2	1890	
玛丽·蒙坦诺	IT 代表	50	2	2100	
合计				15540	10500

问题:在没有授权的情况下,项目组能支出的超额经费是多少?

答案:无。

问题:项目的障碍和约束有哪些?

答案:团队的工作必须在 30000 美元的预算之内,而且要在 21 周内完成项目。

问题:项目组成员的时间有哪些要求?

答案:项目组成员需要出席每周五上午 8:00~9:00 的会议,每次开会时需要报告项目的进度。完成项目任务可能每周需要更多的工作时间。

问题:在项目实施期间,会对每个项目组成员的日常工作产生什么影响?

答案:如果有影响,就要为加班的小组成员及支持员工支付报酬。注意:加班工资是平时工资的 1.5 倍,表 5.18 中没有包括加班工资。

问题:该项目有甘特图吗?

答案:甘特图如表 5.19 所示。

表 5.19　MSD 项目的甘特图

阶段	周
	1　2　3　4　5　6　7　8　9　10　11　12　13　14　15　16　17　18　19　20　21
定义	→
测量	→
分析	→
改进	→
控制	→

问题:该项目的收益是什么?

答案:该项目的软收益是消除 PSD 员工的抱怨,并提高员工士气。硬收益(财务)是将劳动力成本和材料成本最小化。预估的硬收益如表 5.20、表 5.21 所示。

表 5.20　劳动力成本

纸张搬运部门(PSD)100 名员工

×40 小时/周/搬运工

×10% 用夹具固定纸张的时间

400 小时/周在 PSD 用夹具固定纸张的时间

×25 美元/小时/搬运工

10000 美元/周用于夹具固定纸张

×50 周/年

500000 美元/年用于夹具固定纸张

×0.60 质损夹具(根据当前系统做出的样本估计)不能被用来工作,于是就有了 0.6 这个对当前系统下质损夹具的保守估计[1]

当前系统下质损夹具的费用是 300000 美元/年

×0.0062 质损夹具的比率(将来系统下的耐久性)[2]

将来系统下质损夹具的费用是 3100 美元/年

注:[1]这个保守的估计没有包括在被使用并导致工作失败之后发现的质损夹具。

[2]同样,在运用于工作之前,质损夹具并没有被挑选出来。

因此,通过改进 MSD 采购流程最低可以使预计人工成本节约 296900 美元(300000 美元～3100 美元)。PSD 承担着每年员工 10％的资金额。为了将节约下来的人工成本资本化,部门现在决定雇佣 4 名新员工来代替原来的 10 名老员工,节省 6 名全职员工的薪水支出(296900 美元/25 美元＝11876 小时;11876/(40 小时/周)/(50 周/年)＝5.938≈节省 6 名员工)。PSD 可以利用现在的员工基础来服务更多的客户。

表 5.21　材料成本

纸张搬运部门(PSD)有 100 名员工
×60 项目/周/搬运工
×50 周/年
×0.01/夹具
300000 项目/年需要 3000000 MSD(平均每个项目 10 个夹具)
×0.60 质损夹具(根据当前系统做出的样本估计)
7500000[①] 个夹具用来完成 300000 个项目
×0.01/夹具
当前系统下的夹具费用 75000 美元/年
×0.0062 质损夹具比率(将来系统)
3018000[②] 个夹具用来完成 300000 个项目
×0.01/夹具
将来系统下的夹具费用 30180 美元/年

注:①1/(1−0.6)＝2.5 个夹具里有一个好夹具,所以 3000000×2.5＝7500000。

②1/(1−0.0062)＝1.006 个夹具中有一个好夹具,所以 3000000×1.006＝3018000。

因此通过改进 MSD 采购流程,每年可节约的材料成本是 44820 美元(75000 美元～30180 美元)。这使得最低每年预计的硬收益为 341720 美元。

问题:项目组成员角色和职责是什么?

答案:项目组成员角色和职责如表 5.22 所示。

表 5.22　角色和职责

项目名称:MSD 购买流程				
角色	职责	利益相关者		上级管理人员签名
		签名	日期	
倡导者	亚当·约翰逊	AJ	2003 年 9 月 1 日	
过程所有者	丹娜·瑞塞斯	DR	2003 年 9 月 1 日	
绿带	贝蒂娜·阿吉勒斯	BA	2003 年 9 月 2 日	

续表

项目名称：MSD 购买流程				
角色	职责	利益相关者		上级管理 人员签名
		签名	日期	
项目组成员 1	布雷恩·塞克瑞奥	BM	2003 年 9 月 3 日	
项目组成员 2	杰里米·普莱斯曼	JP	2003 年 9 月 3 日	
财务代表	林塞·巴顿	LB	2003 年 9 月 4 日	
IT 代表	玛丽·蒙坦诺	MM	2003 年 9 月 4 日	

(2)进行 SIPOC 分析。定义阶段的第二部分要求小组成员进行 SIPOC 分析。SIPOC 分析是一种很简单的工具,可以用于确定供应者(suppliers)和供应者对过程所做的输入、过程的高阶阶段、过程的输出以及过程输出中顾客对其感兴趣的部分。POI 采购部门的 SIPOC 分析如图 5.30 所示。

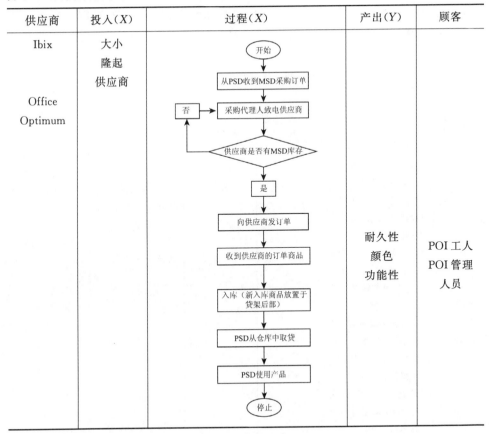

图 5.30 SIPOC 分析

(3)顾客之声分析。定义阶段的第三部分包括项目组成员收集和分析 VOC 数据。VOC 数据是从选择的细分市场中一些样本客户那里收集的信息,可以是口头信息,也可以是笔录信息。用来收集 PSD 中 MSD 客户信息的问卷如表 5.23 所示。

表 5.23　顾客之声(VOC)调查问卷

问题①
当你想起 MSD 时是什么情绪
当你想起 MSD 时有哪些需要和希望
你愿意提出什么关于 MSD 的不满意之处和问题

注:①这些问题不考虑观点、感情和态度以及 PSD 的外部客户。

项目组成员分析 VOC 数据按照细分市场进行(见表 5.24 的第 1 栏)。他们运用所有的 VOC 原始数据(见表 5.24 的第 2 栏)来创建亲和图主题,也被称为焦点(见表 5.24 中第 2 栏和第 3 栏)。然后,项目组成员识别出每个焦点中暗含的工程问题,也称为认知问题(Cognitive issues)(见表 5.24 的第 4 栏)。项目组成员将认知问题转换为一个或多个工程数量变量,也被称为关键质量特性(CTQ)变量(见表 5.24 的第 5 栏)。最后,项目组成员提出对应于 CTQ 的特殊技术手段(见表 5.24 的第 6 栏)。

表 5.24　顾客之声数据分析表

1	2	3	4	5	6
所选择的细分市场	原始 VOC 数据	亲和图主题(焦点)	驱动问题(认知问题)	CTQ	技术说明
管理人员	"我的员工对 MSD 感到沮丧。他们抱怨它们损坏得太快。"1&2 "我的员工抱怨在整理过程中,那些 MSD 夹不住。"1 "员工们还抱怨 MSD 的颜色整天换来换去,把他们都搞糊涂了。"2 "我的员工很不喜欢紫色和蓝色的 MSD。他们喜欢一直用同一种颜色的 MSD。"2 "我的员工说每箱 MSD 中有超过 5 个是坏的。"3 "我听很多员工说直接从仓库拿来的 MSD 也有坏掉的。"3	耐久性变化 1 颜色变化 2 功能性变化 3	耐久性 颜色 功能性	承受弯曲的能力 不同颜色的 MSD 的数量 每箱中坏掉的 MSD 的数量	弯曲≥4 次而不坏掉 MSD 的颜色=1 种 每箱中坏掉的 MSD≤5

续表

1	2	3	4	5	6
所选择的细分市场	原始 VOC 数据	亲和图主题（焦点）	驱动问题（认知问题）	CTQ	技术说明
小时工	"在我们把纸张整理好放入捆扎机之前 MSD 就已经坏了。一个 MSD 应该能够承受至少 4 次的弯曲。"[1] "MSD 不能帮助我们有效地完成工作。"[1&2] "我更喜欢用一种颜色的 MSD。"[2] "我不明白为什么要使用不同颜色的 MSD。"[2] "当把 MSD 弯过来捆住纸堆时它就坏了，起码它应该承受 4 次弯曲。"[1] "当你打开一盒新的 MSD 时，如果发现已经有超过 5 个是坏掉的时，就会感到很沮丧。"[3] "刚从仓库直接拿来的新包装盒中把坏的 MSD 挑出来很费时间。"[3]				

　　狩野问卷（见表 5.25）是一个经常被项目组成员用来将一组 CTQ（表 5.25 的第 1 栏）分类为狩野质量类别（见表 5.25 的第 2 栏和第 3 栏）的工具。这些类别是从某种产品、服务或过程的常规顾客的抽样回答中分类出来的。通常狩野类别有六种：

　　1）一维质量（O）：客户的满意度与品质特性成比例：品质特性越差，客户满意度越低；品质特性越好，客户满意度越高。

　　2）必要质量（M）：客户的满意度与品质特性不成比例：品质特性越差，客户满意度越低；但品质特性高时，客户却对其漠不关心。

　　3）魅力质量（A）：客户的满意度与品质特性不成比例：品质特性差，客户对其漠不关心；但品质特性好时，客户则感到满意高兴。

4)无差异质量(I):客户对品质特性漠不关心。

5)无效质量(Q):客户的反应没有意义(例如,品质特性有或无时都高兴)。

6)反转质量(R):客户的反应与进行狩野调查的人员的预期相反(例如,有该特性时"不喜欢",无该特性时"喜欢")。

另外,项目组成员运用狩野问卷将 CTQ 分类为合适的狩野消费类型(见表5.25 的第 4 栏)。有三种常见的狩野消费类别:

1)大约 80％的客户愿意接受一个新的产品特性或新产品或服务涨价 10％。

2)大约 60％的客户愿意接受一个新的产品特性或新产品或服务涨价 10％。

3)大约 10％的客户愿意接受一个新的产品特性或新产品或服务涨价 10％。

表 5.25 的问卷分别发给 PSD 的 100 位搬运工。表 5.26 用来从 100 位员工的问卷回答中将 CTQ 区分为狩野类型。

表 5.25　MSD 的狩野问卷

CTQ	如果下列 CTQ 在产品中出现,您会感觉如何	如果下列 CTQ 没有在产品中出现,您会感觉如何	在目前成本基础上增加百分之几你会愿意支付这项 CTQ 的成本
能够承受的弯曲次数≥4	高兴　[ ] 期待并喜欢　[ ] 没感觉　[ ] 能够忍受　[ ] 不喜欢　[ ] 其他　[ ]	高兴　[ ] 期待并喜欢　[ ] 没感觉　[ ] 能够忍受　[ ] 不喜欢　[ ] 其他　[ ]	0％　[ ] 10％　[ ] 20％　[ ] 30％　[ ] 40％ 或更多[ ]
MSD 的颜色数量＝1	高兴　[ ] 期待并喜欢　[ ] 没感觉　[ ] 能够忍受　[ ] 不喜欢　[ ] 其他　[ ]	高兴　[ ] 期待并喜欢　[ ] 没感觉　[ ] 能够忍受　[ ] 不喜欢　[ ] 其他　[ ]	0％　[ ] 10％　[ ] 20％　[ ] 30％　[ ] 40％ 或更多[ ]
每箱中坏掉的 MSD 的数量≤5	高兴　[ ] 期待并喜欢　[ ] 没感觉　[ ] 能够忍受　[ ] 不喜欢　[ ] 其他　[ ]	高兴　[ ] 期待并喜欢　[ ] 没感觉　[ ] 能够忍受　[ ] 不喜欢　[ ] 其他　[ ]	0％　[ ] 10％　[ ] 20％　[ ] 30％　[ ] 40％ 或更多[ ]

表 5.26 狩野问卷反馈的分类表

未列出问题的反馈(见表 5.25 的第 3 栏)					
		高兴[ ]	期待并喜欢[ ]	没感觉[ ]	能够忍受[ ]	不喜欢[ ]
问题反馈意见(见表 5.25 的第 2 栏)	高兴[ ]	Q	A	A	A	O
	期待并喜欢[ ]	R	I	I	I	M
	没感觉[ ]	R	I	I	I	M
	能够忍受[ ]	R	I	I	I	M
	不喜欢[ ]	R	R	R	R	Q

例如,如果一个纸张搬运工的狩野问卷答案如表 5.27 所示,该 CTQ 则被分类为对应于该员工的"魅力质量"(见表 5.26 的分类表)。

表 5.27 一名纸张搬运工的 MSD 狩野问卷

CTQ	如果下列 CTQ 出现在产品中,您会感觉如何	如果下列 CTQ 没有出现在产品中,您会感觉如何
耐久性:能够承受的弯曲次数≥4	高兴　　　　[✓] 期待并喜欢　[ ] 没感觉　　　[ ] 能够忍受　　[ ] 不喜欢　　　[ ] 其他　　　　[ ]	高兴　　　　[ ] 期待并喜欢　[ ] 没感觉　　　[✓] 能够忍受　　[ ] 不喜欢　　　[ ] 其他　　　　[ ]

100 名纸张搬运工的反馈意见如表 5.28 所示。

表 5.28 狩野问卷的反馈列表

CTQ	狩野质量类别	狩野成本类别
耐久性:承受 4 次或 4 次以上的弯曲	$M=80$ $O=20$ $M=35$	0%=100
颜色:每箱只有一种颜色	$O=15$ $I=50$	0%=100
功能性:每箱中坏掉的 MSD 的数量小于或等于 5 个	$M=10$ $O=90$	0%=100

耐久性是一种必要的质量特征,它的出现不会引起员工的关心。但是,如果没

有该项特征则会导致员工不满。PSD 不会为了耐用的 MSD 付出更多成本。功能性是一维质量特征。它的缺失会导致员工不满,而它的出现则会增加员工的满意度。PSD 不愿为了 MSD 的功能性付出更多成本。颜色是无差异质量特征。PSD 的员工不关心它,不愿意为了得到同一个颜色的 MSD 支付更多的成本。

VOC 分析的最后一步是定义每一个 CTQ(见表 5.29)。

表 5.29　CTQ 的定义

CTQ	定义单位	缺陷机会的定义	缺陷的定义	狩野类型
耐久性:承受弯曲的能力	MSD	MSD	损坏<4 次弯曲	必要的:达到顾客满意的基本要求
颜色:MSD 的颜色种类	1 箱 MSD	MSD	1 箱 MSD 中颜色数量>1	无差异的:对纸张搬运工来说,比耐久性的关键程度低很多
功能性:每箱 MSD 中损坏的数量	1 箱 MSD	MSD	1 箱 MSD 中损坏的数量>5	一维的:增加一箱中未损坏的 MSD 的数量会使员工的满意度线性增加

回到定义阶段的第一部分,项目组成员现在可以最终确定项目目标了。

项目目标 1:减少(方向)采购部门采购的(过程)不能承受至少 4 次弯曲而不损坏的(指标)MSD 的百分比,在 2004 年 1 月 1 日前(时间限制)将其降低到 0.62%(目标),实现四西格玛。

项目目标 2:减少(方向)采购部门采购的(过程)装有超过 5 个损坏 MSD 的包装箱的(指标)百分比,在 2004 年 1 月 1 日前(时间限制)将其降低到 0.62%(目标),实现四西格玛。

这两个项目目标有相关性。损坏的 MSD 不能承受 4 次或更多次弯曲,因为它已经是损坏的了。提高每箱中符合功能性要求的 MSD 的百分比就能够提高能承受 4 次或更多次弯曲的 MSD 的百分比。

2. 测量阶段

测量阶段有 3 个步骤。它们是:对每个 CTQ 进行可操作性定义,对每一个 CTQ 进行测量系统检验,制订每个 CTQ 的过程基线。

(1)对每个 CTQ 进行可操作性定义。项目组成员首先为耐久性和功能性建立标准,并且检验这些标准,给出这些标准的判别准则,然后对 CTQ 进行可操作性定义。

CTQ_1 的可操作性定义:耐久性。挑选的 MSD 标准如图 5.31 所示。

1. 0次弯曲：闭合的夹具

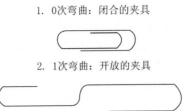

2. 1次弯曲：开放的夹具

3. 2次弯曲：闭合的夹具

4. 3次弯曲：重复弯曲1
5. 4次弯曲：重复弯曲2
6. n次弯曲：重复直到坏掉
7. 记录成功的弯曲次数，不包括
   使夹具损坏的那次

图 5.31　MSD 的弯曲次数标准

对选出的 MSD 进行检验：

1)选择仓库货架上最上面的 MSD。

2)闭上眼睛，打开 MSD 箱子，然后从中任意挑选一个 MSD，不能更换。

3)对选出的 MSD 使用上述标准。

4)记录能够承受的弯曲次数。

对选出的 MSD 进行判断：

1)如果弯曲次数≥4，那么这个 MSD 就是符合要求的。

2)如果弯曲次数<4，那么这个 MSD 就是有缺陷的。

CTQ$_2$ 的可操作性定义:功能性。一箱 MSD 的标准:记录一箱中损坏的 MSD 的数量。如果一个 MSD 断成两半，无论断开部分的大小，那么它就是损坏的。事实上，MSD 只能损坏为两部分。

对一箱 MSD 的检验：

1)挑选仓库货架上最上面的一箱 MSD。

2)记录损坏 MSD 的数量。

对一箱 MSD 的判断：

1)如果一箱中损坏的 MSD 数量≤5，那么这箱 MSD 是符合要求的。

2)如果一箱中损坏的 MSD 数量>5，那么这箱 MSD 就是有缺陷的。

两个可操作性定义可以同时用于同一箱 MSD。

(2)对每个 CTQ 进行 Gage R&R(测量系统的重复性和再现性)研究。项目组成员在 CTQ 测量系统中进行品质的 Gage R&R 研究，以确定某个项目是否需要且适合进行。Gage R&R 只是测量系统分析的一部分。线密度、稳定性和刻度测定也是测量系统分析的组成部分。这些组成部分将不会在六西格玛项目里分析。耐久性测量是一项破坏性检验。

因此,此时一个简单的 Gage R&R 不做耐久性检验。在不久的将来,将会建立测量过程中耐久性的可操作性定义,并且可以通过检验以审核确保它的持续性。功能性的测量系统通过以下取样计划来进行研究。

1)仓库货架上是一周采购的 MSD,在仓库中有各种类型的 MSD 箱子(不同供应商、不同型号等)。

2)Gage R&R 研究需要两名检验员检验同样的 10 箱 MSD。

3)货架最上面 10 箱的 MSD 被取出来进行 Gage R&R 研究。

4)研究重复进行,因为 PSD 经理认为这是必需的。

两位 PSD 经理负责检验 MSD 的功能性;他们被称为检验员 1(汤姆)和检验员 2(杰瑞)。汤姆和杰瑞都随机记录过两次损坏的 MSD 数量。功能性数据如表 5.30 所示,表中数据未按随机顺序排列。

表 5.30　功能性的 Gage R&R 分析

箱	检验员	数量	功能性	箱	检验员	数量	功能性
1	1	1	10	6	1	1	9
1	1	2	10	6	1	2	9
1	2	1	10	6	2	1	9
1	2	2	10	6	2	2	9
2	1	1	9	7	1	1	6
2	1	2	9	7	1	2	6
2	2	1	9	7	2	1	6
2	2	2	9	7	2	2	6
3	1	1	5	8	1	1	6
3	1	2	5	8	1	2	6
3	2	1	5	8	2	1	6
3	2	2	5	8	2	2	6
4	1	1	4	9	1	1	9
4	1	2	4	9	1	2	9
4	2	1	4	9	2	1	9
4	2	2	4	9	2	2	9
5	1	1	5	10	1	1	11
5	1	2	5	10	1	2	11
5	2	1	5	10	2	1	11
5	2	2	5	10	2	2	11

Gage 运行图显示,两名检验员之间没有偏差,如图 5.32 所示。所有的偏差都来源于 10 箱 MSD。因此,测量系统是可以接受的,可以用来检验功能性。耐久性也同样。

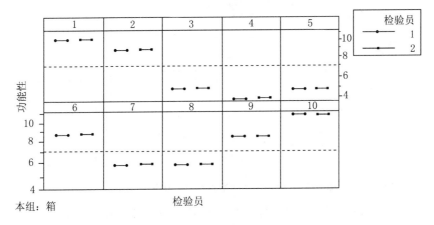

测量系统的名称:　　　　　　报告员:

研究日期　　　　　　　　　公差:

　　　　　　　　　　　　其他说明:

图 5.32　功能性的 Minitab Gage R&R 图

(3)制定每个 CTQ 的过程基线。项目组成员进行一项研究(作为日常业务的一部分)以确定每个 CTQ 的基线能力。在每小时开始时,从仓库挑选一箱 MSD。挑选 MSD 的程序很简单,就是选取货架上最上面的一箱 MSD。选取程序在抽样的两个班组中没有变化,每个班组上班时间为 8h。基线数据如表 5.31 所示。

表 5.31　基线能力数据

小时	耐久性	功能性	小时	耐久性	功能性
第 1 班—第 1 小时	5	12	第 2 班—第 1 小时	12	6
第 1 班—第 2 小时	7	4	第 2 班—第 2 小时	9	6
第 1 班—第 3 小时	3	8	第 2 班—第 3 小时	3	9
第 1 班—第 4 小时	2	6	第 2 班—第 4 小时	1	5
第 1 班—第 5 小时	9	1	第 2 班—第 5 小时	1	4
第 1 班—第 6 小时	2	5	第 2 班—第 6 小时	1	5
第 1 班—第 7 小时	1	11	第 2 班—第 7 小时	1	9
第 1 班—第 8 小时	1	9	第 2 班—第 8 小时	4	10
产出率 6/16=0.375　　6/16=0.375					

根据表 5.31 所示的 16 次检验的结果,相应于每个 CTQ 的耐久性和功能性产出率都是 0.375(即要能承受至少 4 次弯曲,每箱不超过 5 个质损 MSD 的功能性)。这表示 PSD 收到的 MSD 的耐久性和功能性非常差,并证实了最初对质损

MSD 百分比为 60% 或 40% 的产出估计（见表 5.17）。

耐久性基线数据的单值和移动极差控制图（$I-MR$）表明耐久性的偏差一直都不稳定（见图 5.33 底部的直线）。通过对 8 和 9 MSD 之间的范围进行调查，没有为提高 MSD 的耐久性揭示出任何特殊的偏差原因。

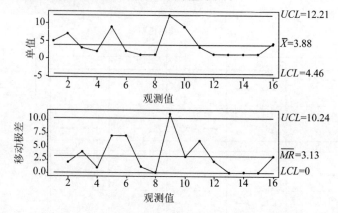

图 5.33　耐久性基线数据的 Minitab $I-MR$ 图

$I-MR$ 图假设 CTQ（耐久性）大体正常。耐久性数据不呈正态分布，如图 5.34 所示。

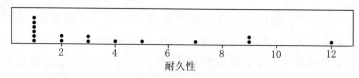

图 5.34　耐久性基线数据的 Minitab 点图

因此，耐久性的 $I-MR$ 图此时不能使用。然而，耐久性大约呈泊松分布，所以项目组成员构建一个关于每个 MSD 损坏之前的弯曲次数的 $C-$图，如图 5.35 所示。

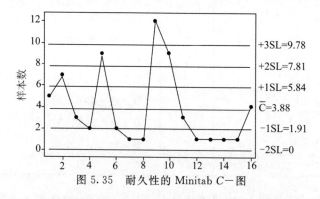

图 5.35　耐久性的 Minitab $C-$图

图 5.35 显示了耐久性检验中第 2 班—第 1h 的 12 次弯曲的原因。尽管检验者说明在检验的第一个小时内，他有可能比平时弯曲得较为缓慢，从而导致较小的

压力和较多的弯曲次数,但是根据对检验更进一步的调查以及与检验相关的记录,并未揭示出任何与其他 MSD 检验明显不同的地方。

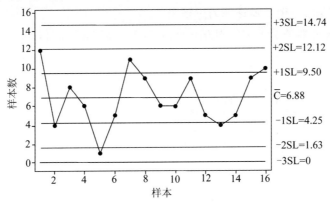

图 5.36　功能性基线数据的 Minitab C-图

功能性的 C-图如图 5.36 所示,该图表明它一直都是稳定的。功能性数据(见图 5.37)显示数据呈泊松分布。因此,功能性 C-图此时可以应用。最后,项目组成员对每个 CTQ 估计目前过程特性,如表 5.32 所示。

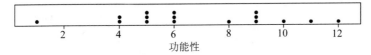

图 5.37　功能性基线数据的 Minitab 点图

表 5.32　CTQ 的目前过程特性

CTQ	产出率		DPMO	
	目前	期望	目前	期望
耐久性	37.50%	99.38%	625000	6210
功能性	37.50%	99.38%	625000	6210

注意 DPMO 栏中期望的 100 倍改进(当前＝625000,期望＝6210)。这与 DMAIC 模式定义阶段中确定的目标是一致的。

3. 分析阶段

分析阶段有五个步骤:

第一步:提出一个更加详细的过程图(即比 SIPOC 分析定义阶段中的过程图更为详细)。

第二步:为每项输入或过程变量(称为 X)建立可操作性定义。

第三步:对每项 X 进行 Gage R&R 研究(检验测量系统的适用性)。

第四步:为每项 X 制定基线。

第五步:提出 X 与 Y 之间的假设。

在这里,Y 是输出,用来确定 CTQ 是否符合。

第一步:提出一个更加详细的过程图

项目组成员准备了一个识别并联系 X 与 Y 的详细过程图,如图 5.38 所示。

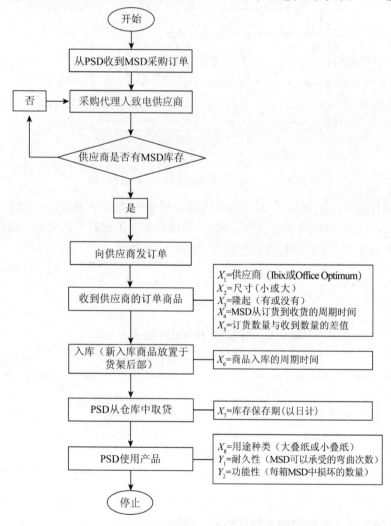

图 5.38　MSD 采购流程的 CTQ 与 X 的联系流程图

第二步:为每项输入或过程变量(称为 X)建立可操作性定义

对于每一个出现在流程图上的 X 变量,项目组成员都进行了可操作性定义。与单个 MSD 有关的 X_1、X_2、X_3、X_8 的可操作性定义如表 5.33 所示。

标准:每个 X 都与其中的一个选择一致。

表 5.33 X_1、X_2、X_3、X_8 的可操作性定义

X_1供应商	Ibix	Office Optimum
X_2 尺寸	小	大
X_3 隆起	有隆起	没有隆起
X_8 使用类型	大叠纸(纸的张数在 10 以上)	小叠纸(纸的张数在 9 以上)

检验:挑选 MSD。

判断:确定被选 MSD 的 X_1、X_2、X_3、X_8。

用来测量 X_4、X_5、X_6、X_7 的可操作性定义如下。

标准:按日计算周期。用账单到达日期减去订货日期。

| X_4 | 从订货到收货的周期时间 | 以日计 |

检验:在收到供应商的货物中挑选一箱 **MSD**。计算周期时间。

判断:确定所选 **MSD** 箱的 X_4。

标准:计算按给定订单接收的 **MSD** 箱数。用这个数字减去订单订购的箱数。

| X_5 | 订货数量与收到数量的差值以 MSD 箱数计 |

检验:为 **MSD** 选择一个采购订单。

判断:对所选订单计算 X_5 的值。

标准:用收到货物的日期减去 **MSD** 入库的日期。计算将 **MSD** 运到仓库的周期。

| X_6 | 商品入库的周期时间 | 以日计 |

检验:选择一个采购订单。

判断:按日计算所选采购订单的 X_6 值。

标准:用 **MSD** 箱入库的日期减去 **MSD** 箱出库的日期。

| X_7 | 存储保存期 | 以日计 |

检验:挑选一箱 **MSD**。

判定:按日计算所选 **MSD** 箱的 X_7值。

第三步:对每项 X 进行 Gage R&R 研究(检验测量系统的适用性)

项目组成员对 X 进行测量系统检验。重申 Gage R&R 的目的是确定对 X 的测量系统的适用性。本案例中,已经确定测量系统是可靠并可再利用的。因此,测量系统检验不再进行。

第四步:为每项 X 制定基线

通过进行下面的抽样计划,项目组成员收集到耐久性(Y_1)和功能性(Y_2)以及相关 X 的基线数据。在两周的时间内,每小时运到 PSD 的第一箱 MSD 被抽取作为样本。这样就产生了一个 80 箱 MSD 的样本,如表 5.34 所示。

表 5.34 基线数据

样本	日	时	X_1	X_2	X_3	X_7	耐久性	功能性
1	周一	1	1	0	0	7	2	5
2	周一	2	0	1	0	7	2	9
3	周一	3	0	0	1	7	10	7
4	周一	4	0	1	0	7	1	4
5	周一	5	0	0	0	7	7	3
6	周一	6	0	1	1	7	2	5
7	周一	7	0	1	1	7	1	9
8	周一	8	0	0	0	7	7	5
9	周二	1	0	1	0	8	2	8
10	周二	2	0	1	0	8	1	7
11	周二	3	0	1	0	8	1	13
12	周二	4	1	1	1	8	9	5
13	周二	5	1	1	0	8	9	9
14	周二	6	1	1	1	8	10	11
15	周二	7	1	1	1	8	10	11
16	周二	8	0	0	1	8	8	9
17	周三	1	1	1	1	9	8	11
18	周三	2	1	0	0	9	1	11
19	周三	3	1	1	1	9	10	11
20	周三	4	0	0	0	9	7	11
21	周三	5	1	1	1	9	9	9
22	周三	6	0	0	1	9	9	5
23	周三	7	1	0	1	9	2	11
24	周三	8	1	0	1	9	1	10
25	周四	1	1	0	1	10	1	14
26	周四	2	0	1	1	10	1	10
27	周四	3	1	1	1	10	8	13
28	周四	4	0	0	1	10	10	12
29	周四	5	0	0	0	10	7	14

续表

样本	日	时	X_1	X_2	X_3	X_7	耐久性	功能性
30	周四	6	0	1	1	10	3	13
31	周四	7	0	0	0	10	9	13
32	周四	8	1	1	1	10	8	11
33	周五	1	0	1	0	1	2	0
34	周五	2	0	1	0	1	2	1
35	周五	3	0	1	0	1	1	6
36	周五	4	0	1	0	1	3	3
37	周五	5	0	1	0	1	2	2
38	周五	6	1	1	0	1	10	6
39	周五	7	0	0	1	1	10	0
40	周五	8	0	1	0	1	2	0
41	周一	1	0	1	1	4	3	4
42	周一	2	0	1	0	4	3	7
43	周一	3	0	1	1	4	3	3
44	周一	4	0	0	0	4	10	2
45	周一	5	1	1	0	4	8	5
46	周一	6	0	1	1	4	3	4
47	周一	7	1	0	0	4	1	4
48	周一	8	0	0	1	4	10	5
49	周二	1	1	1	1	5	11	6
50	周二	2	1	0	1	5	3	4
51	周二	3	1	1	0	5	10	6
52	周二	4	1	0	1	5	3	5
53	周二	5	1	0	0	5	2	4
54	周二	6	0	0	0	5	9	5
55	周二	7	0	0	1	5	9	5
56	周二	8	0	1	0	5	3	7
57	周三	1	0	0	1	6	9	5
58	周三	2	1	1	0	6	9	7

样本	日	时	X_1	X_2	X_3	X_7	耐久性	功能性
59	周三	3	0	0	0	6	9	6
60	周三	4	1	0	0	6	2	6
61	周三	5	1	0	1	6	2	5
62	周三	6	1	1	1	6	10	5
63	周三	7	0	1	0	6	1	7
64	周三	8	0	1	0	6	2	5
65	周四	1	0	0	1	7	10	7
66	周四	2	1	1	0	7	9	5
67	周四	3	1	0	0	7	1	7
68	周四	4	0	1	0	7	2	5
69	周四	5	1	0	1	7	1	6
70	周四	6	0	1	0	7	1	5
71	周四	7	1	0	0	7	1	8
72	周四	8	1	1	1	7	10	5
73	周五	1	0	1	1	8	3	7
74	周五	2	1	1	1	8	9	7
75	周五	3	1	0	0	8	1	13
76	周五	4	0	1	1	8	2	8
77	周五	5	0	1	1	8	3	9
78	周五	6	1	1	1	8	8	10
79	周五	7	1	0	1	8	3	11
80	周五	8	0	0	1	8	10	11

注：X_1 表示供应商（0＝Office Optimum，1＝Ibix）；X_2 表示尺寸（0＝小，1＝大）；X_3 表示隆起（0＝没有，1＝有）；X_7 表示存储保存期，以日计。

对于每箱样本，项目组成员对其进行耐久性（Y_1）和功能性（Y_2）测量。并进一步确定关于供应商（X_1）、MSD 的尺寸（X_2）、MSD 有无隆起（X_3）、存储保存期（X_7）

的信息。

采购部将分别研究 MSD 从订货到接收的周期时间(X_4)、订货数量与收货数量的差值(X_5)以及商品入库的周期时间(X_6)。这些因素可能会影响供应商的选择、订购过程和库存控制,但不会影响耐久性和功能性。进一步说,MSD 在投入使用之后不再检验,所以,MSD 的使用类型(X_8)在此不作探讨。像定义阶段所说的,有些变量(比如 X_4、X_5、X_6、X_7)会在随后的六西格玛项目里分析。

基线数据揭示了耐久性的产出率是 0.4625(37/80),功能性的产出率是 0.425(34/80),如表 5.35 所示。同样,这表明了 PSD 的 CTQ 水平非常低。为了进行比较,团队在定义阶段判断样本的耐久性和功能性的产出率大约是 40%(即团队预估的失败概率大约是 60%)。本次研究的产出率有所增加,是由于过程中的普通偏差。基线数据表明全部 MSD 的 56.25% 来自 Office Optimum(X_1),42.50% 是小尺寸的 MSD(X_2),50.00% 的 MSD 没有隆起(X_3),平均保存期(X_7)为 6.5d,标准差为 2.5d。

表 5.35　基线数据的基本统计

变量		比例	平均值	标准偏差
Y_1:耐久性	4 次以上弯曲/夹	0.4625	5.213	3.703
Y_2:功能性	5 个以下损坏/箱	0.4250	7.025	3.438
X_1:供应商	0 = Office Optimum 1 = Ibix	0.5625 0.4375		
X_2:尺寸	0 = 小 1 = 大	0.4250 0.5750		
X_3:隆起	0 = 没有 1＝有	0.5000 0.5000		
X_7:库存保存期	保存期(d)		6.5000	2.5160

第五步:提出 X 与 Y 之间的假设

项目组成员提出 X 与 Y 关系的假设($Y = f(x)$),以确定那些对改进 Y 的中心、分布和形状十分重要的 X,从而满足客户需求。完成这些需要进行数据挖掘。数据挖掘(data mining)是分析被动数据的一种手段,即通过操作流程来获取数据。本案例中,表 5.34 中的基线数据是一组被动数据,需要进行数据挖掘程序。根据 X_1、X_2、X_3 和 X_7 分级,耐久性(Y_1)和功能性(Y_2)的点图或线形图可以用来总结一些关于主效应(即单个 X 对 Y_1 与 Y_2 的影响)的假设。交互作用图在研究所有的 X 各水平之间的联系后,可以用来总结一些关于交互作用(即某水平的 X 变量对另一个 X 变量的影响造成的对 Y_1 或 Y_2 的影响)的假设。如果没有研究过所有 X 的各水平之间的联系,通常不能发现交互作用。

项目组成员根据基线数据构建了点图,来检查是否有某个 X 变量影响耐久性

（Y_1）和功能性（Y_2）。耐久性的点图，如图 5.39～图 5.42 所示。功能性的点图，如图 5.43～图 5.46 所示。

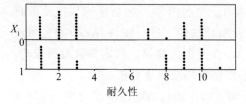

图 5.39 X_1（供应商）的耐久性Minitab点图

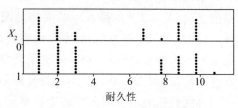

图 5.40 X_2（尺寸）的耐久性Minitab点图

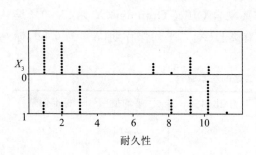

图 5.41 X_3（隆起）的耐久性Minitab点图

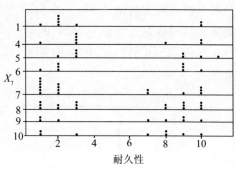

图 5.42 X_7（保存期）的耐久性Minitab点图

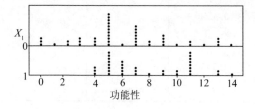

图 5.43 X_1（供应商）的功能性Minitab点图

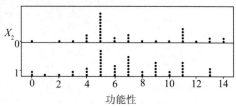

图 5.44 X_2（尺寸）的功能性Minitab点图

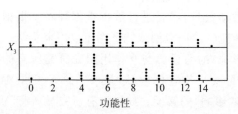

图 5.45 X_3（隆起）的功能性Minitab点图

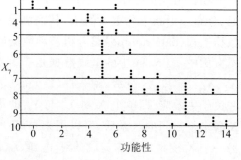

图 5.46 X_7（保存期）的功能性Minitab点图

耐久性(Y_1)的点图表明：①耐久性的值随着 X_1、X_2、X_3 和 X_7 在 4 和 6 之间的显著差距不同而不同。② 对于 X_1、X_2、X_3 和 X_7 的所有水平，耐久性的偏差基本相同。功能性(Y_2)的点图表明：①$X_1=0$ 时的功能性值低于 $X_1=1$ 时的功能性值。②对于 X_2 和 X_3 的所有水平功能性的偏差基本相同。③较小的 X_7 的功能性值也较低。

耐久性分析讨论。由于对于 X_1、X_2、X_3 和 X_7 所有水平的耐久性偏差（即分布）没有明显的差异，项目组成员推测单个 X 的所有水平的均值（即中心）可能会有差异。他们构建了一个主效应图来研究均值的差异，如图 5.47 所示。

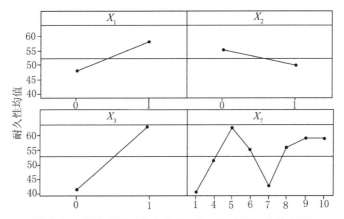

图 5.47　耐久性的 Minitab X_1、X_2、X_3 与 X_7 主效应图

图 5.47 表明，根据对保存期范围的观察，发现保存期(X_7)与平均耐久性之间没有明显的联系。另外，隆起（即 $X_3=1$）似乎与平均耐久性正相关。当选择供应商 Ibix 的小 MSD（即 $X_1=1$，$X_2=0$）时，平均耐久性似乎比供应商 Office Optimum 的大型 MSD（即 $X_1=1$，$X_2=0$）好一些。

当讨论点图和主效应图时，在不知道是否存在交互作用的情况下，得出结论是非常危险的。当变化一个变量值，另一个变量的值也会随之发生变化时，这两个变量之间就存在着交互作用。因此，根据一个单独的变量，而不考虑与其他变量的交互作用就确定最佳值是错误的。所以，项目组成员做了一个 X_1、X_2 和 X_3 的交互作用图。X_7 不包括在内是因为主效应图表明它与耐久性(Y_1)没有明显的关系。所有 X 变量都必须出现在交互作用图里。被动数据（即在数据收集阶段，没有专门的计划保证所有的联系都被观察到）通常不是这样。幸运的是，尽管不是所有的联系都同样被观察到，但是它们都出现了。图 5.48 是耐久性的交互作用图。

令人惊讶的是，交互作用图表明在 X_1（供应商）与 X_2（尺寸）之间可能存在交互作用。这是如何得知的呢？如果没有交互作用，图上的两条线应该是相互平行的，表示一个变量从一个水平变至另一个水平时所引起的平均耐久性的变化量应

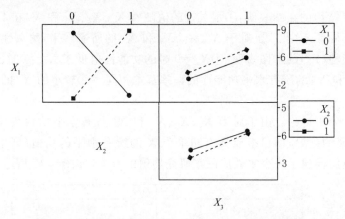

图 5.48　耐久性的 Minitab X_1、X_2 与 X_3 交互作用图

该与另一个变量相同水平的变化引起的耐久性变化量相同。图 5.48 显示，X_1 与 X_2 的两条线不但不平行，还相互交叉。大尺寸的 Ibix MSD(即 $X_1 = 1$，$X_2 = 1$)或者小尺寸的 Office Optimum MSD(即 $X_1 = 0$，$X_2 = 0$)平均耐久性都是最高的。这意味着，选择供应商要根据所需的 MSD 大小来决定。主效应图表明，使平均耐久性最高的是使用 Ibix 的小 MSD，而交互作用图却表明这样的组合会导致很低的平均耐用性。为了更进一步研究这个问题，项目组成员决定在改进阶段进行一项全因子设计来检验 X_1、X_2 与 X_3 在 Y_1 方面的关系，因为主效应图提出了潜在模式。再强调一次，耐久性(Y_1)与 X_7 没有关系。

　　功能性分析讨论。图 5.49 和图 5.50 是功能性(Y_2)的主效应图和交互作用图。

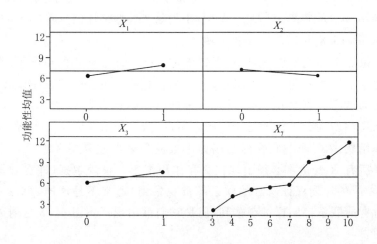

图 5.49　功能性的 Minitab X_1、X_2、X_3 与 X_7 主效应图

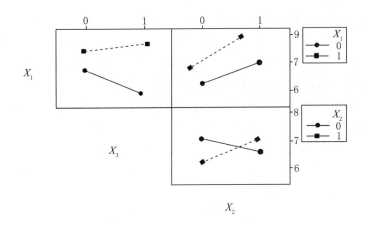

图 5.50 功能性的 Minitab X_1、X_2 与 X_3 交互作用影响图

主效应图表明较长的保存期(X_7)产生了较高的功能性值(Y_2)。项目组成员推测一箱 MSD 保存的时间越长(即较高的保存期值),损坏的 MSD 数量就越多(即功能性值越高)。从实用的立场上看,项目组成员认可这个结论。因此团队认为采购部应该进行六西格玛项目来解决这个问题,或者通过 MSD 订购流程的准时生产(just-in-time),或者通过建立更好的存储程序。

交互作用图揭示了 X_2(尺寸)与 X_3(隆起)之间的潜在交互作用,结果发现大型而没有隆起(即 $X_2=1$,$X_3=0$)的 MSD 的功能性更佳(即功能性值低)。为什么会这样需要进一步研究。同样,在 X_1(供应商)与 X_2(尺寸)之间也有交互作用,但观察结果是当使用 Office Optimum 的 MSD 时,功能性更佳。用另一句话讲,就是当 Office Optimum 是供应商的时候,平均损坏的 MSD 数量更少(即平均功能性值低)。

分析阶段小结。分析阶段的结果是以下两个假设:

假设 1:耐久性 $= f$($X_1 =$ 供应商,$X_2 =$ 尺寸,$X_3 =$ 隆起),并且 X_1 与 X_2 之间有很强的交互作用。

假设 2:功能性 $= f$($X_1 =$ 供应商,$X_2 =$ 尺寸,$X_3 =$ 隆起,$X_7 =$ 保存期),主要驱动要素是 X_7,X_1 有主要影响,X_2 与 X_3 之间有交互作用。

X_7 是功能性(Y_2)的主要驱动要素,并且在 POI 员工的控制之下。因此,项目组成员重新提出假设 2 如下:对于一定水平的 X_7(保存期),功能性 $= f$($X_1 =$ 供应商,$X_2 =$ 尺寸,$X_3 =$ 隆起)。

4. 改进阶段

改进阶段包括以下步骤:进行试验设计以了解 Y 与少数关键变量 X,以及一些主要噪声变量之间的关系;实施行动来改变少数关键变量 X 的水平,从而优化 Y 分布的形状、离散程度和中心;提出行动计划;对行动计划进行先导测试。

项目组成员进行了一项试验设计,确定当 $X_7=0$(即没有保存期——在 MSD 刚到达 POI 而没有被存储起来时就立刻进行检验)时,$X_1 =$ 供应商,$X_2 =$ 尺寸与

$X_3=$ 隆起以及它们之间的交互作用对 Y 的影响。采用一个重复两次（16 次运行）的 2^3 全因子设计来对耐久性和功能性研究。因子包括供应商（X_1）是 Office Optimum（-1）还是 Ibix(1)；尺寸是小（-1）还是大(1)；隆起是没有（-1）还是有(1)。为了增加试验的可靠性，试验被分成两大块，前 8 次在上午进行，后 8 次在下午进行。检验在每大块中都是随机的。分块和随机化的目的是防止与时间（如那天的时间）和数据收集顺序有关的隐藏（背景）变量对结果的影响。16 次运行可以比最少要求进行的 8 次收集得到更多的信息，尤其是当考虑到潜在交互作用的时候。由 2^3 全因子设计（按检验进行顺序排列的两次实验，前 8 次运行构成第一次检验）得到的数据如表 5.36 所示。

表 5.36　耐久性和功能性数据

标准顺序	运行顺序	供应商	尺寸	隆起	耐久性	功能性
2	1	Ibix	小	没有	1	8
4	2	Ibix	大	没有	9	9
3	3	Office Optimum	大	没有	1	8
5	4	Ibix	大	有	11	8
5	5	Office Optimum	小	有	10	0
6	6	Ibix	小	有	4	2
7	7	Office Optimum	大	有	4	3
1	8	Office Optimum	小	没有	10	2
16	9	Ibix	大	有	9	3
10	10	Ibix	小	没有	3	0
12	11	Ibix	大	没有	9	0
14	12	Ibix	小	没有	3	7
13	13	Office Optimum	小	有	9	6
11	14	Office Optimum	大	有	2	4
9	15	Office Optimum	小	没有	8	1
15	16	Office Optimum	大	有	2	4

　　帕雷托图（排列图）显示了在 10% 的显著性水平下，少数关键 X 和交互作用分别对耐久性（Y_1）和功能性（Y_2）有显著性影响，如图 5.51 和图 5.52 所示。

　　耐久性的主要效应（即那些显著性水平低于 0.10，换句话说，就是 90% 的置信水平）是供应商和尺寸的交互作用，隆起是主效应因素。供应商、尺寸或隆起对功能性没有什么显著性影响。这表明由于在这个试验设计中保存期效应不变，即使

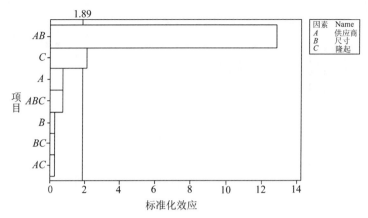

图 5.51 耐久性效应的 Minitab 帕雷托图

响应是耐久性,$\alpha=0.10$

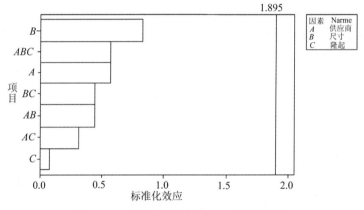

图 5.52 功能性效应的 Minitab 帕雷托图

响应是功能性,$\alpha=0.10$

在数据挖掘分析中体现出它对功能性有影响,项目组成员也认为他们应该把注意力限制在通过改变保存期以改进功能性上。由于耐久性是这个试验设计中受供应商、尺寸或隆起影响得到的唯一输出,因此本研究只限于对耐久性的考虑。另一个项目可以同时对保存期及其对功能性的影响进行研究。

　　由于交互作用应该比主效应优先考虑,所以项目组成员决定为供应商和尺寸构建一个交互作用图。图 5.53 就是关于耐久性的供应商和尺寸的交互作用图。

　　供应商和尺寸的交互作用图揭示了使用 Office optimum 的小型 MSD 和 Ibix 的大型 MSD 可以有最好的耐久性。这一交互作用的原因可能与每种尺寸的 MSD 所使用的材料,或者与每种不同规格的 MSD 的供应过程差异,或者与供应商有关。如果更偏好于某一供应商的话,项目组成员可以向供应商询问它们不同尺寸 MSD

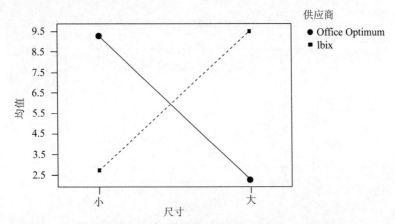

图 5.53　关于耐久性的供应商和尺寸的 Minitab 交互作用图

平均耐久性之间的严重差异原因。否则,采购部将购买 Office Optimum 的小型 MSD 和 Ibix 的大型 MSD,以最优化耐久性(Y_1)。

　　唯一没有包括在显著性交互作用中的主效应因素是 X_3 隆起。隆起对耐久性的影响如图 5.54 所示。

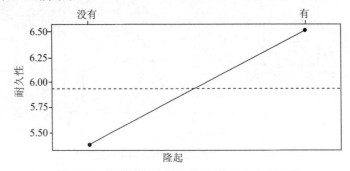

图 5.54　关于耐久性的隆起的 Minitab 主效应图

　　图 5.54 显示平均耐久性在 MSD 有隆起时比无隆起时多 6.5－5.4＝1.1。由于隆起是一个独立于其他任何交互作用的主效应因素,因此,正确的 MSD 选择应该是有隆起的 Office Optimum 小型 MSD 和有隆起的 Ibix 大型 MSD。如果表 5.36 的试验结果可以应用,有隆起的 Office Optimum 小型 MSD 的平均耐久性是(10＋9)/2＝9.5,有隆起的 Ibix 大型 MSD 的平均耐久性是(11＋9)/2＝10.0。二者的平均值都远高于 CTQ 所要求的至少 4。只要结果的偏差(分散程度)足够小,以至于没有任何一个单一耐久性远离平均值,项目组成员对于耐久性的改进就是成功的。在采购过程挑选好 MSD 后,这些结果的偏差可以运用控制图来监控。

　　项目组成员决定购买所有有隆起的 MSD。另外,供应商和大小的选择如下:(供应商＝Office Optimum)和(尺寸＝小)或者(供应商＝Ibix)和(尺寸＝大),这样选择，耐久性最大。而且，项目组成员决定进行另一个项目将保存期降至 5d 以下，以保证 MSD 的功能性。采购部根据六西格玛项目的发现修正了流程图，如图 5.55 所示。

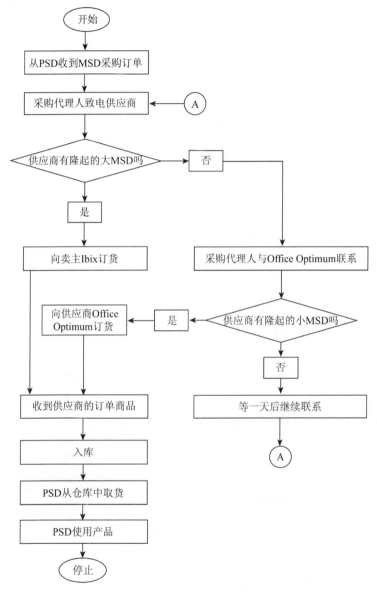

图 5.55　采购部修正后的流程图

项目组成员对修正后的最佳操作（见图 5.55）进行一项先导测试。先导测试中得到的耐久性的数据如表 5.37 所示。

表 5.37　先导测试的数据

小时	供应商	尺寸	隆起	耐久性
第 1 班—第 1 小时	Office Optimum	小	有	10
	Ibix	大	有	11
第 1 班—第 2 小时	Office Optimum	小	有	7
	Ibix	大	有	11
第 1 班—第 3 小时	Office Optimum	小	有	10
	Ibix	大	有	11
第 1 班—第 4 小时	Office Optimum	小	有	8
	Ibix	大	有	11
第 1 班—第 5 小时	Office Optimum	小	有	9
	Ibix	大	有	10
第 1 班—第 6 小时	Office Optimum	小	有	9
	Ibix	大	有	9
第 1 班—第 7 小时	Office Optimum	小	有	8
	Ibix	大	有	11
第 1 班—第 8 小时	Office Optimum	小	有	9
	Ibix	大	有	10
第 2 班—第 1 小时	Office Optimum	小	有	9
	Ibix	大	有	11
第 2 班—第 2 小时	Office Optimum	小	有	8
	Ibix	大	有	10
第 2 班—第 3 小时	Office Optimum	小	有	10
	Ibix	大	有	9
第 2 班—第 4 小时	Office Optimum	小	有	7
	Ibix	大	有	9
第 2 班—第 5 小时	Office Optimum	小	有	7
	Ibix	大	有	10
第 2 班—第 6 小时	Office Optimum	小	有	9
	Ibix	大	有	11
第 2 班—第 7 小时	Office Optimum	小	有	10
	Ibix	大	有	9
第 2 班—第 8 小时	Office Optimum	小	有	8
	Ibix	大	有	11
RTY				32/32＝1

 表 5.37 揭示耐久性的滚动产出率（RTY）是 100%。对功能性也进行了检验（没有显示），保存期为 0d；即 MSD 刚一运到 POI，在存储起来之前就先进行检验。这个 RTY 的结果是 75%，高于基线 RTY。如果经过管理层特许，可以进行一些项目来调查保存期和存储控制程序对功能性的影响。

 图 5.56 显示耐久性在控制中，在先导测试中，所有 MSD 的平均弯曲次数都提高了。先导测试数据如表 5.37 所示，包括所有的小型 Office Optimum MSD 和大型 Ibix MSD。接着，项目组成员意识到，在所有内容都对等的情况下，大型 Ibix MSD 比小型 Office Optimum MSD 的平均耐久性高。因此，项目组成员分别构建了两个控制图，一个是小型 Office Optimum MSD，另一个是大型 Ibix MSD（见图 5.57 和图 5.58）。

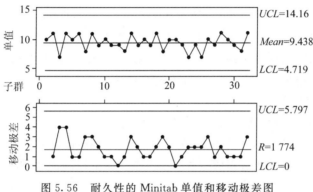

图 5.56　耐久性的 Minitab 单值和移动极差图

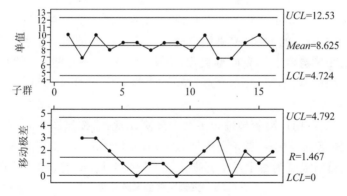

图 5.57　小型 Office Optimum MSD 耐久性的 Minitab 单值和移动极差图

 图 5.56、图 5.57 和图 5.58 显示耐久性（Y_1）在控制内，但是根据小样本计算过程能力统计量是非常危险的。然而，来自 Office Optimum 小型 MSD 的平均值和标准偏差的估计值分别是 8.625 和 1.05（数据来源没有标出）。来自 Ibix 的大型 MSD 的平均值和标准偏差分别是 10.25 和 0.83。由于耐久性 CTQ 要求弯曲的次数是 4 次以上，这个要求低于来自 Office Optimum 小型 MSD 的平均值减去 4.4

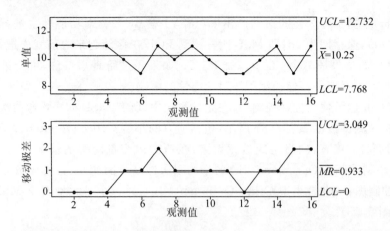

图 5.58   大型 Ibix MSD 耐久性的 Minitab 单值和移动极差图

倍标准差,同时也低于来自 Ibix 的大型 MSD 的平均值减去 7.5 倍的标准差。项目组成员一致认为,只要过程中小型 Office Optimum MSD 和 Ibix 的大型 MSD 都在控制内,那么耐久性(Y_1)CTQ 一定会达到要求。

5. 控制阶段

控制阶段包括对六西格玛项目的改进和创新防错;建立风险管理计划使得产品、服务或流程的风险达到最小化;在 ISO 9000 中注册改进和创新;为后续继承改进或创新的产品、服务或过程的过程所有者准备一个控制计划;将过程上交给过程所有者;解散团队并庆祝成功。

在控制阶段,项目组成员确定了两个过程改进中发现的首先需要防错的问题。它们是:①采购代理人在订购单上没有强调"有隆起"。②采购代理人在采购订货时没有考虑根据所需的 MSD 来确定供应商。项目组成员提出了两项解决错误的方法:①如果在采购单上没有明确提出"有隆起",那么不能进入采购订购系统过程。②如果没有选择小型 Office Optimum MSD 和大型 Ibix MSD,那么就不能进入采购订货系统过程。

项目组成员运用风险管理确定了两个风险元素:①按照图5.55所示的修正后的采购过程图培训新的采购人员失败;②Office Optimum 和 Ibix 没有有隆起的 MSD 了。项目组成员为每个风险元素设置了风险系数,如表 5.38 所示。

表 5.38   采购过程的风险元素

风险元素	风险类型	发生可能性	发生后的影响	风险元素分数	
培训新采购人员失败	操作	5	5	25	高
供应商没有隆起的 MSD	材料	2	5	10	中

注:等级为 1~5,5 为最高级别。

风险规避计划可以应对这两个风险元素。"培训新采购人员失败"的风险规避计划就是在培训人员的时候为修正后的采购过程存档。"供应商没有有隆起的MSD"的风险规避计划是 POI 可以要求 Office Optimum 和 Ibix 只生产有隆起的MSD,因为它们有超强的耐久性。这对于 POI、Office Optimum 和 Ibix 都是一个合理并且可以接受的建议,因为生产有隆起和无隆起的 MSD 的成本结构是相同的。Office Optimum 和 Ibix 在检查没有隆起 MSD 的订购要求的 6 个月的试行期之后,同意只生产有隆起的 MSD。如果在 6 个月的试行期内,发现没有订购没有隆起的 MSD,那么 POI 的采购部将修正图 5.55 和 ISO 9000 的记录,反映只有购买有隆起 MSD 的可能性。另外,Office Optimum 和 Ibix 感谢 POI 向它们指出有隆起的MSD 比没有隆起的 MSD 的平均耐久性高。两家供应商都宣称它们将试验不同的隆起形式,以更进一步提高耐久性并降低成本。两家供应商都表示,它们都很期望由只需一条生产线就能生产的一种有隆起的 MSD 而带来的成本降低。

项目组成员准备为如图 5.55 所示的修正采购过程图进行 ISO 9000 记录。

项目组成员为 PSD 提出一项控制计划,需要每月从仓库中抽出一箱 MSD 作为样本。抽样计划的目的是检查购买的 MSD 是小型 Office Optimum MSD 或者大型是 Ibix MSD。MSD 箱子的不合格百分率将被标在 P 一图上。PSD 运用 P 一图突出流程中违背图 5.55 的地方。P 一图是不断推进修正采购流程的计划—实施—研究—改进(PDSA)循环的基础。

项目组成员检查 PSD 的业务指标后发现,PSD 的生产成本降低了,归功于MSD 六西格玛项目。MSD 项目产生了显著的效果,如图 5.59 所示。

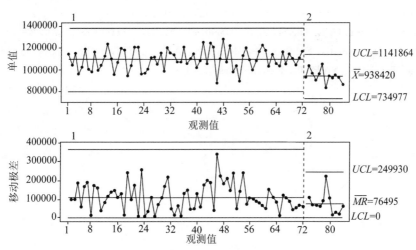

图 5.59　MSD 六西格玛项目进行前后 PSD 的生产成本
Minitab 单值和移动极差图

参考文献

[1] 托马斯·麦卡蒂,洛兰·丹尼尔,迈克尔·布雷诺,普雷维恩·格普塔. 六西格玛黑带手册[M].郑伟,刘浩,陈庆波,译. 北京:电子工业出版社,2007.

[2] 迪克·史密斯,杰里·布雷克斯利,理查德·库恩斯. 六西格玛战略管理法[M]. 北京:清华大学出版社,2004.

[3] 福里斯特·W·布雷弗格三世. 实施六西格玛[M].阎国华,译. 北京:机械工业出版社,2004.

[4] 苏秦. 现代质量管理学[M]. 北京:清华大学出版社,2005.

[5] 弗兰克·M·格里纳. 质量策划与分析[M].何祯,译.北京:中国人民大学出版社,2005.

[6] 管平生.SPC 统计制程管制[M]. 厦门:厦门大学出版,2004.

[7] 张根保,何祯,刘英. 质量管理与可靠性[M]. 北京:中国科学技术出版社,2006.

[8] 约瑟夫·M·朱兰,等.朱兰质量手册(第五版)[M].焦叔斌,等,译.北京:中国人民大学出版社,2003.

[9] 霍华德·S·吉特洛,戴维·M·来文.六西格玛绿带与倡导者手册[M]. 张建同,张燕霞,等,译. 北京:机械工业出版社,2007.

[10] 唐晓芬.六西格玛成功实践[M].北京:中国标准出版社,2002.

[11] SUNG H PARK. Six Sigma for Quality and Productivity Promotion. Tokyo:Published by the Asian Productivity Organization,2003.

[12] TSUNG-LING-CHANG. Six Sigma:a framework for small and medium-sizedenterprises to achieve total qaulity. [PHD Dissertation].Cleveland State University,2002.

[13] KUO LIANG LI. Critical Success Factors of Six Sigma Implementation and the Impact on Operations Performance. [PHD Dissertation]Cleveland and State University,2002.

[14] THOMAS PYZDEK. The Six Sigma Handbook. McGraw—Hill Companies,2003.

[15] DEAN H. Stamatis,Six Sigma Fundamentals:A Complete Guide to the System,Methods and Tools. New York:Productivity Press,2004.

第六章

发明问题解决理论与案例

第一节　概　述

近年来,由于市场竞争的加剧,产品占有市场的时间越来越短。产品创新已成为现代制造企业竞争的焦点。发明问题解决理论(Theory of Inventive Problem Solving,TRIZ)是诞生于前苏联的创新理论,TRIZ认为任何领域的产品改进和技术创新,都是有规律可循的。人们掌握了这些规律,就可以能动地进行产品设计并能预测产品的未来发展趋势。TRIZ包含用于问题分析的分析工具,用于系统转换的基于知识的工具和理论基础,可以广泛应用于各个领域创造性地解决问题。目前,TRIZ与精益生产理论、六西格玛并列为制造业世界级降低成本、保证质量与创新的结构化方法。

本章介绍TRIZ理论中的基本概念以及冲突、进化、效应、物质—场模型和标准解等工具,并以造纸机、蝶阀等案例说明TRIZ理论和工具的应用。

第二节　发明问题解决理论基本概念

一、理想化

把所研究的对象理想化是自然科学的基本方法之一。理想化是对客观世界中所存在物体的一种抽象,这种抽象客观世界既不存在,又不能通过实验验证。理想化的物体是真实物体存在的一种极限状态,对于某些研究起着重要作用,如物理学中的理想气体、理想液体,几何学中的点与线等。

在TRIZ中,理想化是一种强有力的工具,在创新设计过程中起着重要作用。理想化包含理想系统、理想过程、理想资源、理想方法、理想机器、理想物质等,分为局部理想化与全局理想化两类。

局部理想化是指对于选定的原理,通过不同的实现方法使其理想化。局部理想化的过程有如下四种模式:

(1)加强:通过参数优化、采用更高级的材料、引入附加调节装置等加强有用功能的作用。

(2)降低:通过对有害功能的补偿,减少或消除损失或浪费,采用更便宜的材料、标准零部件等。

(3)通用化:采用多功能技术增加有用功能的个数。如现代多媒体计算机具有电视机、电话、传真机、音响等功能。

(4)专用化:突出功能的主次。如早期的汽车厂要生产零部件,最后将它们组装成汽车,今天的的汽车厂主要是组装汽车,而零部件由很多专业配套厂生产。

全局理想化是指对同一功能,通过选择不同的原理使之理想化。全局理想化有如下三种模式:

(1)功能禁止:在不影响主要功能的条件下,去掉中性的及辅助的功能。如采用传统的方法为金属零件刷漆后,从漆的溶剂中挥发出有害气体;采用静电场及粉末状漆可很好地解决该问题,当静电场使漆粉末均匀地覆盖到金属零件表面后,加热零件使粉末熔化,刷漆工艺完成,其间并不产生溶剂挥发。

(2)系统禁止:如果采用某种可用资源后可省掉辅助子系统,一般可降低系统的成本。如月球上的真空使得月球车上所用灯泡的玻璃罩是多余的,玻璃罩的作用是防止灯丝氧化,月球上无氧气就不会氧化灯丝。

(3)原理改变:改变已有系统的工作原理,可简化系统或使过程更为方便。如采用电子邮件代替传统邮件,使信息交流更加方便快捷。

设计人员在设计过程开始时需要选择目标,即将问题局部理想化还是将其全局理想化。通常首先考虑局部理想化,所有的尝试都失败后才考虑全局理想化。

技术系统是功能的实现,同一功能存在多种技术实现,任何系统在完成人们所需的功能时,都有副作用。为了对正反两方面作用进行评价,采用如下公式:

$$Ideality = \frac{\sum UF}{\sum HF} \qquad (6.1)$$

式中:$Ideality$——理想化水平;

$\sum UF$——有用功能之和;

$\sum HF$——有害功能之和。

该公式的意义为:技术系统的理想化水平与有用功能之和成正比,与有害功能之和成反比。当改变系统时,如果公式中的分子增加,分母减小,系统的理想化水平提高,产品的竞争能力增强。

增加理想化水平有如下四种方式:

(1)$(\sum UF)/dt > d(\sum HF)/dt > 0$:公式(6.1)中分子增加的速率高于分母增加速率。

(2)$(\sum UF)/dt > 0, d(\sum HF)/dt < 0$:公式(6.1)中的分子增加,分母减少。

(3)$(\sum UF)/dt = 0, d(\sum HF)/dt < 0$:公式(6.1)中的分子不变,分母减少,即有害功能减少。

(4)$(\sum UF)/dt > 0, d(\sum HF)/dt = 0$:公式(6.1)中分母不变,分子增加,即有用功能增加,有害功能不变。

为使分析更加方便,将公式(6.1)中的有害功能分解为代价与危害是方便的,将有用功能之和用效益之和来代替,如公式(6.2)所示。

$$Ideality = \frac{\sum Benefits}{\sum Expenses + \sum Harms} \qquad (6.2)$$

式中:$Ideality$——理想化水平;

$Benefits$——效益;

Expenses——代价；

Harms——副作用。

该公式的意义为：产品或系统的理想化水平与其效益之和成正比，与所有代价及所有危害之和成反比。不断地增加产品理想化水平是产品创新的目标。

产品处于进化之中，进化的过程就是产品由低级向高级演化的过程。在进化的某一阶段，不同产品进化的方向是不同的，如降低成本、增加功能、提高可靠性、减少污染等都是产品可能的进化方向。如果将所有产品作为一个整体，低成本、高功能、高可靠性、无污染等是产品的理想状态。产品处于理想状态的解称为理想解（ideal final result，IFR）。产品的理想解实现的过程是其理想化水平提高的过程，理想化水平达到无穷大状态的理想解称为最终理想解。最终理想解很难或不可能实现，但产品进化的过程是推动理想解无限趋近最终理想解的过程，即先实现多个理想解，通过这些理想解趋近最终理想解。

IFR 是设计过程的目标，明确的目标对设计工作及创新十分重要。依据解决问题的层面，IFR 可以分为三级：

1 级：IFR 所采用的问题解决方案是应用外部资源解决，无须更多的花费，环境、超系统、副产品等都可以是外部资源。

2 级：IFR 不引入新的物质，而通过系统内部的变化解决问题，即采用内部资源解决问题，包括实现功能、消除副作用或减低成本等，同时不使系统变得太复杂。

3 级：IFR 是在一个特定的区域内解决问题，该区域存在问题。

对于很多的设计问题，理想解的正确描述会直接得出解决方案，其原因是与技术无关的理想解使设计者跳出问题的传统解决方法的思维。

例 6.1 高层建筑如何更有效地擦窗户是高层建筑设计必须考虑的问题：目前该类窗户多是固定式的，如图 6.1 所示，经过专门训练及经过适合高空作业认证的工人才能从事该项工作，该工作危险且需要较多的花费。现应用 IFR 对该问题提出一系列的解决方案。

图 6.1　高层建筑固定式窗户

方案 1：在建筑物内擦窗户

工人在建筑外工作是危险的，如能在屋内擦窗户则可以解决问题。定义 1 级 IFR 为采用外部资源解决该问题，但问题的解决原理不能太昂贵。

图 6.2 是解决方案：采用具有磁性的内外部工具擦窗户。内部工具放置在窗户的内部，外部工具放置在窗户的外部，两部分均有磁性。两工具相对，由于磁力

的吸引,内部工具移动时,外部工具随之移动,不断地移动内部工具到窗户的所有位置,可完成擦窗户的功能。

方案 2:旋转式窗户

应用 2 级 IRF,利用系统自身的资源,改变系统本身实现功能。改进窗户的设计使其能转动,转动的结果是窗户的外面变成了里面,工人可以在屋内擦窗户,如图 6.3 所示。

图 6.2 双面玻璃擦

图 6.3 旋转式窗户

方案 3:免擦玻璃的应用

应用 3 级 IFR,出现问题的区域为窗户外部的玻璃,玻璃必须应用以便采光,但擦去表面的污物困难又不能应用,从而出现了冲突。彻底解决该冲突,实现 IFR。

采用自清洁玻璃是一种选择,如图 6.4 所示。该类玻璃表面有一层纳米级涂层,不影响采光。该涂层与阳光进行反应,在雨水的作用下,其反应生成物与玻璃表面污物脱离玻璃表面,实现自清洁,如图 6.5 所示。

图 6.4 自清洁玻璃

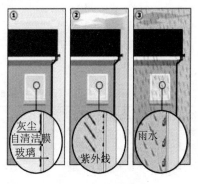

图 6.5 光触媒反应

二、原理解的分级

TRIZ 的一个重要成果是认为产品有级别,产品由低级向高级的方向发展。由于这种发展,产品才一直占领老市场或又赢得新市场。Altshuller 通过研究表明,问题的解或概念分为五个级别:

1 级(level 1):通常的设计问题,或对已有系统的简单改进。设计人员自身的经验即可解决,不需要创新。大约 32% 的解属于该范围。如用厚隔热层减少热量损失;用载重量更大的卡车改善运输的成本与效益比。

2 级(level 2):通过解决一个技术冲突,对已有系统进行少量的改进。采用行业中已有的方法即可完成。解决该类问题的传统方法是折中法。大约有 45% 的解属于该范围。如在焊接装置上增加一灭火器。

3 级(level 3):对已有系统有根本性的改进。要采用本行业以外已有的方法解决,设计过程中要解决冲突。大约有 18% 的解属于该范围。如计算机鼠标、山地自行车、圆珠笔。

4 级(level 4):采用全新的原理完成已有系统基本功能的新解。解的发现主要是从科学的角度而不是从工程的角度。大约有 4% 的解属于该类。如内燃机、集成电路、个人计算机、充气轮胎、虚拟现实。

5 级(level 5):罕见的科学原理导致一种新系统的发明。大约有 1% 的解属于该类。如飞机、计算机、形状记忆合金、蒸汽机。

上述的描述可以看出,解的级别越高,获得该解时所需知识越多,这些知识所处的领域越宽,搜索有用知识的时间就越长,如图 6.6 所示。表 6.1 是原理解分级的总结。

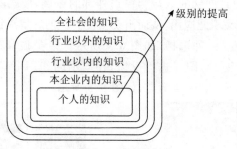

图 6.6 知识圈

表 6.1 解的级别

级别	创新的程度	百分比(%)	知识来源	参考解的数目
1	显然的解	32	个人的知识	10
2	少量的改进	45	公司内的知识	100
3	根本性的改进	18	行业内的知识	1000
4	全新的概念	4	行业以外的知识	10000
5	发现	1	所有已知的知识	1000000

该表表明,产品设计中所遇到的绝大多数问题或相似问题已被前人在其他地方或其他领域解决了。假如设计人员能按照正确路径,从低级开始,依据自身的知识与经验,向高级方向努力,可从本企业、本行业及其他行业已存在的知识与经验

中获得大量的解,有意识去发现这些解,将节省大量时间,降低产品开发成本。

例 6.2 为压缩空气的储气罐设计一新型防护罩。目前的防护罩是金属制成的,成本很高。新罩在满足安全性要求的前提下,要降低成本。

该问题的一种可能解是用工程塑料代替金属,新防护罩的形状可参照原设计,为增加刚度与强度,在其内壁适当增加加强筋就能满足要求。

该解的级别为 1 级。用塑料替代金属是一种普遍接受的概念,设计简单,个人即可完成。因此,解的级别属于 1 级。

例 6.3 波音公司改进波音 737 的设计时,需要将使用中的发动机改为功率更大的发动机。发动机功率越大,它工作时需要的空气越多,发动机罩的直径就要增大。发动机罩增大,机罩离地面的距离就会减小,而距离的减小是不允许的。如图 6.7 所示。现要求解决该问题。

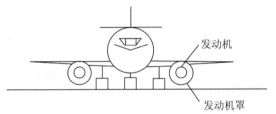

图 6.7 增加发动机功率所产生的技术冲突

该问题最后的解为,增加发动机罩的直径,以便增加空气的吸入量,但为了不减少与地面之间的距离,把发动机罩的底部由曲线变为直线。

通过改变发动机罩底部的形状,即将对称改为不对称,解决了增加空气吸入量,又不减少发动机罩与地面的距离。该解属于 2 级。

例 6.4 自行车链条必须做环行运动,又必须有足够的刚度以能传递来自脚蹬的力。采用链板与滚子两种主要元件构成的链条解决了整体具有柔性,局部具有刚度,即整体与局部具有相反的特性的问题。

链条所依据的工作原理或原理解属于 3 级。链条的发明对自行车成为普遍采用的交通工具起了重要作用。

例 6.5 制造金刚石刀具时,不希望金刚石内部有微小裂纹。需设计一种设备,利用该设备将大块金刚石沿已存在的微小裂纹的方向将其分解为小块。

在食品工业中,将胡椒的皮与子分开采用升压与降压原理。首先将胡椒放在一容器中,将容器中的空气升至 8 个大气压,之后快速降压,胡椒的皮与子就分开了。

采用同样的道理,设计一容器,将大块的金刚石放入,之后升压(压力值可由实验得到),突然降压,大块金刚石将沿内部微裂纹分开。

通过升压/降压分解金刚石的原理来自于机械行业以外。因此,该原理解属于 4 级。

例 6.6   Karnopp 20 世纪 70 年代提出了汽车半主动悬架（semi-active suspen-
sion)的概念。该悬架主要由弹簧及可控减振器组成，可控减振
器按某种控制律输出控制力。与传统的被动悬架相比，该类悬
架可以提高汽车的乘坐舒适性、操纵稳定性、减少车轮动载。图
6.8 是半主动悬架原理图。

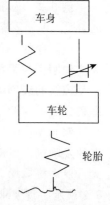

经过近代 30 年的努力，基于该原理的半主动悬架已成功
地用于高档商品轿车、赛车、重要的载重汽车之中，目前国际
上半主动悬架的研究主要是降低成本，提高可靠性，以普及到
普通轿车上。因此，该原理属于 5 级，它的提出对汽车工业的
发展起了重要的作用。

图 6.8   半主动悬架

三、可用资源

技术系统处于不断的进化过程中，其进化过程类似于生物的成长过程，要经历
形成期、成长期、成熟期和衰退期四个阶段，在时域上表现为特性参数沿 S-曲线的
增长。在系统进化的不同阶段，系统会受到不同资源的限制，如图 6.9 所示。

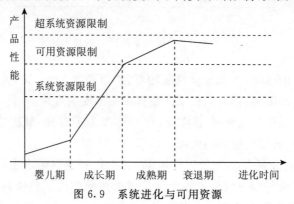

图 6.9   系统进化与可用资源

设计中的产品是一个系统，任何系统都是超系统中的一部分，超系统又是自然
的一部分。系统在特定的空间与时间中存在，要由物质构成，要应用场以完成某种
特定的功能。按自然、空间、时间、系统、物质、能量、信息、功能，将资源分为八类，
如表 6.2 所示。可用资源的种类和形式是随着技术的进步不断扩展的。

表 6.2   资源分类

类型	含义
环境资源	自然界中任何存在的材料或场
时间资源	系统启动之前、工作之后、两个循环之间的时间
空间资源	位置、次序、系统本身及超系统
系统资源	当改变子系统之间的连接、超系统引进新的独立技术时，所获得的有用功能或新技术

续表

类型	含义
物质资源	任何用于有用功能的物质
能量/场资源	系统中存在的或能产生的场或能量流
信息资源	系统中任何存在或能产生的信号
功能资源	系统或环境能够实现辅助功能的能力

上述资源可分为直接应用资源和导出资源两大类：

(1)直接应用资源:指在当前存在状态下可被应用的资源。如物质、场(能量)、空间、时间资源都是可被多数系统直接应用的资源。

(2)导出资源:指通过某种变换使不能利用的资源成为可利用的资源。如原材料、废弃物、空气、水等,经过处理或变换都可在设计的产品中采用,而变成有用资源。在变成有用资源的过程中,必要的物理状态变化或化学反应是需要的。

在可持续性设计过程中,合理地利用资源可使问题的解更容易接近理想解。但设计过程中所用到的资源不一定明显,需要认真挖掘才能成为有用资源。

有用资源的确定过程,如图 6.10 所示。

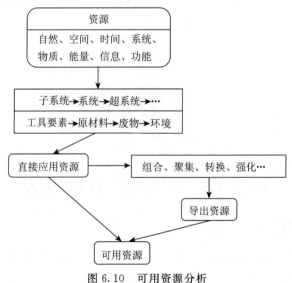

图 6.10　可用资源分析

(1)确定研究区域,列出系统内所有可用资源清单。

(2)按照子系统资源、工具要素、原材料要素、其他子系统资源、超系统资源和环境资源的顺序确定直接应用资源。

(3)通过组合、聚集、转换、强化等变换将直接应用资源转化为导出资源。

(4)从性质、数量和成本等方面对选定的直接应用资源和导出资源进行分析,确定系统最终可用资源。

在设计中认真考虑各种资源,并创造性地发现一些新的资源,有助于开阔设计者的眼界,使其能跳出问题本身,可能取得附加的、未曾设想的效益。

例6.7 石油被开采后,需要油轮运往炼油厂。从充分利用时间资源的角度对油轮进行改进设计,在运输过程中对石油进行部分加工,如图6.11所示。

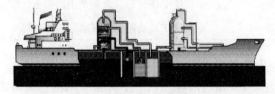

图6.11 炼油运输船

例6.8 利用光源产生的热气流驱动灯罩旋转,形成旋转式转灯,如图6.12所示。由内外灯罩和支撑旋转的中心轴、支撑架、减阻板等组成,既可用于照明,又可用于室内外装饰。

图6.12 旋转灯

第三节 发明问题解决方法

一、技术冲突

技术冲突指一个作用同时导致有用及有害两种结果,也可指有用作用的引入或有害效应的消除导致一个或几个子系统或系统变坏。技术冲突常表现为一个系统中两个子系统之间的冲突主要情况如下:

(1)在一个子系统中引入一种有用功能,导致另一个子系统产生一种有害功能,或加强已存在的一种有害功能。

(2)消除一种有害功能导致另一个子系统有用功能变坏。

(3)有用功能的加强或有害功能的减少使另一个子系统或系统变得太复杂。

通过对250万件专利的详细研究,TRIZ理论提出了39个通用工程参数和40

条发明原理,分别见表6.3和表6.4。技术冲突总是涉及两个基参数 A 与 B,当 A 得到改善时,B 变得更差。实际工程设计中的冲突的一般化或标准化指:将组成冲突的双方内部性能的工程参数 A 和 B 用该39个工程参数中的2个来表示。40条发明原理对于指导设计人员的发明创造具有重要的作用。

表6.3 通用工程参数

序号	名称	序号	名称
No. 1	运动物体的重量	No. 21	功率
No. 2	静止物体的重量	No. 22	能量损失
No. 3	运动物体的长度	No. 23	信息损失
No. 4	静止物体的长度	No. 24	信息损失
No. 5	运动物体的面积	No. 25	时间损失
No. 6	静止物体的面积	No. 26	物质或事物的数量
No. 7	运动物体的体积	No. 27	可靠性
No. 8	静止物体的体积	No. 28	测试精度
No. 9	速度	No. 29	制造精度
No. 10	力	No. 30	物体外部有害因素作用的敏感性
No. 11	应力或压	No. 31	物体产生的有害因素
No. 12	形状	No. 32	可制造性
No. 13	结构的稳定性	No. 33	可操作性
No. 14	强度	No. 34	可维修性
No. 15	运动物体作用时间	No. 35	适应性及多用性
No. 16	静止物体作用时间	No. 36	装置的复杂性
No. 17	温度	No. 37	监控与测试的困难程度
No. 18	光照强度	No. 38	自动化程度
No. 19	运动物体的能量	No. 39	生产率
No. 20	静止物体的能量		

表6.4 40条发明原理

序号	名称	序号	名称
No. 1	分割	No. 21	紧急行动
No. 2	分离	No. 22	变有害为有益
No. 3	局部质量	No. 23	反馈
No. 4	不对称	No. 24	中介物

序号	名称	序号	名称
No. 5	合并	No. 25	自服务
No. 6	多用性	No. 26	复制
No. 7	套装	No. 27	低成本、不耐用的物体代替昂贵、耐用的物体
No. 8	重量补偿	No. 28	机械系统的替代
No. 9	预加反作用	No. 29	气动与液压结构
No. 10	预操作	No. 30	柔性壳体或薄膜
No. 11	预补偿	No. 31	多孔材料
No. 12	等势性	No. 32	改变颜色
No. 13	反向	No. 33	同质性
No. 14	曲面化	No. 34	抛弃与修复
No. 15	动态化	No. 35	参数变化
No. 16	未达到或超过的作用	No. 36	状态变化
No. 17	维数变化	No. 37	热膨胀
No. 18	振动	No. 38	加速强氧化
No. 19	周期性作用	No. 39	惰性环境
No. 20	有效作用的连续性	No. 40	符合材料

在设计过程中如何选用发明原理作为产生新概念的指导是一个具有现实意义的问题。通过多年的研究、分析、比较,Altshuller 提出了冲突矩阵,该矩阵建立了描述技术冲突的 39 个工程参数与 40 条发明原理之间的对应关系。

冲突解决矩阵为 40 行 40 列的一个矩阵,其中第 1 行或第 1 列为按顺序排列的 39 个描述冲突的工程参数序号。除第 1 行与第 1 列以外,其余 39 行与 39 列形成一个矩阵,矩阵元素中或空、或有几个数字,这些数字表示 40 条发明原理中的推荐采用原理序号。表 6.5 为矩阵简图(详细矩阵请见附录)。

表 6.5　冲突解决矩阵

改善参数 \ 恶化参数	No. 1	No. 2	No. 3	No. 4	⋯	No. 39
No. 1			15,8,29,34			35,3,24,37
No. 2				10,1,29,35		1,28,15,35
No. 3	8,15,29,34					14,4,28,29
No. 4		35,28,40,29				30,14,7,26
No. 5	2,17,29,4		14,15,16,4			10,26,34,2
⋮						
No. 39	35,26,24,37	28,27,15,3	18,4,28,38	30,7,14,26		

技术冲突问题解决过程如图 6.13 所示：

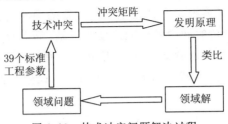

图 6.13 技术冲突问题解决过程

(1)当针对具体问题确认了一个技术冲突后，要用该问题所处技术领域中的特定术语描述该冲突。

(2)将冲突的描述翻译成一般术语，由这些一般术语选择标准工程参数。

(3)由标准工程参数在冲突解决矩阵中选择可用发明原理。

(4)根据特定的领域问题应用选定的发明原理以产生一个特定的领域解。

对于复杂的问题一条原理是不够的，原理的作用是使原系统向着改进的方向发展。在改进的过程中，对问题的深入思考、创造性、经验都是需要的。

二、产品技术成熟度预测技术

世界处于不断变化之中，技术创新是经济发展的主要推动力，能够预测未来的先进技术，快速开发新一代产品，对企业的生存发展相当重要。

通过对大量专利的分析，Altshuller 发现产品的进化规律满足 S-曲线。但进化过程是靠设计者推动的，当前的产品如没有设计者引入新的技术，它将停留在当前的水平上，新技术的引入使其不断沿某些方向进化。TRIZ 中的 S-曲线如图 6.14 所示。

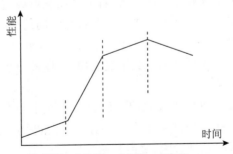

图 6.14 分段线性 S-曲线

图 6.14 中分段线性 S-曲线的优越性是曲线中的拐点容易确定。图中将一代产品分为形成期、成长期、成熟期、衰退期。Altshuller 通过研究发现：任何系统或产品都按生物进化的模式进化，并且同一代产品进化分为形成期、成长期、成熟期、衰退期四个阶段。确定产品在 S-曲线上的位置是产品进化理论研究的重要内容，

并称为产品技术成熟度预测。

四种曲线用于技术系统在 S-曲线上所处位置的预测。这四种曲线分别是：单位时间内的专利数、单位时间内的专利或发明级别、单位时间内的技术性能、单位时间内的利润。各曲线的形状如图 6.15 所示。收集当前产品的有关数据建立这四条曲线，所建立曲线的形状与这四条曲线的形状比较，就可确定产品的技术成熟度。

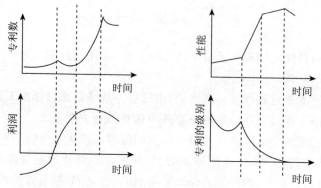

图 6.15　技术成熟度预测曲线

当一条新的自然规律被科学家揭示后，设计人员依据该规律提出产品实现的工作原理，并使之实现。这种实现是一项级别较高的发明，该发明所依据的工作原理是这一代产品的核心技术。一代产品可由多种系列产品构成，虽然产品要不断完善，不断推陈出新，但作为同一代产品的核心技术是不变的。

一代产品的第一个专利是一高级别的专利，如图 6.15 中时间—专利的级别曲线所示。后续的专利级别逐步降低。但当产品由形成期向成熟期过渡时，有一些高级别的专利出现，正是这些专利的出现，推动产品从形成期过渡到成长期。

图 6.15 中的时间—专利数曲线表示专利数随时间的变化而变化。开始时，专利数较少，在性能曲线的第三个拐点处出现最大值。在此之前，很多企业都为此产品的不断改进而投入，但此时产品已到了衰退期，企业进一步增加投入已没有什么回报。因此，专利数降低。

图 6.15 中的时间—利润曲线表明：开始阶段，企业仅仅是投入并没有赢利。到成长期，产品虽然还有待于进一步完善，但产品已出现利润。之后，利润逐年增加，到成熟期的某一时间达到最大，之后开始降低。

图 6.15 中的时间—性能曲线表明，随时间的延续，产品性能不断增加，但到了衰退期后，其性能很难再有所增加。

如果能收集到产品的有关数据，绘出上述四条曲线，通过曲线的形状，可以判断出产品在 S-曲线上所处的位置。

依据技术成熟度组合判据进行技术成熟度预测，是根据专利特性变化与技术成熟度的关系，预测技术成熟度的重要方法。预测步骤如下：

1. 检索专利数据

应用专利分析进行技术成熟度预测,首先要检索专利数据。

专利权只在专利批准国有效,因此各个国家都有自己的专利库。检索专利数据首先要确定应用哪个国家的专利数据库,一般而言,应用产品所在的竞争环境中的专利数据库。对于一个参与全球竞争的企业,其面对的是世界各国同类技术的竞争,其所用的专利库应该是来自该类技术世界领先的国家。对于一般国内企业,应用国内数据相对简单,如果专利申请情况正常,可以应用国内专利数据进行预测,这需要对专利申请情况进行评估。

2. 筛选专利数据

通过关键词检索出来的数据不一定都与所研究的技术有关。要经过对专利摘要的分析,去除无关的内容。比如,要考察制冷压缩机的专利,通过用"压缩机"作为关键词检索获得的专利,很大一部分与冰箱压缩机无关。但是用"制冷压缩机"作为关键词检索获得的专利,就会忽略对制冷压缩机技术发展有关的压缩机的早期发展。

3. 专利分级和分类

专利筛选出来后,就要按照 Altshuller 的专利分级原则对专利进行分级,还要按照是否是弥补缺陷的专利和是否是降低成本的专利对专利进行分类。

综合 Altshuller 对发明等级的分级,主要集中在以下几方面:

(1)需要反复尝试的次数(如果能够知道或者能够猜测)。

(2)所需知识的广度。

(3)是否存在冲突(管理的、技术的和物理的)。

(4)冲突的数量。

(5)冲突的强度。

(6)对相关领域的影响。

(7)对科学技术的影响。

(8)系统变化的程度。

把全部专利按照上面几个方面进行比较,能够很容易确定技术的相对级别高低,根据 Altshuller 对各等级的描述,可以确定专利的等级。

通过以上对专利的分级和分类,给每项专利增加了三个属性:专利的等级;是否为弥补缺陷的专利;是否为降低成本的专利。

4. 专利汇总统计

对专利数据逐年进行汇总,统计每年的专利数量,专利平均等级,弥补缺陷的专利数量,降低成本的专利数量。统计近五年弥补缺陷的专利和降低成本的专利在五年来全部专利中所占的比例。

5. 生成曲线图

根据统计数据生成时间序列,并用移动平均法进行平滑。根据曲线形状选择一次、二次、三次曲线或分段二次曲线进行拟合,或分别采用四种方法进行拟合,按照残差平方和最小原则进行选择。

6. 技术成熟度预测

根据技术成熟度组合判据,判断技术的成熟度。

图 6.16 表示了产品技术成熟度预测后的两种结果。如果产品处于形成期或成长期,则需要对产品进行渐进创新与优化,以改善已有的 S-曲线;反之,则需要产品激进创新,以产生新的核心技术,替代已有的核心技术,即使产品移入新的 S-曲线。

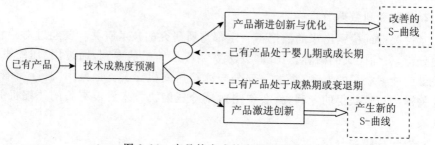

图 6.16　产品技术成熟度预测及决策

为了改善 S-曲线,还需对产品进行优化设计。已有产品的优化是指产品的核心技术即工作原理不变,而对其实现技术进行优化,包括材料选择、结构加工工艺、结构的装拆、性能、造型等的优化。

三、技术进化

技术处于进化过程之中。TRIZ 创始人 G. S. Altshuller 及研究人员经过分析大量专利,发现不同领域中技术进化过程的规律是相同的。如果掌握了这些规律,就能主动预测未来技术的发展趋势,今天设计明天的产品。

TRIZ 中的技术进化理论反映了技术系统、组成元件、系统与环境之间在进化过程中重要的、稳定的和重复性的相互作用。Fry 及 Rivin 在以往 TRIZ 研究成果的基础上,将技术进化定律归纳为九条:

定律 1　增加理想化水平:技术系统向增加理想化水平的方向进化。

定律 2　子系统的非均衡发展:组成系统子系统发展不均衡,系统越复杂,不均衡的程度越高。

定律 3　动态化增长:组成技术系统的结构更加柔性化,以适应变化的性能要求、变化的环境条件及功能的多样性。

定律 4　向复杂系统传递:技术系统由单系统向双系统及多系统进化。

定律 5　向微观系统传递:技术系统更多地采用微结构及其组合。

定律 6　减少能量流路径长度:技术系统向着较少减少能量流经系统的路径长度的方向发展。

定律7 完整性：自治系统包含工作装置、传动、能源及控制四部分。

定律8 增加可控性：进一步增强物质—场之间的相互作用。

定律9 增加和谐性：周期性作用与完成这些作用的零部件之间的和谐性增加。

基于TRIZ的技术进化系统组成如图6.17所示。进化定律定义了技术进化的方向；技术进化定律之下是技术进化路线，定性地指出技术系统沿每一进化方向的具体进化阶段；技术进化路线由工程实例库支持，其中的工程实例来自大量专利分析的结果；图中的产品或某项技术是技术进化系统的输入。

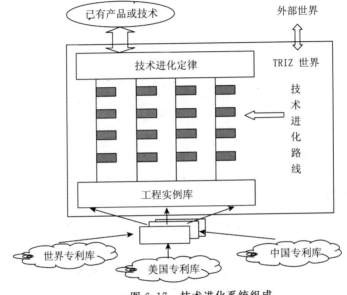

图6.17 技术进化系统组成

图6.18中所示为某进化定律下的一条进化路线，该路线图所示的进化路线开始状态是从状态1开始的，最高状态是状态5。按照该进化路线分析产品的技术进化水平，如果技术水平处于进化状态3，则此进化状态称为当前进化状态。进化状态4及进化状态5还没有达到，也就是说产品的当前技术水平还没有达到的进化

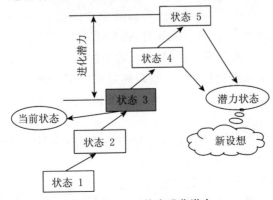

图6.18 技术进化潜力

状态,这两个进化状态称为具有潜力的进化状态。技术进化潜力就是存在于当前进化状态和最高进化状态之间的状态总称。每一个潜力状态都暗含着具有战略决策的潜在技术,对其进行分析,就可产生关于新一代产品的创新设想,从而制定产品发展战略。

图 6.19 给出了搜索进化路线进化的方法。首先,选择一个相关的进化定律,在该进化定律下的相关进化路线也被选择;然后确定产品沿被选择的进化路线进化的当前进化状态。则当前进化状态与最高进化状态之间就存在进化潜力,具有进化潜力的状态应该有一个或多个,即从比当前进化状态高一级的进化状态到最高进化状态都是具有进化潜力的状态。该搜索过程既可手工实现,也可通过软件实现,如计算机辅助创新软件系统 InventionTool 3.0。

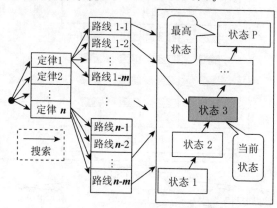

图 6.19　搜索具有进化潜力的进化路线

图 6.20 是技术进化定律与技术进化路线驱动的产品概念开发顺序过程模型。模型的输入是本企业产品或外企业产品,输出的是通过评价得到的新产品概念。这些概念作为后续概念设计(进一步完善上述概念)、技术设计及详细设计的输入。

产品概念形成过程顺序模型分为发现技术机遇及概念产生两个阶段,分七个步骤实施。

步骤 1　选择已有产品:选择本企业或外企业的已有一件或几件产品作为新设计的起点。分析选出产品、部件及零件,抽象出系统的功能、原理或特征。

步骤 2　选择技术进化定律:选择 TRIZ 中的一种或几种进化定律,这些模式能预测选定产品的未来进化趋势。一些定律可直接作为概念产生的依据。

步骤 3　路线选择:在定律下,选择若干条技术进化路线,它们给出技术进化的过程。

步骤 4　发现技术机遇:由选定的定律与路线确定技术进化潜力,这些潜力是技术机遇。

步骤 5　确定潜力状态:由进化潜力确定潜力状态。

步骤 6　产生设想:分析每一个潜力状态,产生创新设想。

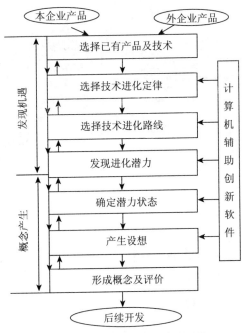

图 6.20 产品概念形成顺序过程模型

步骤 7 概念形成及评价:将设想转变成概念,根据市场需求及本企业能力对所形成的概念进行评价,在若干个概念中选出最具有市场潜力的概念,作为后续设计的输入。

四、效应

效应是 TRIZ 中基于知识的工具。效应是对系统输入/输出间转换过程的描述,该过程由科学原理和系统属性支配,并伴有现象发生。基于专利分析,效应将科学原理、系统属性和现象与其工程应用有机地联系在一起,确定了在科学原理和系统属性支配下输入/输出流之间的因果关系,从本质上解释了功能实现的科学依据,有利于高级别创新解的产生。

每一个效应都有输入和输出,因此效应模型有输入和输出两个接口(两极),如图 6.21(a)所示。效应还可以通过辅助量控制或调整其输出,可控制的效应模型扩展为三个接口(三极),如图 6.21(b)所示。

一个效应可以有多个输入流、输出流或控制流,例如库仑效应中带电体所带电量(Q_1,Q_2)为两个输入流,库仑力(F)为输出流,相对介电常数(ε_r)和带电体间距离(r)为控制流,如图 6.22 所示。效应应该用具有多个输入流、输出流或控制流的多极效应模型表示,扩展效应模型如图 6.23 所示。

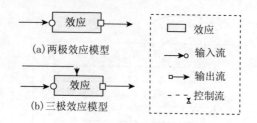

图 6.21　效应模型

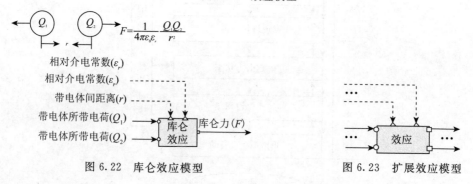

图 6.22　库仑效应模型　　　　　图 6.23　扩展效应模型

依据效应规定的输入/输出流之间的因果关系可以实现预期的输入/输出转换。预期的输入/输出转换可以由一个效应实现。如果没有可以直接实现预期转换的效应,可以按照邻接效应输入/输出流之间的相容关系,将多个效应组合成效应链。基于多流多极效应模型构建效应链的基本组成方式称为效应模式,效应模式有以下几种:

(1)串联效应模式:预期的输入/输出转换由按顺序相继发生的多个效应共同实现,如图 6.24(a)所示。

(2)并联效应模式:预期的输入/输出转换由同时发生的多个效应共同实现,如图 6.24(b)所示。

(3)环形效应模式:预期的输入/输出转换由多个效应共同实现,后一效应的输出流通过一定的方式返回到前一效应的输入端,如图 6.24(c)所示。

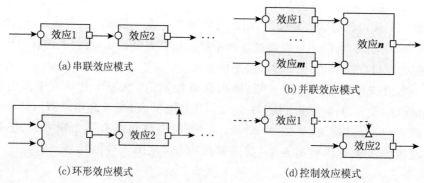

图 6.24　效应模式

(4)控制效应模式:预期的输入/输出转换由多个效应共同实现,其中一个或多个效应的输出流由其他效应的输出流控制,如图 6.24(d)所示。

在概念阶段,设计人员根据客户需求确定产品的总功能,并将总功能分解为分功能及功能元,建立待设计产品的功能结构;确定每个功能元的原理解,并将所有功能元的原理解合成得到待设计产品的原理解。

在 TRIZ 理论中,效应方法主要用于功能元的求解。在功能元到目标效应链的映射中找到一个目标效应链的过程称为效应综合算法。该算法要有效地利用不同领域中的效应知识,其基本条件是得到效应知识库的支持。效应知识库中的知识来源于不同领域,并随着科学技术的发展不断添加。应用效应解决问题的一般过程如图 6.25 所示。

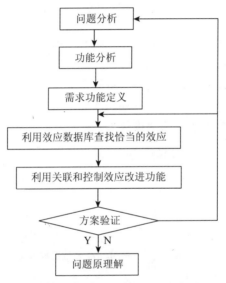

图 6.25 应用效应解决问题的一般过程

五、物质—场模型及标准解

标准解是 TRIZ 中一种基于知识的解决技术问题的类比工具,与标准解密不可分的是物质—场模型。

产品是功能的一种实现。TRIZ 认为,所有的功能都是由两种物质及一种场的三个要素组成,分别称为目标、工具和场。功能的基本描述如图 6.26 所示,称为物质—场(substance-field,Su-Field)模型。图中 F 为场,S_1 及 S_2 分别为目标和工具。其意义为:场 F 通过工具 S_2 作用于目标 S_1 并改变 S_1。物质—场模型提供了一个从知识库中选择出有用概念的快速而简单的模型。

物质—场模型符号如图 6.27 所示。

F
S_1
S_2

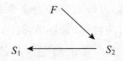

图 6.26 早期物质—场模型

未评估作用
期望作用
不足作用
有害作用
导致结果
改变模型
场的类型
F_{type}
type: Me-机械，Th-热，Ch-化学，E-电，M-磁，G-重力
有用结果
U
有害结果
H
S_2=
S_1=
S_3=
环境 (E) =
环境资源 (ER) =

图 6.27 物质—场模型符号

物质—场模型有四种基本类型，如图 6.28 所示：

(1)有效完整系统。

(2)不完整系统(需要改进形成一个新的系统)。

(3)无效完整系统(需要改进以得到期望效果)。

(4)有害完整系统(需要消除消极效果)。

F_{type}
有效完整系统
不完整系统
F_{type}
F_{type}
无效完整系统
有害完整系统

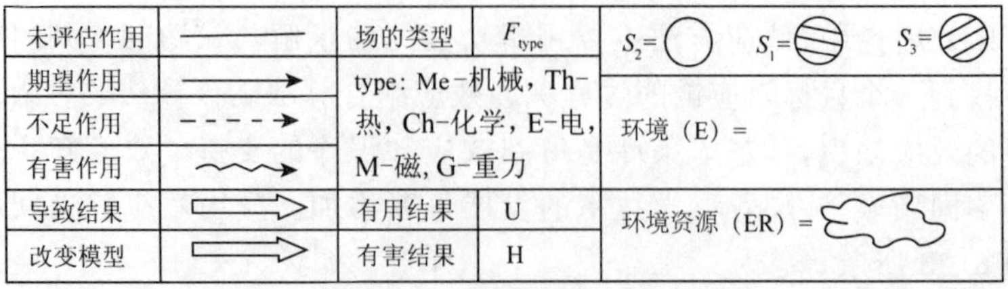

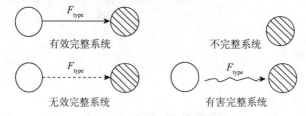

图 6.28 物质—场模型类型

在建立物质—场模型和确定解的所有约束条件之后，标准解用于问题的解决和转化。标准解共有 76 条，被分为 5 大类：

(1)不改变或少量改变以改进系统：13 条标准解。

(2)改变系统：23 条标准解。

(3)系统转换：6 条标准解。

(4)检测与测量：17 条标准解。

(5)简化与改进的策略：17 条标准解。

第 1 类到第 4 类标准解常常使系统更复杂，这是由于这些解都需要引入新的物质或场。第 5 类标准解是简化系统的方法，使系统更理想化。当从解决问题的第 1 类到第 3 类标准解或解决检测/测量问题的第 4 类标准解决定了一个解之后，第 5 类就可用来简化这个解。流程图 6.29 详细表达了 76 个标准解的每个类别在问题求解和技术预测两个方面的应用。

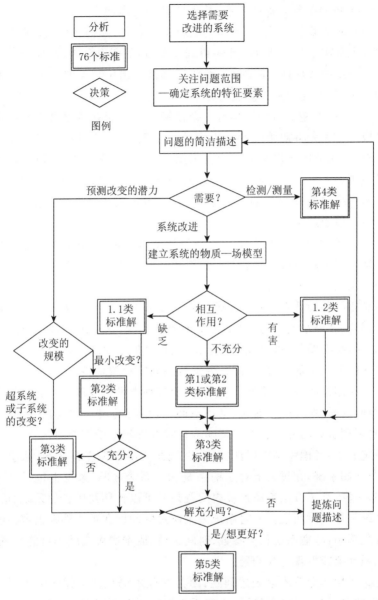

图 6.29　76 个标准解应用流程

六、发明问题解决算法(ARIZ)

ARIZ 最初由 Altshuller 于 1956 年提出,经过多次完善才形成比较完整的体系,ARIZ 是解决发明问题的完整算法,是 TRIZ 中最强有力的工具,集成了 TRIZ 理论中大多数观点和工具。ARIZ 的主导思想和观点如下:

(1)冲突理论:发明问题的特征是存在冲突,ARIZ 强调发现解决问题中的冲突,Altshuller 将冲突分为管理冲突、技术冲突和物理冲突。管理冲突是指希望取得某些结果或避免某些现象,需要作一些事情,但不知如何去做;技术冲突总是涉及系统的两个基本参数 A 与 B,当 A 得到改善时,B 变得更差;物理冲突仅涉及系统中的一个子系统或部件,并对该子系统或部件提出了相反的要求。技术冲突可转化为物理冲突,物理冲突更接近问题本质。

ARIZ 采用一套逻辑过程逐步将一个模糊的初始问题转化为用冲突清楚地表示问题的模型。首先将初始问题用管理冲突来表述,根据 TRIZ 实例库中的类似问题类求解,无解则转化为技术冲突采用 40 条发明原理解决,如问题仍得不到解决则进一步深入分析发现物理冲突。特别强调由理想解确定物理冲突的方法,一方面技术系统向着理想解的方向进化,另一方面物理冲突阻碍达到理想状态。创新是克服冲突趋近于理想解的过程。

(2)克服思维惯性:思维惯性是创新设计的最大障碍,ARIZ 强调在解决问题过程中必须开阔思路克服思维惯性,主要通过利用 TRIZ 已有工具和一系列心理算法克服思维惯性。如下所示:

1)将初始问题转化为"缩小问题"(mini-problem)和"扩大问题"(maxi-problem)两种形式。"缩小问题"是尽量使系统保持不变,达到消除系统缺陷与完成改进的目的,"缩小问题"通过引入约束激化矛盾,目的是发现隐含冲突。"扩大问题"是对可选择的改变不加约束,目的是激发解决问题的新思路。

2)强调应用系统内、系统外、超系统的所有种类可用资源。主要包括七种潜在的资源类型:物质、能量—场效果、可用空间、可用时间、物体结构、系统功能、系统参数,并且可用资源的种类和形式是随着技术的进步不断扩展的。

3)系统算子:考虑将系统问题扩展,系统往往不是孤立存在的,系统包含子系统,并隶属于超系统,在过程上处于前系统和后系统之间,系统也包括过去状态和将来状态。系统算子方法考虑系统内问题是否可以转移到所在超系统、前系统、后系统及系统的不同时间段。有时系统内难解决的问题在系统外则很容易解决。

4)参数算子:考虑系统长度参数、时间参数、成本增大或减小可能出现的情况,目的是加强冲突或发现隐含问题。

5)尽量采用非专业术语表述问题,因为专业术语往往禁锢人的思维。例如在"破冰船破冰"的惯性思维引导下,人们不会想到可以不用破冰而将冰移走。

(3)集成应用 TRIZ 中大多数工具:ARIZ 集成应用了 TRIZ 理论中绝大数工具,包括理想解、技术冲突理论、物理冲突理论、物—场分析与标准解、效应知识库。对使用者有很高要求,必须熟练使用 TRIZ 理论其他工具。

(4)充分利用 TRIZ 效应库和实例库,并不断扩充实例库。ARIZ 应用效应库解决物理冲突,并已有相应软件支持。搜索实例库借鉴类似问题解决方案,并且每解决一个问题都要分析解决方案,具有典型意义及通用性的加入实例库。但不同问题的相似性判别,原理解特征分析,实例库分类检索方法还有待研究。

ARIZ有多个版本,ARIZ85-AS是最具有代表性的版本。ARIZ 85-AS 共有九个步骤。

图 6.30 所示的 ARIZ 的前五个步骤将初始问题转化为冲突并解决冲突,如果问题在前五步没有得到解决,第六步重新定义问题并跳回到第一步,第七步的作用是问题解的评价;第八步由问题特解中抽取出可用于解决其他问题的通用解法;第九步是 TRIZ 专家用来分析 ARIZ 求解过程以改进 ARIZ。ARIZ 每个步骤包含许多子步骤,应用中不强调采用所有步骤根据情况可跳过一些无关子步骤。详细子步骤介绍如下。

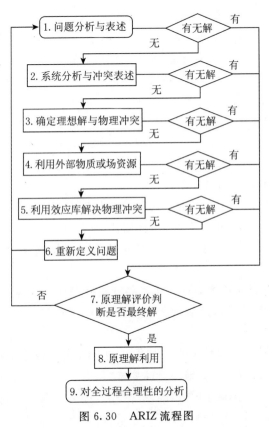

图 6.30　ARIZ 流程图

准备工作:搜集问题所在系统的相关信息。

(1)收集并陈述问题相关案例,了解已经尝试过但没有成功的解决方案。

(2)通过回答以下问题,定义问题解决后应达到的目的,能接受的最大成本。

1)评价问题解决的技术和经济指标是什么?

2)问题解决后带来的好处?

3)要解决问题技术系统,哪些特性和参数必须改变?

4)可以接受的成本是多少?

步骤1:问题分析与表述。问题分析步骤的主要作用是搜集技术系统相关信息,定义管理冲突,分析问题结构,以"缩小问题"的形式表述初始问题。

(1)按照如下文本形式,表述技术系统。

技术系统的主要目的是_____,主要子系统包括_____,技术系统和它的主要子系统的有用功能包括_____,有害功能包括_____。

(2)回答如下问题,判断问题是常规问题还是冲突问题,常规问题不需应用 ARIZ。

1)应用已知方法提高有用功能,有害功能是否同时提高?

2)消除或减弱有害功能,有用功能是否同时减弱?

如果两个问题答案都是否定的,则是常规问题,不需应用 ARIZ。

(3)采用管理冲突和"缩小问题"形式表述原问题。"缩小问题"模板:如何通过系统最小的改动实现有用功能,消除有害功能,或如何通过系统最小改动消除有害功能,并不影响有用功能。

(4)图形表示"缩小问题"的结构。根据有用功能与有害功能的相互作用关系,分为点结构、成对结构、网状结构、线结构、星形结构等。

(5)复杂结构的"缩小问题"简化为标准的点结构,复杂结构问题分析理论还不成熟,是现在 TRIZ 研究的热点之一。

(6)TRIZ 实例库应用,寻找是否可利用类似问题解。

(7)问题发散。假设初始问题不可能解决,应用系统算子,考虑在超系统、前系统、后系统及系统的不同时间段寻找替代解决方案达到同样目的。问题解决则转到步骤7。

步骤2:系统分析与冲突表述。该步骤分析问题所在技术系统各要素,构建技术冲突表述问题,并尝试采用发明原理与标准解法解决技术冲突。详细子步骤如下:

(1)陈述问题所在技术系统的主要要素:TRIZ 认为技术系统包括输入原料要素、工具要素、辅助工具要素和输出产品要素。

(2)通过分析系统要素作用过程,发现冲突,冲突一般发生在工具、辅助工具要素作用于原材料要素的过程中。

(3)根据技术冲突的两种形式,构建如下技术冲突(TC_1,TC_2)。

TC_1:增强有用功能,同时增强有害功能。

TC_2:降低有害功能,同时降低有用功能。

(4)如果冲突涉及辅助工具要素,可以尝试去除辅助工具要素构建技术冲突(TC_3)。

(5)确定冲突,选择合适的技术冲突(TC_1,TC_2,TC_3)来表述问题(原则是解决哪一个冲突可以更好地实现系统主要功能)。尝试用冲突矩阵与 40 条发明原理解决技术冲突,冲突解决则转到步骤7。

(6)采用参数算子方法,加强冲突,直到原问题出现质变出现新的问题,并重新分析问题。

(7)构建技术冲突的物—场模型,尝试用标准解法解决问题。如果技术冲突得不到解决,继续步骤3。

步骤3:确定理想解与物理冲突。首先确定最终理想解,发现阻碍实现理想解的物理冲突。

(1)结合设计草图,定义操作区域,操作时间。

(2)定义理想解1:在不使系统变复杂的情况下,实现有用功能并不产生和消除有害功能,并不影响工具要素有用行动的执行能力。

(3)加强理想解:引入附加条件不能引入新的物质和场,应用系统内可用资源实现理想解。

1)列出系统内所有可用资源清单。

2)选择一种资源(X-资源)作为利用对象。依次选择冲突区域内的所有资源,选用的顺序为工具要素、其他子系统的资源、环境资源、原材料要素和产品。

3)思考利用X-资源如何达到理想解,并思考如何能够达到理想状态(X-资源可作为假想冲突元素,具有相反的两种状态或属性,不必考虑是否可实现)。

4)遍历所有资源以后,选择一个最可能实现理想解的X-资源作为冲突元素。

(4)表述物理冲突。物理冲突模板:在操作空间和时间内,所选X-资源应该具有某一状态以满足冲突一方,又应该具有相反的状态以满足冲突另一方。

(5)构建理想解2。所选X-资源在操作时间和空间内,具有相反的两种状态或属性。

(6)尝试解决理想解2指出的问题,如果问题没有解决,选择另外一种资源。

步骤4:利用外部物质或场资源。在步骤3系统内资源分析的基础上,进一步拓展可用资源的种类和形式(包括派生资源)。

(1)使用物质资源的混合体来解决问题。真空也可以看作是一种物质,例如稀薄的空气可以看作是空气与真空区的混合体,并且真空是一种非常重要的物质资源,可以与可利用物质混合产生空洞、多孔结构、泡沫等。

(2)应用派生资源。

(3)将产品作为一种可用资源。常见几种应用形式如下:

1)产品参数和特性的改变。

2)产品暂时改变。

3)多层结构。

(4)应用超系统资源。

(5)使用场资源和场敏物质。典型的是磁场和铁磁材料、热与形状记忆合金等。

(6)在应用新资源的情况下,重新考虑采用标准解解决问题。

(7)经过以上步骤问题仍没有解决,进入步骤 5 应用 TRIZ 知识库,经过以上分析步骤,问题表述更接近问题本质,有助于问题解决。

步骤 5:应用效应库解决物理冲突。

(1)采用类比思维,参考 ARIZ 已经解决的类似问题的解决方案。

(2)应用效应库解决物理冲突,新效应的应用常可获得跨学科高级别的发明解。

(3)尝试应用分离原理解决物理冲突。

步骤 6:重新定义问题。问题没有解决的重要原因是发明问题很难得到正确表述,解决问题过程中经常需要修改问题表述。

(1)问题解决则跳转到步骤 7。

(2)问题没有解决,返回步骤 1,分析初始问题是否可分为几个小问题,重新分析确定主要问题。

(3)检查步骤 2 中冲突要素分析是否正确,是否可以选择其他产品或工具要素。

(4)选择步骤 2 中的其他冲突表述 TC_1、TC_2、TC_3。

步骤 7:原理解评价。主要目标是检查解决方案的质量。

(1)检查每一种新引入的物质或场,是否可以用已有物质和场代替。

(2)子问题预测。预测解决方案会引起哪些新的子问题。TRIZ 所得到冲突的解分为两类:①离散解:彻底消除了技术冲突,或新解使得原有技术冲突已不存在。②连续解:新解部分消除了冲突,但冲突仍然存在。不断地消除冲突的同时产生一系列新的冲突,这些冲突构成冲突链。

(3)方案解评估。主要采用如下评价标准:

1)是否很好实现了理想解 1 的主要目标。

2)是否解决了一个物理冲突。

3)方案是否容易实现。

4)新系统是否包含了至少一个易控元素? 如何控制?

所有标准都不满足则回到步骤 1。

(4)检索专利库检查解决方案的新颖性。

步骤 8:原理解利用。原理解具体工程实现方法以及评价该方法是否可以应用于其他问题。

(1)定义改变。定义包含改进系统的超系统应如何改变。

(2)可行性分析。检查改进后的系统和超系统是否可以按新方式工作。

(3)考虑应用解决方案采用的原理解决其他问题。

1)陈述解法的通用原理。

2)考虑该解法原理对其他问题的直接应用。

3)考虑使用相反的解法原理解决其他问题。

步骤9:对全过程合理性的分析。主要是面向 TRIZ 专家,用于评估改进 ARIZ。

(1)将问题解决实际过程与 ARIZ 的理论过程比较,记下所有偏离的地方。

(2)将解决方案与 TRIZ 知识库比较,如果 TRIZ 知识库没有包含该解决方案的原理,考虑在 ARIZ 修订时扩充。

第四节 应用案例

一、开口扳手改进设计

图 6.31 是一种开口扳手的示意图。图中,扳手在外力的作用下拧紧或松开一个六角螺钉或螺母。由于螺钉或螺母的受力集中到两条棱边,容易产生变形,而使螺钉或螺母的拧紧或松开困难。

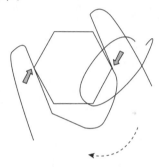

图 6.31　开口扳手

开口扳手已有多年的生产及应用历史,在产品进化曲线上应该处于成熟期或衰退期,但对于传统产品很少有人去考虑设计中的不足,并且改进其设计。按照 TRIZ 理论,处于成熟期或衰退期的改进设计,必须发现并解决深层次的冲突,提出更合理的设计概念。目前的扳手可能损坏螺钉/螺母棱边提示设计者,新的设计必须克服目前设计中的该缺点。现应用冲突矩阵解决该问题。

首先从 39 个标准工程参数中选择确定技术冲突的一对特性参数。

质量提高的参数:物体产生的有害因素(No.31)。

带来负面影响的参数:制造精度(No.29)。

由冲突矩阵(附录)的第 31 行及第 29 列确定可用发明原理为:

No.4　不对称

No.17　维数变化

No.34　抛弃与修复

No.26　复制

对 No.17 及 No.4 两条原理的分析表明,扳手工作面的一些点要与螺母/螺钉的侧面接触，而不仅是与其棱边接触就可解决该冲突。美国专利 US Patent 5406868 正是基于这种原理设计的，如图 6.32 所示。

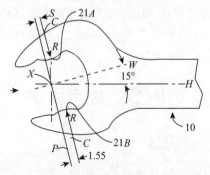

图 6.32　改进后的开口扳手

二、FBC(fluidized bed combustion)锅炉

FBC 锅炉(见图 6.33)在使用中，其炉壁经常被煤磨损，不得不停机修理，造成巨大损失，希望提出改进设计方案。

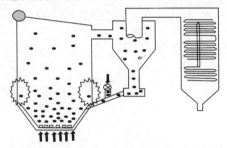

图 6.33　锅炉炉壁磨损

初始状况：在 FBC 锅炉系统中，煤通过循环密封通道进入炉内燃烧，未充分燃烧的煤循环利用。在运行过程中出现了如下的问题。

由于空气的进入，处于流态的煤作用于炉壁，将炉壁的金属磨损掉。因此，锅炉不得不停机维护。

为了提高生产率，需要增加空气的速度，其结果将增加煤的燃烧率，但这将导致磨损增加。由此确定技术冲突相关的标准工程参数。

希望改进的特性：速度、生产率。

恶化的特性：物质损失(磨损)、外部物体作用的有害因素。

由冲突矩阵可查出发明原理如表 6.6 所示。

表 6.6　锅炉问题发明原理

改进特性	恶化特性	发明原理序号
速度(9)	物质损失(23)	10、13、28、38
速度(9)	外部物体作用的有害因素(30)	1、28、23、35
生产率(39)	物质损失(23)	28、10、35、23
生产率(39)	外部物体作用的有害因素(30)	22、35、13、24

选定的发明原理是：

No.10 预操作

No.24 中介物

No.28 机械系统的替代

No.35 参数变化

根据这些原理,可以确定解决技术冲突的不同方案,从中选择最有可能实现的方案并将其实现。

方案 1:在炉内经常被磨损的部位安装防护墙,如图 6.34 所示。可能引出的问题是防护墙的材料及安装方法。

方案 2:炉壁受磨损处涂上一层黏性物质,能把煤黏在炉壁表面,如图 6.35 所示。可能出现的问题是难于发现在温度为 800℃～900℃正常工作的黏结剂。

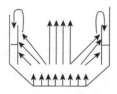

图 6.34　方案 1

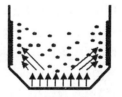

图 6.35　方案 2

方案 3:在炉壁周围吹入空气,使煤颗粒不落在炉壁上,如图 6.36 所示。可能出现的问题是这种空气喷嘴难于安装。

方案 4:在炉壁上安装防护块,防止煤颗粒落到炉壁表面,如图 6.37 所示。可能出现的问题是安装问题。

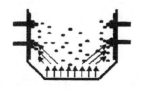

图 6.36　方案 3

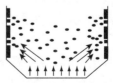

图 6.37　方案 4

方案 5：在炉壁添加磨阻涂层，防止炉壁被煤颗粒磨损，如图 6.38 所示。此方案副作用最小。

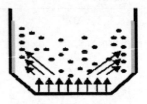

图 6.38　方案 5

按照方案 5，选择有关材料进行实验证明是可行的。

三、蝶阀密封结构

蝶阀是大口径管道流体控制的阀门，具有切断、调节和止回的功能。它最早的应用是从烟道或烟囱上风量调节挡板开始的，近年来蝶阀逐渐被广泛用于各行业。且高性能蝶阀已经应用到低温、高温、高压、真空、泥浆等条件恶劣工况。随着工业的发展，不同行业对设备性能要求越来越严格，所以蝶阀密封结构设计一直是重要的研究课题。下面应用技术进化定律对蝶阀的密封技术进化潜力进行预测。

选取国产蝶阀为研究对象，可以从中国专利库中获取国产蝶阀的专利数据。我国蝶阀生产企业在仿造的基础上积极开展技术研发，至今已有 20 余年，取得了大量成果，这段时期也正是我国专利保护工作逐渐进入正轨的时期，因此国内蝶阀专利数据基本能够反映国内蝶阀产品技术发展的过程。查询国内专利数据库，分别应用"蝶阀"、"蝶形阀"、"碟阀"、"蝶型阀"为"专利名称"索引词对有关蝶阀的专利进行检索，检索出自 1985 年到 2005 年与蝶阀有关的公开专利共计 688 份。从中筛选出与蝶阀密封结构设计有关的发明专利和实用新型专利共计 610 余份，其他与密封技术无关的专利就忽略了，如有关外观设计的专利。

蝶阀的核心技术应该是实现密封功能的关键结构部分。经对上述专利进行分析和总结，其主要结构分为三部分：①控制部分，包括驱动结构和动力传输结构。②执行部分，包括阀板、阀杆、阀座和密封圈。③阀体，如图 6.39 所示。其中执行部分是实现蝶阀密封技术的关键部分，所以执行部件的技术发展历程就代表了蝶阀核心技术的进化历程。

经过专利分析，提取总结出执行部件的技术发展历程的进化趋势。其主要进化趋势如下：

(1)阀杆中心线、阀板中心线与阀体中心线三者之间的结构关系由无偏心（阀杆轴心、阀板中心与阀体中心在同一位置）→单偏心（专利 92227598.x，阀杆轴心偏离了阀板中心）→双偏心（专利 97241076.7，阀杆轴心既偏离阀板中心，也偏离阀体中心）→三偏心（专利 98226652.9，在双偏心基础上，密封面的中心线与阀体中心线偏转一角度），如图 6.40(a)所示。

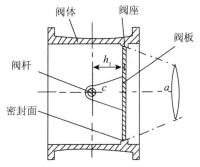

图 6.39　蝶阀的密封结构部件示意图

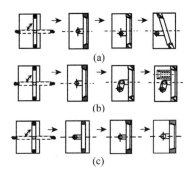

图 6.40　蝶阀密封结构技术进化

　　(2)阀杆和阀板之间的链接方式由早期的刚性链接(专利86208284,阀杆轴心通过阀板中心处,与之固定链接)→一个铰接(专利86100768,通过一个铰链连接)→两个铰接(专利 CN87208019 U,通过两个铰链连接)→柔性链接(专利94111763.4,在两个铰接基础上,在阀板与阀杆间设置有弹簧结构,可使阀板沿阀杆径向实现平移动作,自动补偿密封副的磨损),如图 6.40(b)所示。

　　(3)阀板与阀座之间的密封接触面形状由点接触→线接触→圆锥面接触→球形面接触,如图 6.40(c)所示。

　　蝶阀密封的关键技术是须保证密封面处有足够的密封比压,从上述执行部件技术的进化趋势,不难看出执行部件的结构设计都是以实现良好的密封功能,减少阀板开启、关闭时的摩擦以及应用耐磨材料为目的的。如双偏心和两个铰接结构可产生偏心轮作用,实现阀板在开启、关闭瞬间沿阀杆径向实现平移动作,从而减少密封面的摩擦,同时可保证足够的密封比压。

　　分析蝶阀技术进化的趋势 2 满足定律 3:技术进化动态化增长定律。

　　蝶阀的阀杆与蝶板连接的结构设计进化过程如图 6.41 所示。图中的技术潜力包括两个潜力状态:分子结构及场。

　　图 6.41 表明潜力状态分别是分子结构及场,这两种状态分别指气体、液体及各种场的应用。每个状态都可以产生若干个设想。下面是几个设想:

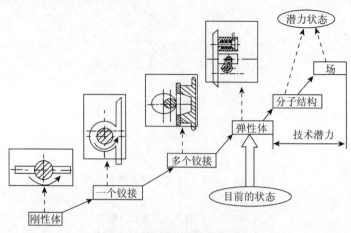

图 6.41　蝶阀动态化分析

设想 1:应用油液的可压缩性或可控性完成阀板的小位移或微位移,以补偿阀板与阀座之间密封处的磨损。

设想 2:应用气体的可压缩性或可控性完成阀板的小位移或微位移,以补偿阀板与阀座之间密封处的磨损。

设想 3:应用永久磁铁磁极之间的吸引力完成阀板的小位移或微位移,以补偿阀板与阀座之间密封处的磨损。

设想 4:应用电磁的吸引力完成阀板的小位移或微位移,以补偿阀板与阀座之间密封处的磨损。

对上述设想进行分析和评价,形成设计方案。应用设想 1,设计专门的阀门微位移装置,如图 6.42 所示。

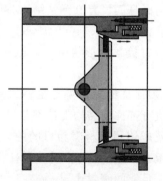

图 6.42　蝶阀密封结构

四、带式输送机技术进化

带式输送机是以输送带为牵引和承载构件,通过承载物料的输送带的运动进行物料连续运输的设备。其结构原理如图 6.43 所示,输送带绕经传动滚筒和尾部滚筒形成无极环形带,上下输送带由托辊支撑以限制输送带的挠曲垂度,拉紧装置为输送带正常运行提供所需的张力。工作时驱动装置驱动传动滚筒,通过传动滚筒和输送带之间的摩擦力驱动输送带运行,物料装在输送带上和输送带一起运动。带式输送机一般是在端部卸载,当采用专门的卸载装置时,也可在中间卸载。

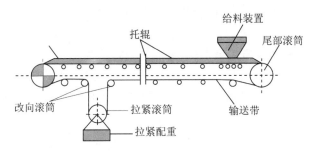

图 6.43 带式输送机结构原理

进行专利检索,首先要确定欲检索专利的主题、地区、资料库等必要的背景信息,才能有效地收集资料。在此次带式输送机的专利分析中,以中国国家专利局的专利数据库为检索依据,将研究的侧重点放在国内带式输送机的发展上,检索国内近 30 年来带式输送机的相关专利。检索时关键词采用"带式输送机"、"皮带机",而专利发表的地区与公司则不加限制,以期能够检索出更多有用的专利资料。

检索到专利初级资料 321 件,其中实用新型专利 269 件,发明专利 52 件。所有名称中包含"带式输送机"和"皮带机"的专利都会被检索出来,但其中会有一部分的专利资料与本课题的研究内容无关,因此必须对初级资料进行筛选,从而找到与本课题直接相关的专利。

带式输送机的关键技术包括承载方式、驱动方式、制动方式、输送带结构、移动结构。本例题仅给出承载方式的研究结果。

通过对带式输送机的专利分析,发现其承载方式经历了如下几个阶段:

原始带式输送机→深槽型带式输送机→管状带式输送机→气垫式、液垫式带式输送机。

阶段一:原始带式输送机

带式输送机最早出现于 17 世纪中期,当时每个托辊组中只有一个托辊起简单的支撑作用,后来发展成为每组两个托辊,如图 6.44 所示。

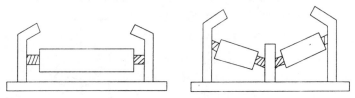

图 6.44 原始带式输送机结构

基于当时的技术水平,原始的带式输送机与其他运输方式相比,已经具有了一定的优越性。正是由于其结构简单、节省劳动力等特点,很快得到了重视和广泛的应用。

但是,由于当时的技术水平的限制,原始的带式输送机的应用环境具有很大的局限。运输距离短,运速慢,且只能实现平面的运输。这只是带式输送机的雏形。

阶段二:普通托辊式带式输送机、深槽型带式输送机

1892 年,Thomas Robims 发明的槽型结构的带式输送机确定了当代带式输送机的基本形式,也就是至今仍得到广泛应用的普通托辊式带式输送机,如图 6.45 所示。这种结构不但延续了原始带式输送机结构简单等特点,而且在很大程度上提升了带式输送机的使用范围。通过对托辊的不断改进,普通带式输送机的输送性能也不断提高。由于每组采用三个托辊,形成槽型结构,增大了物料的承载能力。并且通过改变托辊布置,可以实现在平面上的大角度弯曲;通过改变槽角,使托辊对物料产生一定的夹持作用,从而实现在垂直方向上一定角度的提升。深槽型带式输送机是在充分保持通用带式输送机优点情况下,增大输送物料倾角的一种输送机,它是仅改变输送机的托辊组的槽角或托辊组中辊子的数量,通过辊子经过输送带对物料的挤压来实现大倾角输送物料的。

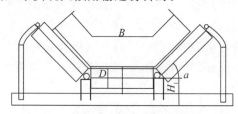

图 6.45 普通带式输送机结构

缺点:深槽型输送机提高输送物料的倾角受到物料性质和料流的影响。

阶段三:管状带式输送机

圆管带式输送机是在槽形带式输送机基础上发展起来的一类特种带式输送机,如图 6.46 所示。它是一种通过托辊组施加强制力将平型输送带导向成圆管状,使输送物料被密闭在圆管内,从而在整个输送线路中实现封闭输送的设备。

缺点:①材质和制造要求相对较高。②由于在输送机的运行中物料被围包在圆管内,增大物料与输送带的挤压力,因此输送机的运行阻力系数要比通用带式输送机大。③与通用带式输送机相比,在带速和带宽相同的条件下输送量小。④设计计算复杂。⑤从结构上来说,圆管带式输送机不会产生如同通用带式输送机的输送带跑偏问题,但是存在输送带的扭转问题,严重时会使输送带的边缘进入两个托辊的间隙内,

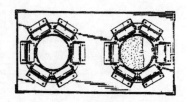

图 6.46 管状带式
输送机结构

造成输送带的损坏。

阶段四:气垫式带式输送机

气垫带式输送机,如图 6.47 示,是将普通带式输送机的承载托辊去掉,改用设有气室的盘槽,由盘槽上的气孔喷出的气流在盘槽和输送带之间形成气膜,变普通带式输送机的接触支撑为形成气膜状态下的非接触支撑,从而显著地减少了摩擦损耗。气垫带式输送机维修费用低,制造成本低,运行稳定,工作可靠,运输能力高,污染少。

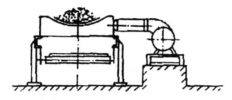

图 6.47 气垫式带式输送机结构

缺点:①由于供气及沿线气压损失而造成能耗较大,特别是输送线较长时其能耗就更大。②空载或轻载的气垫不稳定,输送带中央悬浮过高,带的两侧易被盘槽磨损。③不适用于很粗大的散状物料和成件货物。④不能承受冲击载荷,否则会破坏气垫,因此在装料处仍需缓冲托辊。⑤由于气室制造上的困难,输送机不易实现平面和空间转弯,只能是直线布置,若要转弯,则该部分需设置过渡段托辊。

通过专利分析,带式输送机承载装置的进化满足技术进化动态化增长定律,并能用进化路线描述,如图 6.48 所示。

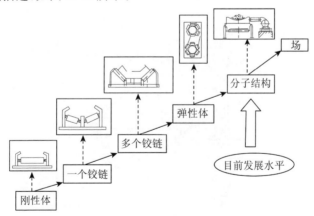

图 6.48 承载方式进化分析

根据进化路线可知,带式输送机的承载方式已经达到了分子结构,出现了气垫式带式输送机。虽然气垫式带式输送机已经得到了一定程度的应用,但是它的缺点决定了它的应用场合受到了很大的限制,也促使它向更高的程度进化。因此带式输送机的承载方式将向场进化,可以利用磁场支撑来实现。磁垫式带式输送机,如图 6.49 所示。

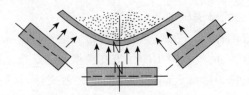

图 6.49　磁垫式带式输送机原理图

　　两磁铁的磁极之间有相互作用的磁力存在。相同磁极之间存在排斥力,反之则存在吸引力,其作用力的大小由磁极产生的磁场强度决定。利用这一基本原理,假如将胶带磁化制成一弹性体,并在支撑胶带的支撑面上安装上与胶带被支撑面同级的永久磁铁,则胶带与支撑磁铁之间会产生排斥力,使胶带悬浮在支撑座上,从而实现非接触支撑。输送带与托辊之间产生摩擦不但降低了输送效率,而且加大了输送带的磨损,加大了输送的成本。采用磁垫式支撑,提高了输送效率,降低了输送成本,从而降低了企业的维护费用。缺点是需要专门的磁性胶带,且容易发生飘带和跑偏。

五、快速切断阀

　　高炉煤气余压回收透平发电装置(TRT)是能量回收装置。快速切断阀见图6.50 所示,在高炉煤气余压透平发电装置中是关键的配套设备,在 TRT 系统发生故障时完成阀口的紧急关闭动作,确保透平机组的安全。

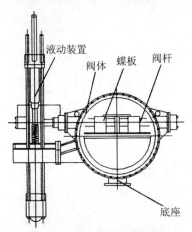

图 6.50　快速切断阀结构示意图

　　现场应用表明 TRT 液压系统及快速切断阀存在着如下一些问题:
　　(1)液压控制系统主要由液压泵站、油箱、蓄能器及控制站组成,整个系统向六个点供油。由于高炉煤气含尘量较高,插板阀在启闭过程中液压系统与煤气直接接触,造成整个液压系统的油质清洁度难以满足要求。

(2)因操作环境较为恶劣,不经常动作的快速切断阀长期工作的可靠性较低。

(3)在快速切断阀紧急关闭的最后阶段,由于动力弹簧的弹力随形变的减小而减小,而液压系统不能提供与弹力同向的作用力,因此会出现动力不足,阀门无法完全关闭的情况。

(4)TRT 系统正常工作时,快速切断阀处于打开状态,液压系统需要长时间持续工作,消耗大量电能。

考虑到 TRT 液压系统存在的问题及快速切断阀在 TRT 装置中的重要作用,需要对其液压系统进行改进。

对问题进行精确、详细的描述,建立问题模型是非常必要的。一个技术系统的主要目的就是满足一项或几项功能,可用"功能"来描述问题或设计要求。

TRT 系统中快速切断阀存在的问题,如有害作用:电机和液控箱消耗大量电能,灰尘污染液压油;有用不足作用:滤油器和管路阻碍液压油流动,动力弹簧驱动活塞的动力不足,完善这些功能的实现是后续改进设计的出发点。对于快关行程末期动力弹簧驱动活塞动力不足的问题,如果能提供与弹簧弹力同向的作用力,执行元件仍可采用动力弹簧,这种方法是简单可靠的。根据功能分析决定去掉液压驱动系统,采用新的驱动装置。要求新的驱动装置能实现慢开、慢关、快关和游动动作,并能产生与弹簧弹力同向的作用力保证阀门完全闭合。

按照功能对效应进行分类意味着如果遇到问题,可以快速查找知识库中用于实现功能的相关效应。例如,浏览效应知识库中的"移动固体物质"功能,可以快速确定与问题相关的效应(见表 6.7),用光、电、磁、液、热、气、声、化等效应都可以实现某些驱动功能。

表 6.7 效应知识库中的相关效应举例

阿基米德原理	热膨胀	惯性	气能积累
弹簧形变	电流变效应	马格努斯效应	磁流变效应
电致伸缩	磁致伸缩	溶解	磁场
电场	反压电效应	帕斯卡定律	牛顿第二定律
安培定则	受迫振动	化学能	磁场力效应

为使驱动系统结构简单,操作方便,降低成本,可选用磁场力效应,使铁芯在磁场力的作用下产生运动。但只选用磁场力效应无法满足需求功能,还需要螺线管磁场效应、欧姆效应和螺线管长度决定磁场强度效应结合成为效应链,对磁场力效应的输入量和控制参数进行控制。这些效应可以按效应链模式结合成为效应链,如图 6.51 所示。

当电流通过螺线管时,在螺线管内部产生磁场。电压或电流的大小决定磁场

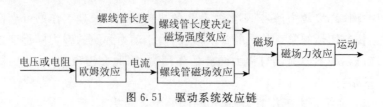

图 6.51　驱动系统效应链

的强弱,电压或电流的方向决定磁场的方向。不同的磁场可使螺线管内部的铁芯以不同的速度向不同的方向运动。快速切断阀驱动系统用电磁驱动替代液压驱动。

　　将驱动系统效应链与快速切断阀功能模型结合起来,对系统进行改进。设计中的重要突破、成本或复杂程度的显著降低,往往是功能分析及裁剪的结果。基于消除元件并重新分配元件间的有用功能的裁剪(trimming)是一种改进系统的方法,该方法研究每一个功能是否必需,如果必需则研究系统中的其他元件是否可完成该功能,反之则去除不必要的功能及其元件。经过裁剪后的系统更为简化,成本更低,而性能保持不变或更好,剪裁使产品或工艺更趋向于理想解。

　　改进后的快速切断阀系统功能模型如图 6.52 所示。改进后的驱动系统将液压装置全部去掉,用电器柜控制线圈中电压或电流的大小和方向,在线圈内部产生不同的磁场,使连杆以不同的速度向不同的方向运动,实现阀门的慢开、慢关、快关和游动动作,并能实现缓冲作用,保证阀门完全闭合。快速切断阀电磁驱动系统原理解如图 6.53 所示。

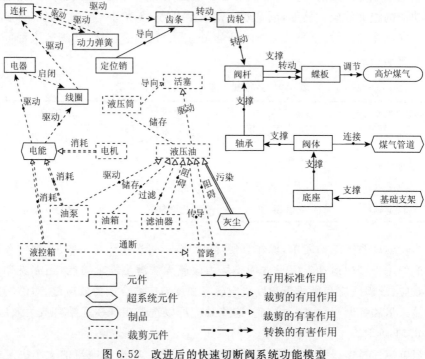

图 6.52　改进后的快速切断阀系统功能模型

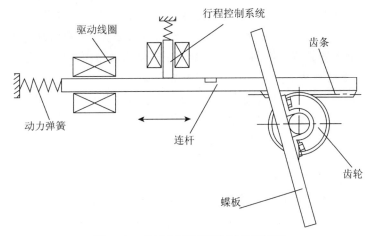

图 6.53 快速切断阀驱动系统原理解

从系统性能的角度来看,用电磁驱动替代液压驱动消除了液压系统对快速切断阀的负面影响,如灰尘污染液压油、液压油流阻、部分液压仪表可靠性差以及弹簧动力不足等,在保证实现快速切断阀各项动作的基础上,操作更为简单,提高了系统性能。

针对高炉 TRT 系统中快速切断阀存在的问题,依据 FEE 模型提出了应用"反向鱼骨→功能分析→效应链模型→裁剪→原理解"来分析和解决问题的方法。反向鱼骨图和功能分析以一套复杂而清晰的系统功能结构图形对于存在的问题加以描述,效应是 TRIZ 中最容易使用的一种工具,能提供所有可能的原理解,裁剪则使系统更为简化,成本更低。

六、新型立体车库的创新设计

随着经济的快速发展和人民生活水平的提高,世界各大中城市汽车的拥有量急剧增加,在"寸土寸金"的现今社会,公共场所及社区内存在的车挤绿地、停车难等问题已越来越突出,"车库"日渐成为热门话题。为了解决停车车位占地面积与住户商用面积的矛盾,立体机械停车设备以其平均单车占地面积小的独特特性及其广泛的应用前景,已被广大业内人士所关注。

目前,国家质量监督检验检疫总局颁布的《特种设备目录》中,把机械式停车设备分为九大类,即:升降横移式、巷道堆垛式、垂直升降式、垂直循环式、水平循环式、多层循环式、平面移动式、简易升降式、汽车专用升降机式。各类型立体车库的研发已达到一定先进水平,但因存在一定不足皆未得到充分推广:首先,设备结构复杂,实用性差,高峰期存取车时间长,甚至超出消费者的心理承受时间界限;其次,与司机思维有关,认为其易发生严重故障,停取车不方便,收费高;最后,此类停车场一般位置隐蔽且无明显标识。同时现有立体车库外型适合建造于高楼耸立的繁华市区,若建造于自然风景旅游区内,会显得突兀、单调,与自然不协调。

目前许多旅游风景区旅游资源丰富,每逢节假日特别是黄金周期间,进入各大景区的游客数量剧增,景区及其周边的停车场负荷极大,经常出现停车位短缺现象。如青岛每年的旅游高峰期,沿海一线主干道常出现车位难找的现象,致使旅游时间被压缩,旅游质量下降,影响了岛城旅游形象。

因此研究开发一种经济、美观、实用的新型立体车库,充分利用有限的地面和空间,大幅增加停车位数目,在旅游区显得尤为重要。

针对城市旅游风景区等区域停车难,与现有立体车库类型不相配问题,基于TRIZ理论指导进行创新性方案设计、论证与结构设计,提出设计一种"双环拱形分体轿箱垂直旋转式"新型立体车库。

1. 基于 TRIZ 技术冲突解决原理的立体车库结构创新方案设计

因传统的立体车库与景观的相容性较差,且存取车效率较低,不适合车辆拥挤、存取频率较高的旅游风景区。为了解决此停车难和停车车位占地面积与景观及绿化面积的矛盾,在可能的情况下应该对现有立体车库进行改造,增加其自身"魅力";同时考虑到旅游旺季与淡季所需车位数差距较大,建造大型固定式立体车库成本高,淡季时会出现闲置状况,浪费资源,因此,开发一种与旅游区现有停车场相配合的既能泊车又能美化景观的多功能组装式立体车库尤为必要。

基于 TRIZ 理论的技术冲突解决原理分析存在的矛盾,可以得到一系列的发明原理,在这些原理的指导下可以找到改进创新的方向,技术冲突分析见表6.8。综合考虑各影响因素的作用及查找到的发明原理给出的设计方向,拟定设计半地上半地下组装式垂直旋转立体车库,在景观区建设一外观貌似巨大摩天轮的新型立体车库,给风景区添加一壮观景象,再加以装饰,使之与自然浑然一体,实现停车景观两相宜。

表 6.8 分析结构形式问题技术冲突参数表

改进参数	恶化参数	解决原理	工程解决方案
35 适应性及多用性	36 装置的复杂性	15 动态化 28 机械系统的替代	由升降移动式改成旋转式
12 形状	33 可操作性	15 动态化 32 改变颜色	旋转式 装饰外表(美化)
12 形状	36 装置的复杂性	16 未达到的或超过的作用 28 机械系统的替代	改变原有地面停车或多层循环式车库结构
25 时间损失	33 可操作性	4 不对称 28 机械系统的替代预操作 34 抛弃与修复	改变原有地面停车或多层循环式车库结构 抛弃现有的结构
25 时间损失	32 可制造性	35 参数变化 28 机械系统的替代 34 抛弃与修复 4 不对称	将传统的水平式结构变成垂直式旋转结构

2. 基于三维建模软件的结构创新设计

依据冲突分析和"动态化"、"机械系统的替代"、"参数变化"、"抛弃与修复"、"不对称"、"未达到的或超过的作用"等发明原理引导,综合考虑结构设计及周边环境因素,采用"双环拱形分体轿箱垂直旋转式立体车库"结构。本文介绍基于三维设计软件 Pro/E,CAXA 和 3ds Max 对其结构所作的详细设计。

此方案设计中存在许多关键技术,如增加泊车位、实现稳态驱制动、实现快速停取车、实现组装式安装和设计支撑结构等。综合考虑各项技术要求与可操作性,基于 TRIZ 冲突分析理论,本设计采用组装式双环单侧支撑双驱动式垂直旋转式立体车库,双环增加了泊车位,双驱制动提高了停取车效率,并节约了能源,链传动或柱销传动实现其稳态驱制动,组装式安装有利于设备的运输、安装与拆卸。技术冲突参数分析见表 6.9。

表 6.9　分析多环问题技术冲突参数表

改进参数	恶化参数	解决原理	工程解决方案
可制造性	可操作性	分离原理 合并原理 反向原理	外环内环分离,外环靠轮辐支撑单环做成多层整体式结构
可操作性	可靠性	维数变化原理 重量补偿	内外环分离;拱形结构单节互相支撑
自动化程度	可操作性	分割原理 抛弃原理 局部质量	内外环独立驱动,外缘驱动以减小驱制动力

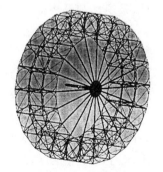

图 6.54　框架图

图 6.55　装配载车台框架示意图

为了便于运输和安装,本立体车库创新性地采用了标准节结构形式,把内外环每个轿箱分别做成标准节,如图 6.54 所示。该车库为双环半地下式,主轴固定在轴承上,轴承安装在地面上的轴承座上。主轴的一边套有套筒,套筒内缘与主轴之间采用键连接,套筒外缘焊接法兰盘;主轴的另一边安装滑动轴承,滑动轴承的外套上焊接法兰盘,法兰盘上用高强螺栓连接用角钢做成的支臂,形成单侧轮辐支撑系统。各支臂之间设计为网架结构,增强其强度、刚度和稳定性。每个轿箱都连接于支臂上,轿箱与轿箱之间采用螺栓连接成拱形结构,如图 6.55 所示。各标准节之间相互支撑,从而减小整环对支臂的弯矩,其主要用于承受重量和传递动力。

载车台为重力自平衡式调节,两侧设有 6 组滚轮,每组 2 个滚轮,由于重力作用,载车台在随车库公转的同时也产生自转,实现载车台始终保持水平。为了增加载车台支撑点,标准节内设有三环 T 形钢弯成的轨环形道,采用 T 形钢可以使两轮子分布于腹板两侧,防止轮子脱离轨道。

为降低驱动力、节约能源,内外环驱制动安置在每环的外缘。拱形环的每个轿箱标准节外侧连接一定厚度的弧形板,使之形成一圆环,在圆环周向安置与链条相啮合的弧形齿条或与柱销相配合的柱销孔。内外环总体装配如图 6.56 所示,应用场景效果图如图 6.57 所示,可见此新型立体车库与外部环境构成了浑然一体的靓丽风景。

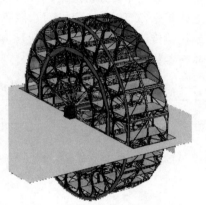

图 6.56 双环总体装配示意图

3. 设计评价

该"双环拱形分体式轿箱旋转立体车库"采用轿箱标准节式、垂直旋转方式,结构、工艺、安装、维修均较简单,功能齐全,拆装方便,具有新颖性、实用性、安全性、环保性、节能性、景观性和经济性等优点。此外该新型车库还有以下几方面特点:

(1)在车库外围建设防护罩,可防雨、防风、防晒。

(2)据资料分析,平面自走式停车场,含场内车道每车位平均需要 $25\sim30\mathrm{m}^2$;而该车库含场外车道每车位平均需要 $6\sim8\mathrm{m}^2$,大大减少了占地面积,提高了地面利用率。

(3)该车库与现有存容量相当的立体车库相比,存取时间短。根据停车设备设计要求,最远存车位一次取车时间少于 2min。该车库内外环可正反转且独立驱动,最远存车位为外环离进出口 1/4 圆周处,满负荷运行时 32 辆车依次取出(存入)作业的时间小于 40min。而普通立体车库,高峰取车时间依次取车时间过长,依次取车第 20 辆需 30min 以上。

(4)该设计考虑到旅游旺季和淡季车位需求量的差距,采取拆装方便的标准节式组装方式,总体框架也是采用大型型材组装而成,从而可根据需求不同进行拆

图 6.57 旋转式停车场渲染效果图

装,避免了设备的长期闲置,节约了资源,提高了其利用率。

4. 结论

设计有原始的自主创新性,外形美观,占地面积小,存容量大,易于安装制造,存储自动化、效率高,对旅游风景区、已有或将建地下停车场的公共场所有着极大的经济、实用价值。该新型立体车库结构已申请发明专利和实用新型专利。该设计目前还存在一定的不足,其设计结构仍存在待优化部分,需进一步进行实验研究,从而完善其结构,进一步降低成本,提高安全性。

七、滚筒式滴丸包装机

中药滴丸滴制成形烘干后,需计数装瓶。国内应用比较广泛的滚筒式滴丸包装机实现了滴丸计数、灌装、封瓶的全自动操作。其技术核心及难点在于如何实现滴丸计数及排粒。如图 6.58 所示,滴丸装载在料仓中,随着滚筒的旋转,滴丸在定量板的运载下,每 100 粒一批,通过槽轮排粒保证定量板上所有药粒通过漏斗被灌入药瓶之中。图 6.59 所示为定量板,图 6.60 为槽轮排粒示意图。光电计数器检测定量板是否布满药粒,没有布满的装瓶后要被剔除。

这种方法的最大缺点是定量板布粒孔数量一定,灌装数量柔性化小;槽轮排粒结构复杂,振动噪声大;使用的光电传感器数量多。

应用 ARIZ 改进滴丸包装机,首要解决的问题是实现灌装柔性化。准备工作如下:

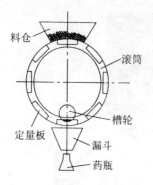

料仓
滚筒
槽轮
定量板
漏斗
药瓶

图 6.58　滴丸包装机示意图

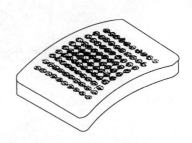

图 6.59　定量板

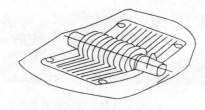

图 6.60　槽轮排粒原理图

(1)搜索现有丸剂包装机方案,都没有解决灌装柔性化这一问题,且没有可借鉴的方案。

(2)确定改进系统应达到的目的。

1)问题解决后将可调整装瓶的药粒数,改善排粒。

2)问题解决后必须保证计数的准确性,并保证可将药粒排出,不影响后续工序。

3)新方案应不增加系统的复杂性。

步骤1:问题分析与表述

(1)该系统的主要功能是实现药粒的计数,并将药粒排出。系统主要部件包括滚筒、定量板、槽轮、料仓、光电传感器。

(2)问题:现有系统定量罐装无法实现柔性化生产,初步判断存在冲突属于发明问题。

(3)管理冲突和"缩小问题"形式表述原问题。

管理冲突:需要调整药粒装瓶数,现有系统无法实现。"缩小问题"在尽量少改变现有系统的条件下,实现柔性化罐装。

(4)问题属于简单的点结构问题。

(5)搜索 TRIZ 发明实例库,没有找到类似问题可参考。

(6)问题发散:滴丸包装机根据工序可分为计数排粒、装瓶、压盖三个子系统。转移问题得到初步方案:排粒必须在原子系统内实现,计数可考虑在后续装瓶工序前实现。

步骤 2:系统分析与冲突表述

(1)陈述技术系统各要素。输入原材料:药粒;工具要素:滚筒;辅助工具要素:定量板,槽轮,光电计数器;输出产品:规定数量的药粒。

(2)冲突要素:定量板;定量板固定数量药粒孔阻碍调整灌装数量。

(3)构建技术冲突。

TC_1:滚筒安装定量板,实现了药粒的计数与排粒,妨碍了调整灌装药粒数。

TC_2:滚筒不安装定量板,无法调整灌装数量,更无法实现计数。

(4)TC_1 可以更好地表述问题,选择 TC_1 为要解决的技术冲突。

(5)应用 40 条发明原理解决冲突:发明原理 15 认为:"动态化"得到原理解,通过更换定量板,调整灌装数,但在定量板面积不变的情况下不能增加灌装药粒数,只能减少。且定量板曲率半径必须与滚筒半径相等,加工难度大。此原理解不采用。

步骤 3:理想解确定和物理冲突

(1)冲突区域:定量板、滚筒、槽轮。冲突时间:从布粒到排粒。

(2)陈述改进后系统理想状态:不影响系统灌装计数和增加系统复杂性,并可实现调整装瓶药粒数。

(3)首先选择定量板作为改进对象,考虑利用定量板如何达到理想状态。

(4)构建宏观物理冲突:为实现计数定量板的药粒孔数为定量,为调整装瓶数药粒孔数为可调量。定量板必须具有药粒孔数固定和可调两种属性。

(5)应用分离原理和标准解,无法解决该物理冲突,返回(3)选择其他组件作为改进对象。

(6)采用滚筒作为利用对象,构建宏观物理冲突:滚筒必须安装定量板以实现布粒和计数;安装定量板无法调整灌装数,滚筒必须不安装定量板采用其他结构实现调整灌装数。

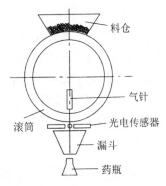

图 6.62 改进后的滴丸包装机

图 6.61 布粒滚筒

(7)应用分离原理,将滚筒的布粒和计数功能分离,计数功能可考虑在后续工序实现。滚筒只实现布粒功能不需安装定量板和光电传感器,采用图 6.61 所示结构(在滚筒上直接布置布粒孔),采用后续工序实现计数,如图 6.62 所示,在灌装前漏斗入口加装光电传感器实现计数。跳转到步骤 7 验证原理解的可行性。

步骤 7 原理解评价

(1)检查改变,改进后的方案没有引入新的物质和场,去掉了定量板,调整了光电传感器的位置,槽轮需重新加工。

(2)子问题预测:新方案可能引出的主要问题是,滚筒需定期拆卸清洗药粒孔(原来只需拆卸定量板),采用槽轮排粒不仅加工困难,槽轮和滚筒交错不易拆卸,返回到步骤 2 解决该子问题。

步骤 4:系统分析与冲突表述

(1)构建技术冲突表述问题:

TC₁:采用槽轮,实现排粒,但产生噪声和振动,使滚筒拆卸困难。

TC₂:去掉槽轮,消除了振动和噪声,简化结构使滚筒易于拆卸,但却不能保证排粒。

(2)应用 40 条发明原理解决冲突。

TC₁ 不易解决,选择 TC₂ 为要解决的技术冲突。应用发明原理 28:"机械系统替代",发明原理 29:"气体与液压结构",产生了一种新的方案,即用气体排粒方式代替机械排粒方式。高压气体通过气管进入预定位置,通过气针对药粒进行排粒灌装。气针如图 6.62 所示设置在布粒滚筒的内腔,每一个通道对应一个排粒气针。跳转到步骤 7 重新验证原理解。

步骤 7:原理解评价

(1)检查改变:新方案引入了新物质高压气体,但在后续工序采用了气动元件,整个系统已有气源,并不增加系统复杂性。

(2)子问题预测:没有新问题出现。

(3)原理解评价。

①新方案实现了系统主要功能;

②新方案解决了一个物理冲突;

③新方案降低了结构复杂性,易于工程实现。

原理解采纳,改进设计后的中药包装机解决了原设计存在的主要问题。

步骤 8、步骤 9 主要是由 TRIZ 专家分析总结问题解决过程和方案解,以改进和完善 ARIZ。

八、多流束机械式热量表

热量表是测量、计算、显示热交换系统所释放或吸收的热量量值的仪表。在我国,热量表是实施城市供热体制改革,推行按热量计量收费的关键设备。中国的热量表产业起步时间晚,与发达国家相比,无论是研发还是市场推广都还比较落后,在国家大力推行供热节能的环境下,我国的热量表技术很多问题亟待解决。

(1)热量表的过滤部分一般设置在流量计量部分内或单独设计并置于热量表之前的管路上。如果置于流量计量部分内,由于流量计量部分的空间很小,加入过滤部分会使得本来就很狭窄的空间更加复杂。如果作为单独的一部分则会增加所需的空间。

(2)我国标准规定热量表的压力损失不应大于 25kPa,但多流束流量计复杂的结构导致国产多流束热量表大多达不到要求。目前国产普通多流束热量表的压损在 30kPa 以上,若再加过滤器,压损则更大。正是由于压损大和易堵塞的原因,很多厂家都选用单流束热量表,但其计量精度和使用寿命远低于多流束热量表。

(3)热量表与电动球阀靠螺纹连接,但是接口处经常漏水。目前有发明专利将热量表壳体与阀体设计为一体化结构,从而不再需要螺纹连接,也减少了漏水现象发生。但是这样却降低了制造、安装与维修的灵活性和方便性。

针对上述三个问题,首先要确定冲突,明确要解决的问题。其次将冲突用标准工程参数进行描述,将特殊问题转化为一般问题。最后应用冲突问题解决矩阵,查找可用的发明原理。

1. 防阻塞冲突的解决

与单流束热量表相比,多流束热量表结构更加先进,也更加复杂。由于单流束热量表只有一个进出口,而多流束热量表有多个进出口,而且水流流道复杂,容易被杂质阻塞,水中微小颗粒杂质更容易在流量计量部分内沉积,以至于流量计量精度降低。如何有效防堵并方便快捷地去除杂质是目前热量表行业急需解决的主要问题之一。

目前热量表厂家主要采用的方法是在叶轮盒外部增加滤网,使管道中的水流进入叶轮部分时先经过过滤。但这样会进一步压缩流量计量部分的空间,使热量表结构更加复杂,增大了热量表压力损失。如果没有过滤装置则热量表容易阻塞,导致计量精度下降。若将其设计为单独的部分,则会增加所需管路长度,而且安装、维修复杂。因此,可将这个问题转化为几对冲突。

热量表冲突:增加有效的过滤装置,结构变得复杂或增加热量表的体积和长度。

改善特性:可靠性,适应性及多用性。

恶化的工程参数:装置的复杂性,能量损失。

查询冲突矩阵,可得 15 条发明原理。分析这些发明原理,以下几条原理可在本案例中应用:1,2,6,10,11,13,15,18。

发明原理 1:分割

(1)将一个物体分成相互独立的部分。

例:用多台个人计算机代替一台大型计算机完成相同的功能;用一辆卡车加拖

车代替一辆载重量大的卡车;将大的工程项目分解为子项目;通过人口分布、社会状况、消费心态、生活方式等细分市场;强势、弱势、机会、危险(SWOT)分析;多房间、多层住宅群;将企业的办公区与制造车间分开;将宾馆中的住宿区与公用区分开。

(2)使物体分成容易组装及拆卸的部分。

例:组合夹具是由多个零件拼装而成的;花园中浇花用的软管系统,可根据需要通过快速接头连接成所需的长度;柔性制造系统;柔性养老金;在短期项目中雇用临时工;集装箱运输;模块化家具;预制结构。

(3)增加物体相互独立部分的程度。

例:用百叶窗代替整体窗帘;用粉状焊接材料代替焊条改善焊接效果;授权——决策分割;远程教育;虚拟办公与遥控工作;多玻璃窗;威尼斯窗帘;墙壁外部嵌有小石子的灰泥使墙面更粗糙;冰箱的多个小冷冻室。

根据分割原理(1)将一个物体分成相互独立的部分,可以尝试将流量计与过滤分为两个独立的部分,将过滤作为一个单独的连接件置于热量表之前,使水流先经过滤部分去除杂质后,再进入热量表流量计量部分。

这样不但去除了流经热量表的杂质,而且由于过滤是一个置于热量表之外单独的部分,所以有了更大的设计改装空间,可以将其设计成一个方便清理的装置,以便在经过一段时间需要清除滤网上的杂质的时候,可以简单快速地清洗滤网,这种方法已被很多专利采用。

这一设计降低了热量表的流量计部分的复杂程度,减小了压降,可是在为客户安装热量表时,需要多出一段管道的空间安装过滤装置,而且安装过程也更加麻烦,降低了安装效率。由此可将其转化为另一对冲突:装置的复杂性或能量损失与静止物体的长度。查询冲突矩阵,得到的发明原理 6 可用来解决冲突。

发明原理 6:多用性

(1)使一个物体能完成多项功能,可以减少原设计中完成这些功能多个物体的数量。

例:装有牙膏的牙刷柄;能用作婴儿车的儿童安全座椅;一站购物:超市提供保险、银行服务,销售燃料、报纸及各种日用品;快速反应部队;房间中自带壁橱;同时具备透明、隔热、透气功能的窗户;屋顶的水箱既能隔热又提供水。

(2)利用标准的特性。

例:采用国际或国家标准,如安全标准;采用具有标准尺寸的空心砖;采用标准件,如螺钉、螺母等;采用 STEP 标准。

方案一:根据多用性原理,可以尝试将过滤与热量表的其他部分设计成一体式,以节省空间,由于其本身就是从热量表的流量计部分中提取出来的,我们可考虑将过滤网置于转向阀中。球阀的管道部分非常简单,只是一个单向的圆柱通道,只不过可以转动以调节流道的开度以控制室温。将滤网置于转向阀的通道内,侧面设计一个开口,可打开和关闭,用来清除滤网的杂质。为便于集中和清理杂质,可将滤网设计成顺水流方向凸起的凹面。如图6.63所示。

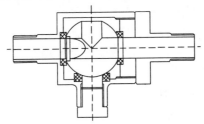

图6.63　过滤装置与球阀一体

阀与过滤一体的目的是这样实现的:利用球阀中的球体式阀芯,在其背面另外钻一个与阀芯通径孔相通的排污反冲孔,在球阀阀芯的通径孔入水口一侧,设置一个向内凸起的半球形滤网。当杂物堵塞滤网时,只需将阀体侧面的螺堵打开,将球阀顺时针旋转90°,把滤网对准阀体上排污口一侧,排污反冲孔对准来水方一侧,利用水的反冲原理,将滤网上的杂质从阀体侧面的排污口排出,然后将球阀复位至正常运行状态。

这样,不但可过滤水流的杂质,而且可将杂质留在滤网内,需要清理的时候,只需转动球阀,使滤网开口对准出口,便可利用水流的反冲将杂质清除出去,而且结构简单,不会对压降产生影响。

发明原理7:套装

(1)将一个物体放在第二个物体中,将第二个物体放在第三个物体中,依次进行下去。

例:儿童玩具不倒翁。套装式油罐,内罐装黏度较高的油,外罐装黏度较低的油;仓库中的仓库;知识分为四级:基本知识、诀窍(know how)、过程管理、战略眼光(如索尼公司的某些培训);雇员的层次结构:基本的、环境相关的、简单知识结构的、复合型的、卓越的;超市中的监视系统;在墙内或地板内设置保险箱;在三维结构中设置空腔;地板内部沟槽式加热方式;布在墙内的电缆。

(2)使一个物体穿过另一物体的空腔。

例:收音机伸缩式天线;伸缩液压缸;伸缩式钓鱼竿;汽车安全带卷收器;音乐厅观众席内的可回收式座椅;带有空气加热系统的商场出/入口循环空间;可回收楼梯;推拉门。

根据原理7,可将滤网放到直径与管道相同的球阀中,与方案一相同。由此,我们得到了改进过滤的第一个方案。

发明原理13:反向

(1)将一个问题说明中所规定的操作改为相反的操作。

例:为了拆卸处于紧配合的两个零件,采用冷却内部零件的方法,而不采用加热外部零件的方法;在工商业衰退期进行企业成长而不是收缩;制定最坏状态的标准,而不制定最理想状态的标准;发现过程中的失误,而不责怪过程中的人;自服务柜台;开放式监狱;翻转型窗户,使在屋内擦外面的玻璃成为可能。

(2)使物体中的运动部分静止,静止部分运动。

例:使工件旋转,使刀具固定;扶梯运动,乘客相对扶梯静止;风洞中的飞机静止;送货上门;用信用卡,不用现金;拥挤城市中的停车与上路计划;假如你遵循了所有的规则,你会失去所有乐趣。

(3)使一个物体的位置颠倒。

例:将一个部件或机器翻转,以安装紧固件;楼上为起居室(美景),楼下为卧室(凉爽);步行街;劳埃得建筑将管路等置于外部,而不是内部;从"不是最好就是无"到"对客户是最好的",Benz 的理念由面向内部转到面向外部;从不失败就是成功;前苏联政府为专利申请者付费,西方国家的专利申请者要为专利申请付费。

方案二:根据发明原理 13,我们分析是否可以从其他方面考虑。受杂质影响最大的是叶轮,我们可考虑对叶轮做某些改变。根据(3)使一个物体的位置颠倒,我们可以将叶轮直通切向安装,已有专利采用这种方式。

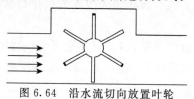

图 6.64　沿水流切向放置叶轮

发明原理 18:振动

(1)使物体处于振动状态。

例:电动雕刻刀具有振动刀片;振动棒的有效工作可避免水泥中的空穴;一个结构中所害怕的波动、骚动、不平衡正是创新的源泉。

(2)如果振动存在,增加其频率,甚至可以增加到超声。

例:通过振动分选粉末;采用时事通信、互联网、会议等多种形式频繁交流;我们所处的信息时代强烈地影响着世界;用白噪声伪装谈话;超声清洗;超声探伤。

(3)使用共振频率。

例:利用超声共振消除胆结石或肾结石;制订战略计划使结构处于谐振状态,在该谐振频率处,结构最容易实现突破策略;"Kansei"——日文术语,表示产品与客户之间处于谐振状态;利用 H 形共鸣器吸收声音。

(4)使压电振动代替机械振动。

例:石英晶体振动驱动高精度的表;喷嘴处的石英振荡器改善流体雾化效果;将新鲜血液吸收到队伍中来;聘请顾问。

(5)使超声振动与电磁场耦合。

例:如在高频炉中混合合金;超声探伤;地球物理技术能协助确定地下的结构。

方案三：根据(1)和(2)，在热量表的使用过程中，叶轮沿轴向转动，左右是不动的，可考虑在叶轮中加装一振动装置，隔一段时间使叶轮振动几秒，靠振动去除叶轮上轴和下轴孔中的细小的杂质。如图6.65所示。

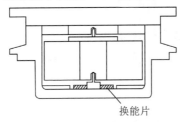

换能片

图6.65　热量表中加装换能片

本方案是：在热量表的流量检测装置内，加装一个超声波换能片。当网络提供给该换能片电能时，它将在该流量检测装置流过的液体中产生振荡，被激起的液体迅速清除黏附在检测轮及表壳内壁上的污垢，达到保持其正常运行的目的。

本发明的有益效果是：可以在热量表流量检测装置工作的同时，清除黏附在表腔内的污垢，保持其检测精度，提高使用寿命。

表6.10　防阻塞方案对比

方案一	方案二	方案三
过滤与球阀一体	叶轮直通切向安装	叶轮盒中增加超声波换能片

方案一将过滤装置置于球阀内，既节省了空间，又可利用球阀的转动方便地将滤网上的杂质排出，而且安装、维护快捷方便，结构简单。

方案二将叶轮直通切向安装，极大地减小了管路内杂质对叶轮的影响，防堵塞性能较好，并且结构简单，清洗拆装都很方便。但是在流量较小的情况下，计量比较困难，灵敏度低，目前还没有较好的解决办法。

方案三利用超声波换能片清洗黏附在叶轮上的杂质。换能片通过高频率的振动将叶轮和叶轮轴上的杂质去除，但其振动可能会加速叶轮轴和轴承的磨损。并且目前的机械式热量表一般都是靠自身所带电池供电，而换能片所需功率一般为几十瓦，远大于热量表自身所带电池功率。此外，换能片需要从电池引线，将使流量计量部分的结构更加复杂。

综合考虑三个方案，方案一结构简单，可靠性最高，更具有实际的应用价值，更适合中国的环境。这里采用方案一为本课题的研究方向。

2. 热量表压损的冲突

多流束热量表的多个分流进出口和弯曲复杂的通道，导致了过高的压力损失；

而单流束热量表由于流道简单压力损失满足要求,但计量精度差,使用寿命低,将其转化为冲突。

热量表冲突:多流束流量计压力损失过大;单流束流量计计量精度低。

改善特性:应力或压力。

恶化的工程参数:可靠性;测试精度。

查询冲突矩阵,可得发明原理 6,10,13,19,25,28,35。分析这些发明原理,认为以下两条原理可在本课题中应用:10,25。

发明原理 10:预操作

(1)在操作开始前,使物体局部或全部产生所需的变化。

例:预先涂上胶的壁纸;在手术前为所有器械杀菌;项目的预先计划;尽早完成非关键路径的任务;在改变管理与经营中的重大活动前与雇员们对话;供应链管理;预制窗户单元、洗澡间或其他结构;已搅拌好的水泥;预先充有焊料的铜管连接件。

(2)预先对物体进行特殊安排,使其在时间上有准备,或已处于易操作的位置。

例:柔性生产单元;灌装生产线中使所有瓶口朝一个方向,以增加灌装效率;开会前要有确定的议程;磨刀不误砍柴工;汽车零部件供应商的预先装配,如 CD 机、车轮、空调等;中央真空清扫系统;点火系统;停车场内的预付款机。

方案一:根据预操作原理(1),使水流在流出热量表之前,在流量计内预先增大压力,这样便可减小压力损失。具体方式可通过更改流量计叶轮盒的进出口结构来实现。增大现有叶轮盒出口通道的扩张角度,这样虽然会使水流排出流量计速度下降,但会使水流的压强增大,从而在水流出热量表前预先增大了水流的压强,减小了水流流经热量表的压力损失。如图 6.66 所示。

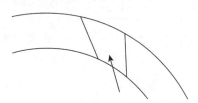

图 6.66　增加叶轮盒出口扩张角度

发明原理 25:自服务

(1)使某一物体通过附加功能产生自己服务于自己的功能。

例:自清洁水槽——不会由于树叶或其他杂物堵塞;自排泄涂层;自测量匀泥尺;品牌效应环——哈佛管理学院培养了一些著名人士,这些人士增加了学院的知名度,很多学生申请入学,学院仅招收最优秀的学生,培养的学生是最优秀的,形成了良性循环;Edward DeBono 向福特(UK)建议买下国家汽车停车场(National Car Parks),之后仅允许福特牌汽车进入停车场。

(2)利用废弃的材料、能量与物质。

例:钢铁厂余热发电装置;重新雇用有经验的退休员工,让他们发挥作用;包装材料的再利用;工业生态系统;太阳能利用;地热利用。

方案二:根据自服务原理(1),可在热量表内增加一条减压流道,减小热量表的压力损失。由于多流束流量计的流道复杂造成压损过大,可考虑增加一条附加流道,使一小部分水流不进入叶轮盒直接通向出口管道。这样相当于使用一个狭小的减压通道直接联通了热量表的进出口,从而减小了热量表的压力损失。对于由此造成的水流的损失,可在电路芯片的算法中补偿。在本课题使用的模型中,可在叶轮盒的下半部分与出口管道相邻处增设一减压孔,如图 6.67 所示,通过此减压孔达到减小压损的目的。表 6.11 为减小压损方案对比。

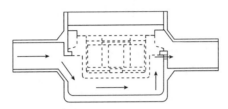

图 6.67 水流由减压孔直接流出热量表

表 6.11 减小压损方案对比

方案一	方案二
增大出口扩张角度	减压孔

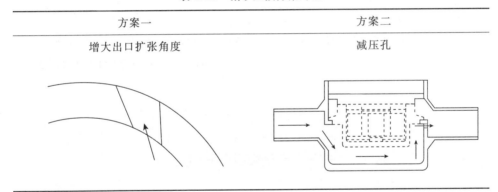

3. 表阀连接的冲突

热量表与电动球阀通过螺纹连接,经常出现漏水现象,目前还没有很好的解决办法。可将这个问题转化为几对冲突。

热量表冲突:表阀之间的连接处漏水;表阀一体,灵活方便性差。

改善特性:结构的稳定性,可靠性。

恶化的工程参数:适应性及多用性。

查询冲突矩阵,可得发明原理 2,8,13,20,24,34,35。分析这些发明原理,认为以下几条原理可在本课题中应用:2,24,35。

发明原理 2:分离(分开)

(1)将一个物体中的"干扰"部分分离出去。

例:在飞机场环境中,采用播放刺激鸟类的声音使鸟与机场分离;将空调中产生噪声的空气压缩机放于室外;别墅中的车库;考试时克服恐惧。

(2)将物体中的关键部分挑选或分离出来。

例:飞机场候机大厅中的专用吸烟室;加工车间中的休息室;办公区中的透明(如玻璃)隔离室;将人从问题中分离出来。

方案一:根据分离原理(1),使用密封胶将水与螺纹分离。密封胶可在隔绝空气的条件下快速固化,在管螺纹啮合部分形成坚韧的胶层,能够有效填充管螺纹间隙,保证管路

图 6.68　使用密封胶密封螺纹

获得可靠的密封。从而管路中的热水便无法由螺纹间隙流出。

发明原理 24:中介物

(1)使用中介物传递某一物体或某一种中间过程。

例:机械传动中的惰轮;管路绝缘材料;催化剂;中介机构对项目的评估;产品生产企业与客户之间的总经销商;旅行社。

(2)将一容易移动的物体与另一物体暂时接合。

例:机械手抓取重物并移动该重物到另一处;请故障诊断专家帮助诊断设备;磨粒能改善水射流切割的效果。

方案二:根据中介物原理(1),在球阀与热量表中间增加伸缩接头。

伸缩接头由螺母、弹性密封圈等组成,可用螺母拧紧管端丝扣来压缩管口弹性密封圈达到密封作用,这是属于管端可在一定范围内伸缩并不渗漏的滑动接头,如图 6.69 所示。

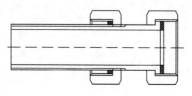

图 6.69　伸缩接头

发明原理 35:参数变化

(1)改变物体的物理状态,即使物体在气态、液态、固态之间变化。

例:使氧气处于液态,便于运输;粘接代替机械铰接方法;快速模具技术中可用液态速凝塑料;虚拟原型。

(2)改变物体的浓度或黏度。

例:从使用的角度看,液态香皂的黏度高于固态香皂,且使用更方便;改变合成水泥的成分可改变其性能;采用不同黏度的润滑油。

(3)改变物体的柔性。

例:用三级可调减振器代替轿车中不可调减振器;在建筑物内的可调减振器可提供主动减振功能;按到橡胶支撑上的窗户改善了振动性能;提供智能在线目录;

对新手提供专家服务的软件。

(4)改变温度。

例:使金属的温度升高到居里点以上,金属由铁磁体变为顺磁体;为了保护动物标本,需将其降温;借助产品的兴趣质量使客户兴奋(热);通过参与公司长远规划的制订,使员工处于兴奋状态。

(5)改变压力。

例:采用真空吸入的方法改变水泥的流动性;利用大气压力差改变高层建筑的空气流动性能;用形状记忆合金制成的窗户合叶能自动调节。

方案三:根据参数变化原理(3),使用橡胶提高密封效果。此原理已在方案二中使用。

表 6.12 表阀连接方案对比

方案一	方案二	方案三
使用密封胶	伸缩接头	使用橡胶密封

方案一简单方便,但效果有待验证。

方案二结构简单,连接方便,方便了热量表和阀的连接,而且加强了密封效果。

方案三的使用已在方案二中有所体现。

综合考虑三个方案,方案二密封效果最好,而且综合了方案三,结构简单可靠,将其作为研究的首选。必要时可将其与方案一结合使用。

九、蠕动泵

蠕动泵是容积泵的一种,又称胶管泵、软管泵。由于蠕动泵具有传输介质不被剪切力破坏,对介质黏度要求低,耐腐蚀等诸多优点,使其可广泛应用于医药、化工、煤矿等多种行业。在研制中药滴丸机的过程中,现有蠕动泵暴露出一些问题:工作过程中,胶管被不断地挤压、摩擦,寿命降低;胶管安装、更换不便;在泵送一些需要保温的介质时,由于泵头与压辊均为金属制品,所以介质经过泵头时温度下降较快,无法达到使用要求。

针对这些问题,应用 TRIZ 中的技术进化理论对蠕动泵相关专利进行分析,确定蠕动泵的发展方向。而后辅以冲突解决理论,完成新型蠕动泵的概念设计方案。

1. 蠕动泵专利检索

(1)蠕动泵专利检索背景设定。在进行专利分析之前,必须先确定欲检索的主题、地区、资料库等必要的背景信息,才能有效收集到所需要的专利资料。在此次蠕动泵专利分析中,以中国国家专利局、美国专利商标局和欧洲专利局的专利库作为检索专利的工具,检索近年来蠕动泵的相关专利,检索时关键词采用"蠕动泵"、"软管泵"和"胶管泵",而专利发表的地区与公司则不加限制,以期能够检索出更多有用的专利资料。表6.13是此次专利检索的背景设定。

表 6.13 专利检索的背景设定

公 司	不限
地 区	不限
年 份	1960~2004
语 言	汉语、英语
资料库名称	中国国家专利局、美国专利商标局、欧洲专利局
关键字	蠕动泵、软管泵、胶管泵

专利检索的方式是通过大为软件公司的大为 Petget 专利下载分析系统连接专利数据库的,在输入关键字和检索范围后,软件自动搜索专利库,找出相关专利并下载其摘要。此时获得的为初级资料。由于此种检索方式的结果取决于使用的关键词,所以在检索过程中关键词包括"蠕动泵"及其别名"软管泵"和"胶管泵",以期找到尽可能多的相关专利。

(2)确定关键技术并筛选专利。首先对次级资料进行筛选。在表6.13的检索背景设定下,检索到专利500件。将专利数据录入电子表格,如图6.70所示。由于只要是在专利名称或内容之中包含关键字的资料都会被检索出来,但其中大部分专利资料可能与本课题内容毫无关系,所以必须对初级资料进行整理、筛选,从中找出与蠕动泵直接相关的专利。

蠕动泵的关键性能指标很多:流量精度、出口压力、最大流量、流体浓度范围等,而且某个性能指标的提高可能引起其他指标的下降,不同领域对性能的要求也不相同,因此蠕动泵的技术性能量化起来比较复杂。但是由于蠕动泵大多都是靠挤压软管实现液体泵送,所以本课题以挤压方式作为蠕动泵的关键技术,应用TMMS 软件对其进行技术成熟度预测。在专利筛选过程中,以涉及挤压方式为条件,对初级资料进行筛选。

筛选结果如图6.71所示,与挤压方式有关的专利共有71项,其中国内专利13项,美国专利局专利9项,欧洲专利局专利49项。时间跨度为38年。

2. 蠕动泵专利分析

通过对已有蠕动泵专利的分析,可以发现在其发展过程中出现的问题主要有

	申请号	申请国	申请类别	申请日	名称	主分类号	第一发明人	摘要
1								
2	AU1995001AU		发明	########	Peristaltic p	F04B43/09	HAMMER MICHAEL RON	Abstract not available
3	AU1997001AU		发明	########	Peristaltic p	F04B43/12	JONES ALLAN RICHARI	Abstract not available
4	AU200201CAU		发明	2002-2-1	Epicycloidal	F04B43/12	PRINGLE JAMES THOM	Abstract not available
5	AU200502CAU		发明	########	Peristaltic p	F04B43/12	BANNISTER TERENCE I	Abstract not available
6	AU200502CAU		发明	########	Container for	F04B43/12	BANNISTER TERENCE I	Abstract not available
7	AU1999002AU		发明	########	Linearised pe	F04B43/12	PRINGLE JAMES THOM	Abstract not available
8	AU1997002AU		发明	########	Orbital peris	F04B43/12	BERTONY JOSEPH	Abstract not available
9	AU1997002AU		发明	1997-5-6	Pseudo static	F04B43/12	BERTONY JOSEPH	Abstract not available
10	AU1989003AU		发明	1989-6-8	DUAL ROLLER P	F04B43/12	BENSCHOTEN PETER V	Abstract not available
11	AU2001003AU		发明	########	Improved peri	F04B43/12	BAKER EDWIN HERBEF	Abstract not available
12	AU1989004AU		发明	########	FLAT ACTION P	F04B43/12	WARZALA ZBIGNIEW J	Abstract not available
13	AU1999004AU		发明	1999-7-6	Peristaltic p	F04B43/12	TAYLOR DAVID JOHN I	Abstract not available
14	AU1988002AU		发明	########	SELF-LOADING	F04B43/12	FINSTERWALD PHILLI	Abstract not available
15	AU1989003AU		发明	########	PERISTALTIC P	F04B43/12	CALARI ALESSANDRO	Abstract not available
16	AU1988003AU		发明	########	PERISTALTIC P	F04B43/12	BAINBRIDGE MARLENE	Abstract not available
17	AU1988001AU		发明	########	DISPOSABLE PE	A61M1/00	DEMEO DEBORAH ANNE	Abstract not available
18	AU1989003AU		发明	1989-6-8	DUAL ROLLER P	F04B43/12	BENSCHOTEN PETER V	Abstract not available
19	AU1990006AU		发明	########	PERISTALTIC P	F04B43/08	IRVIN RONALD D	Abstract not available
20	AU1990006AU		发明	########	PERISTALTIC P	F04B43/12	STEENDEREN RONALD	Abstract not available
21	AU1990005AU		发明	########	ACCURATE PERI	A61M5/142		Abstract not available
22	AU1990006AU		发明	1990-9-6	TWO-CYCLE PER	A61M5/142		Abstract not available
23	AU1992001AU		发明	########	Two-cycle per	A61M5/142	HYMAN OSCAR E	Abstract not available

图 6.70 专利初级资料

以下几个：

(1)胶管拆装不便。由于工作状态下胶管被辊子(或顶块)压紧在卡座上,所以更换胶管时必须解除压紧状态;胶管装好后恢复压紧状态时,必须控制压紧力的大小。压紧力小,胶管中存在缝隙,挤压过程中液体通过缝隙回流,产生的拉扯力会显著降低胶管寿命;压紧力过大一方面造成胶管寿命下降,另一方面使动力源负荷显著提高,增加能耗。

(2)液体回流。停机状态下,如果不能保证胶管的压紧状态会产生液体回流;挤压过程中,压紧力不足时胶管没有完全封闭,留有缝隙,也会产生液体回流。

(3)泵体防腐、防泄漏。蠕动泵工作过程中,一旦胶管发生破裂,会造成液体泄漏,机件腐蚀。

(4)主轴受径向力。在工作过程中主轴受到来自于转盘(辊子支架)的径向力,一方面提高了对主轴设计的要求,另一方面增加了系统磨损,降低了运转精度。

(5)对软管的适应性。应用蠕动泵的过程中难免要更换胶管,为了调整流量,或者惯用的胶管无法找到,需要使用不同规格的胶管。

(6)胶管寿命缩短。胶管在工作过程中不断的挤压、恢复,工作条件恶劣,而胶管的寿命决定了蠕动泵的连续工作时间,所以延长胶管的寿命非常重要。

(7)出口压力脉动。由于在辊子挤压胶管的过程中,管中的液体被分成几段,所以蠕动泵出口处的压力不是一成不变的,会出现脉动。

接下来根据专利解决的问题建立专利目的分析表。专利目的分析表是以专利编号为横轴,专利目的为纵轴的表。表格中用1表示专利解决的问题,所以由表中

序号	专利名称	申请...	申请...	专利权人	专利申请号	专利等级	专利摘要
1	泵管自动置位和复位装置	1997	2	刘星汉	97200036.4	1	在电机轴端安装有蠕动泵的...
2	蠕动泵的泵头	1987	11	帕第.L...	87107936	1	该泵头包括一个柔性外管...
3	蠕动泵的泵头	1990	3	马勤比...	90101318.8	1	插装筒包括一个外壳在靠近...
4	全密封耐腐蚀蠕动泵	1990	3	刘德生	90101318.8	1	前后泵之间用螺钉将一U...
5	智能腹膜透析机蠕动泵	2004	7	邱少波	20041005...	1	泵座与活动盖板之间有活动...
6	新型蠕动泵	2003	7	窦允	01145028.2	1	该泵头由转盘、主轴、压辊...
7	蠕动泵锁紧装置	1989	3	北京信...	89214510.2	1	泵轮两侧对称放置两压带...
8	偏心式蠕动泵	1994	12	朱世海	94239931.5	1	由橡胶管、单向阀、偏心轮...
9	一种流体传输方法及实...	2004	8	刘尚讯	03101875.0	2	设置一个电机以及可以一个...
10	蠕动泵	1998	2	崔巢树	98804300.9	1	一个凸轮加装有多个凸轮...
11	一种无冲击低噪音的可...	1996	10	王晓庆	96219757.2	1	有一带中空内腔的泵体、泵...
12	行星轮驱动的圆满的蠕...	2004	3	成再君	20041000...	1	胶管在泵块环形槽中绕行360...
13	一种自动调整压管间隙...	2004	11	葛志彬	20042009...	1	压块与压块支撑体间设有弹...
14	结构简单的磁性快换泵头	1983	8	edmund...	4515535	1	结构简单的磁性快换泵头...
15	蠕动泵	2000	10	bengt...	6494693b1	1	压辊与胶管之间有一层衬垫...
16	蠕动泵用辊子	2001	3	kent f...	6506035b1	1	采用大小两种辊子，小辊子...
17	蠕动泵	1994	8	bengt...	5468129	1	活动卡座＋双层椭圆胶管...
18	蠕动泵	1982	12	raymon...	4484864	1	改进辊子支撑机构保证辊子间距...
19	化学分析用液体注射装置	1988	7	bernha...	4952372	1	在辊子空间出安装顶座，...
20	蠕动泵辊子	1988	2	geoege...	4952372	1	转盘有上下两片构成，辊子...
21	蠕动泵辊子	1988	2	claude...	4952372	2	胶管直线放置，辊子在链条...
22	压电泵	1997	1	claude...	5798600	2	采用压电材料直线排列，依...
23	蠕动泵	1974	10	ici 澳...	1450879	1	利用液压推动直线排列的辊...
24	蠕动泵改进设计	1966	7	lkb-p...	1105236	3	转盘与电机主轴之间为非刚...
25	蠕动泵改进设计	1971	10	snam p...	1335069	2	螺杆顶紧的活动卡座，可同...
26	蠕动泵改进设计	1975	6	ab lju...	1489846	1	曲杆上安一系列的滑片，...
27	蠕动泵改进设计	1977	1	messer...	1507814	1	半圆形活动卡座，螺钉固定...
28	蠕动泵	1975	8	s.c.o.p.	1510976	1	无卡座结构，靠对胶管两端...
29	蠕动泵	1976	3	john i...	1572592	1	曲杆滑片结构，方形滑...
30	蠕动泵	1977	1	jan wi...	1528893	1	双层胶管＋可调辊子中心矩...
31	蠕动泵	1983	7	jan wi...	DE3326785	1	利用四杆机构实现辊子的中...
32	蠕动泵	1973	4	Wolf Von	1433251	2	利用顶块对胶管施压，减小脉动...
33	蠕动泵流速稳定装置	1999	4	BRON Dan	W099/53201	1	利用夹子促使胶管还原并使...
34	蠕动泵胶管及结构改进	1996	4	Berton...	W096/34203	1	用菱形软管代替胶管，液压...
35	蠕动泵	2001	5	Jhon G...	10/296517	2	采用锥形辊子，靠滚珠啮合...
36	反向蠕动泵	2002	5	Michae...	10/102608	2	胶管绕在卡座上，辊子在外...
37	改进辊子	2001	3	Kent F...	09/812718	2	改进辊子外度，使之具有更...
38	改进的胶管接头	2000	4	Andrew...	09/561370	1	在胶管两端固定半圆法兰，...
39	微型蠕动泵	1997	12	Frank...	08/986363	3	将电伸缩材料制成带状，...
40	改进蠕动泵	1978	3	Gambro AB	10572/78	1	改进泵管，使泵管内径逐渐...
41	蠕动泵	1978	9	Alan E...	7836663	2	环行腔体圆柱形排列，依次...
42	蠕动泵改进	1981	2	Dougla...	8103479	1	采用活动卡座，实现胶管的...
43	蠕动泵	1982	9	Donald...	8227132	2	在齿轮上偏心得铰接一连杆...
44	蠕动泵	1982	10	Avinoa...	8228602	1	使用活动卡座，在卡座上开...
45	蠕动泵（辊子主动旋转）	1985	3	Clive...	8508018	2	两个卡座对称放置，采用三...
46	蠕动泵	1987	3	Philli...	8707228	1	采用鼓形辊子和带凹槽的卡...
47	蠕动泵	1988	8	Philli...	8819461.8	1	在卡槽端盖上有一个突起，...
48	蠕动泵	1994	6	Ronald...	9412334.6	1	在固定卡座的对称侧安装一...
49	蠕动泵	1996	10	Andrew...	9620850.9	1	使用半圆形突起挤压胶管，...
50	蠕动泵	1972	8	The ra...	37078、72	2	将一系列的辊子装在同一根...
51	蠕动泵	1976	12	NULL	52-80507	1	多路输送，液流可关闭，活...
52	蠕动泵	1976	5	NULL	52-140904	2	驱动轴靠摩擦力带动辊子旋...
53	蠕动泵	1977	5	NULL	52-156404	1	用可以上下滑动的细棒代替...
54	用多个串联的气室泵送...	1973	5	Nichol...	356479	2	用特制的气体阀门连接多个...
55	蠕动泵	1984	3	Oswald...	591430	2	增加调速机构
56	提高蠕动泵效率	1998	10	James...	262205	1	直线型挤压，驱动轴带动偏...
57	蠕动泵叶片装置	1995	7	Leo Kull	502964	2	通过连杆机构实现转速控制...
58	蠕动泵安全装置	1997	4	Yehuda...	08/831188	1	在入口与出口之间安装单向...
59	直线滑块挤压，带复位...	1995	12	Roger...	199643727	1	在电机轴端安装有蠕动泵的，...
60	圆盘形蠕动泵	1997	2	Allan...	199715849	2	将胶管放在两个可以倾斜的...
61	带密封块的蠕动泵	1997	3	Ahmad-...	199722010	2	多个滑块成扇形布置，在扇...
62	蠕动泵改进	2000	5	John G...	200043922	1	将卡座轮廓变形为凸轮形状...
63	蠕动泵	1988	5	jacobi	p3912310	2	辊子与胶管直接接触。扇...
64	蠕动泵	1989	12	Rosonb...	3940730	1	辊子顶靠胶管靠弹簧的拉力...
65	蠕动泵	1990	12	Klimes	4002061	1	电动机带动偏心卡套的单个...
66	蠕动泵	1991	11	Korejwo	4138727	2	活动顶块在齿轮齿条机构带...
67	蠕动泵	1994	6	Gleich...	4419631	1	电动机带动一横杆转动，...
68	蠕动泵	1997	7	Erfinder	19729612	1	凸轮带动连杆上下运动挤压连杆...
69	蠕动泵	1998	4	NULL	19814943.3	1	有胶管阻尼装置
70	蠕动泵	1989	5	Valisi	89109535.8	1	在卡座上设置限位槽防止胶...
71	蠕动泵	1989	3	Valisi	89500035.4	2	胶管直线放置，平行放置的...

图 6.71 专利次级资料

可以清楚地了解每个专利的目的及其所能达到的功效,而且由统计资料可获得大部分专利的研究方向。表 6.14～表 6.17 为蠕动泵的专利目的分析表,由表中可看出,专利中关注最多的问题是胶管拆装不便,其次是胶管寿命缩短、对胶管的适应性和主轴受径向力。

表 6.14　专利目的分析表(1)

专利＼问题	1	2	3	4	5	6	7	8	9	10	11	12	13	14	15	16	17	18	19
胶管拆装不便	1		1		1			1			1		1			1			
液体回流			1													1			
防腐、防泄漏				1															
主轴受径向力							1	1				1							1
对胶管的适应性											1	1	1				1		
胶管寿命缩短						1				1					1		1		
出口压力脉动																1			

表 6.15　专利目的分析表(2)

专利＼问题	20	21	22	23	24	25	26	27	28	29	30	31	32	33	34	35	36	37	38
胶管拆装不便		1									1	1			1				
液体回流	1																1		
防腐、防泄漏																			
主轴受径向力					1			1	1	1					1	1			
对胶管的适应性	1		1	1		1						1							
胶管寿命缩短							1					1		1	1	1			1
出口压力脉动													1						

表 6.16　专利目的分析表(3)

专利 \ 问题	39	40	41	42	43	44	45	46	47	48	49	50	51	52	53	54	55	56	57
胶管拆装不便	1			1	1	1		1	1				1			1			
液体回流													1		1				
防腐、防泄漏																			
主轴受径向力							1			1									
对胶管的适应性						1					1	1				1	1		
胶管寿命缩短		1	1				1								1			1	1
出口压力脉动												1					1		

表 6.17　专利目的分析表(4)

专利 \ 问题	58	59	60	61	62	63	64	65	66	67	68	69	70	71	总计
胶管拆装不便		1						1	1			1	1	1	25
液体回流				1											7
防腐、防泄漏															1
主轴受径向力		1	1												14
对胶管的适应性							1	1							16
胶管寿命缩短	1		1		1	1				1	1	1	1		24
出口压力脉动															4

针对专利目的分析表中的七种问题,专利中提出了很多解决方法。

对于胶管拆装不便,专利中提出的解决办法可以分为两类:将卡座设计为可退让形式;将辊子设计为可退让形式。如图 6.72(a),专利 97200036.4 中利用销钉将卡座的一端铰接在机架上,另一端通过连杆与一偏心轮或连杆铰接,卡座绕铰接处转动时,即可实现卡座的压紧与释放。又如图 6.72(b),专利 200410050959.2 中,卡座通过螺杆固定于机架上,转动螺杆即可实现卡座的进给与后退。如图 6.72(c),专利 200410008362.1 中提出了一种新颖的结构,通过独特的转盘结构实现了

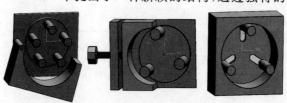

(a)铰接卡座　　　(b)螺纹进给卡座　　　(c)活动辊子

图 6.72　胶管拆装问题的解决方案

辊子沿转盘径向的运动,实现了辊子的退让。

对于液体回流,有两种解决方案:应用单向阀;改变辊子或顶块形状提高顶紧力。如图 6.73(a),专利 87107936 中将一个可涨缩的内管置于柔性外管中,将压力控制阀门构件和单向阀装于内管两端,实现了对液体流向的控制。如图 6.73(b),专利 6506035 中,将辊子外形作了改变,在辊子外表面沿轴向设置突起的筋,挤压胶管时由于筋与胶管的接触面积较小,可以实现较高的顶紧力,有效地控制了液体回流。如图 6.73(c),专利 52-156404 中用细棒代替了辊子,也达到了减少液体回流的效果。

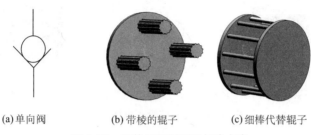

(a)单向阀　　　　(b)带棱的辊子　　　　(c)细棒代替辊子

图 6.73　液体回流问题的解决方案

对于防腐、防泄漏,由于蠕动泵工作过程中液体一直在胶管中,所以蠕动泵的防腐性能是比较好的。专利中出现的针对这个问题的改进主要是预防胶管破裂。如图 6.74,专利 92243141.8 中用螺钉将一扁胶管固定于前后泵壳之间,输送液体的胶管从中穿过,工作时辊子同时挤压两个胶管,实现泵送,内层胶管破裂时,泵体有扁胶管的保护,不会被腐蚀。

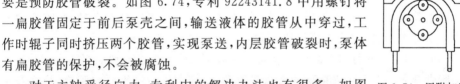

图 6.74　用附加胶管防止泄漏

对于主轴受径向力,专利中的解决办法也有很多。如图 6.75(a),专利 1510976 是一种无卡座结构,通过对胶管两端施力使其紧靠在辊子上,在胶管的反方向设置拉索,提供反向拉力平衡胶管产生的径向力,以减少主轴受力。如图 6.75(b),专利 2173549 中,在转盘两侧对称放置两个卡座,两侧同时挤压两根胶管或一根胶管的两段,从而避免主轴受径向力。如图 6.75(c),专利 2002/0146338A1 应用了逆向思维方法,将胶管缠绕在圆柱形卡座上,辊子将胶管挤压在圆柱形卡座的外表面上,这种情况下主轴只传递转矩,不受径向力。如图 6.75(d),专利 200410008362.1 中卡座工作面呈圆形,棍子转动过程中始终挤压胶管,所以主轴不受径向力。

对于胶管适应性,是指蠕动泵对胶管规格的要求。胶管适应性强可以扩展蠕动泵的使用范围,使同一个型号的蠕动泵能够满足更多的客户需求。专利中对这个问题的解决主要有两种方式:应用可调节的卡座和改进辊子支架。如图 6.76(a),专利 1335069 中,卡座通过螺杆固定于机架上,转动螺杆即可实现卡座的进给与后退,调节与辊子的距离,提高适应性。如图 6.76(b),专利 4484864 通过改进辊子支撑,使其具有了多个安装位置,对于不同的胶管采用不同的安装位置,在一

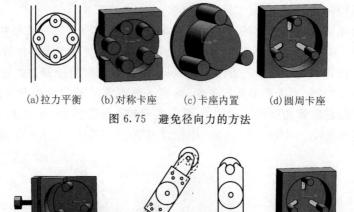

(a)拉力平衡　　(b)对称卡座　　(c)卡座内置　　(d)圆周卡座

图 6.75　避免径向力的方法

(a)螺纹调整卡座　(b)辊子安装位置可调　(c)可换辊子　(d)辊子位置可调

图 6.76　提高胶管适应性的方法

定程度上实现了对胶管的适应性。如图 6.76(c),专利 4832584 中对转盘和辊子的连接进行了改进,修改成可快速更换的插接结构,通过更换辊子可以实现对不同型号胶管的支持。如图 6.76(d),专利 200410008362.1 中,改进了转盘,使得辊子能在转盘径向上运动,提高了胶管适应性。

　　对于胶管寿命缩短的问题,专利中提出的解决办法可以分为四种:在胶管和辊子之间设置中介物;改变胶管材质或截面形状;使辊子主动转动。如图 6.77(a),专利 52-140904 中,驱动轴靠摩擦力使辊子主动转动,减少了对胶管的拉扯,有利于提高胶管寿命。专利 1528893 对胶管进行改进,应用了带纤维层的胶管,胶管寿命得到提高。如图 6.77(b),专利 5468129 中对胶管进行了改进,将胶管制成双层的复合管,显著提高了胶管寿命。专利 WO9634203 中用菱形胶管代替圆形胶管,用液压活塞上下运动代替辊子滚压,也较好地延长了胶管寿命。如图 6.77(c),专利 6494693B1 中为了延长胶管寿命在压辊与胶管之间放置了一层纤维衬垫,压辊与胶管不直接接触,减少了摩擦。

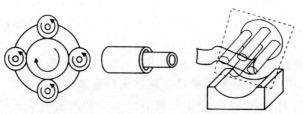

(a)辊子主动转动　　(b)双层胶管　　(c)辊子与胶管之间增加中介物

图 6.77　提高胶管寿命的方法

对于出口压力脉动,主要有三种解决方法:改变挤压方式;用机械结构进行压力补偿;用液压元件进行压力控制。如图 6.78(a),专利 1433251 中通过在泵出口前的胶管上增加一个顶块,该顶块随着辊子的挤压过程对胶管进行挤压,对压力衰减进行补偿,从而实现较为平稳的输出。如图 6.78(b),专利 5927951 中应用减压阀对压力脉动进行控制。将减压阀装在泵的入口与出口之间,当出口压力超过预设值时减压阀打开,液体从泵的出口管流入入口管,降低出口管的压力,降到预设值时减压阀自动关闭,从而保证一定的出口压力。如图 6.78(c),在专利 6494693B1 中用纤维衬垫包裹辊子组件,在辊子挤压胶管时,处于相邻两个辊子之间的胶管由于衬垫的阻挡不能回复到自然状态,减少了泵出口出的流量变化量,在一定程度上实现了压力脉动的降低。

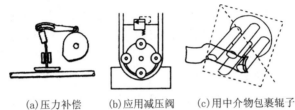

(a)压力补偿　　(b)应用减压阀　　(c)用中介物包裹辊子

图 6.78　控制压力脉动方法

对专利搜集整理后,以挤压方式作为关键技术对专利进行了筛选,得到了可以作为技术成熟度预测材料的专利资料。通过对专利目的的分析,确定了蠕动泵设计过程中应当注意的问题,并对解决这些问题的典型结构进行了总结。结构汇总表如表 6.18 所示。

表 6.18　典型结构汇总

问题 解决方案	胶管拆装不便	液体回流	防腐、防泄漏	主轴受径向力	对胶管的适应性	胶管寿命缩短	出口压力脉动
按出现时间从早到晚排列							

通过表 6.18 可以看出以下两点：

(1)致力于解决防腐防漏问题的方案最少。相对于其他类型的泵来说，蠕动泵具有与生俱来的优势：被输送液体在胶管中，不与泵体直接接触。对于蠕动泵来说，只要按照操作要求定期检查、更换胶管，就不会出现泄漏问题。

(2)有些结构能够同时解决多个问题。如螺旋进给的卡座可以解决胶管装夹问题并提高对胶管的适应性；在辊子与胶管之间增加中介物可以在提高胶管寿命的同时减小压力脉动；圆周卡座且辊子位置可调的方案能够同时解决三个问题：胶管装夹、主轴受径向力、对胶管的适应性。

通过上述分析可知，在蠕动泵设计过程中应当注意的问题有以下四个：胶管拆装不便、胶管寿命短、对胶管的适应性和主轴受径向力。这四个问题是专利中出现最多的问题，解决方法也有很多，但是大多是针对某一个问题进行解决。在进一步设计中，应当寻找一种方法或结构，使之能够继承已有结构的优点，具有同时解决多个问题的能力。

3. 蠕动泵技术成熟度预测

蠕动泵的关键性能指标很多：流量精度、出口压力、最大流量、流体浓度范围等，而且某个性能指标的提高可能引起其他指标的下降，不同领域对性能的要求也不相同，因此蠕动泵的技术性能量化起来比较复杂。但是由于蠕动泵大多都是靠挤压软管实现液体泵送，所以本文以挤压方式作为蠕动泵的关键技术，应用TMMS 对其进行技术成熟度预测。

(1)专利筛选分级。蠕动泵从 20 世纪 50 年代诞生到现在，产生了很多成果。通过互联网访问国内、欧洲和美国专利数据库，分别应用"蠕动泵"、"软管泵"、"胶管泵"为专利名称索引词对有关蠕动泵的专利进行检索，检索出自 1960～2004 年与蠕动泵有关的专利共计 500 余份。从中筛选出与挤压方式有关的发明专利共计 71 份，其中国内专利 13 项，美国专利 9 项，欧洲专利 49 项。

按照 TRIZ 发明分级原则对专利进行级别评价时，把一个专利孤立地进行级别分类是不可行的，关键是进行纵向比较。按照专利出现的先后顺序逐一分析，整理出技术发展的过程和技术的继承关系，最先出现的技术（包括原理、结构、零部件、工艺等）级别高，此后出现的专利都是对此技术的丰富和缺陷的弥补，相对级别较低；还要衡量技术对产品产生的变化是突变还是渐变，前者级别高，后者级别低。例如，"蠕动泵的改进"（GB1105236）是对泵头进行改进的，首次实现了蠕动泵主轴不受径向力，提高了泵体寿命和工作精度，在这种情况下该专利是 2 级，但是由于该专利是所能获得的专利中最早的一个，所以将其定为 3 级。

对专利进行分级按照以下步骤进行：

(1)分析所研究技术系统的功能、存在的问题和相应专利提出的解的原理；

(2)根据专利分析技术系统的进化过程；

(3)分析技术系统进化过程中出现的技术突变以及标志性专利；

(4)分析技术突变所依据的技术或知识域，确定标志性专利的等级；

(5)分析其余专利对标志性专利的技术继承关系，根据所依据的知识域，对技术系统性能的影响程度，并与标志性专利相比较确定专利等级。

专利分级结果与分类结果如表6.19、表6.20所示。

表 6.19　蠕动泵专利信息汇总

年份	专利数量	平均专利等级	弥补缺陷专利的数量	降低成本专利的数量
1968	1	3	0	0
1971	1	2	0	0
1974	4	1.75	1	0
1977	8	1.125	2	0
1980	2	2	1	0
1983	6	1.167	5	0
1986	2	2	1	0
1989	11	1.273	9	1
1992	4	1.25	4	1
1995	6	1.167	3	2
1998	13	1.385	6	2
2001	7	1.286	7	2
2004	6	1.333	4	1

表 6.20　蠕动泵专利分级结果

专利等级	专利数量
一级专利	47
二级专利	22
三级专利	2
四级专利	0
五级专利	0

(2)预测过程及结果。把筛选得到的71份专利的基本数据和分级分类结果输入TMMS系统，采用三次曲线拟合，拟合曲线如图6.79～图6.82所示。

预测结果为蠕动泵的泵送技术处于成长期，如图6.83所示。

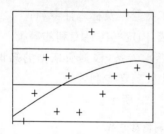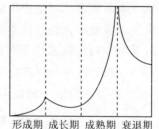

图 6.79　蠕动泵专利数量曲线和标准曲线

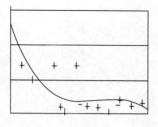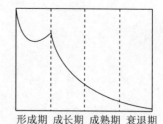

图 6.80　蠕动泵专利等级曲线和标准曲线

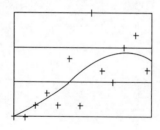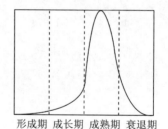

图 6.81　弥补缺陷的蠕动泵专利数量曲线和标准曲线

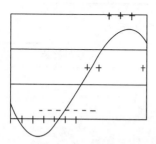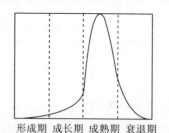

图 6.82　降低成本的蠕动泵专利数量曲线和标准曲线

成熟度为成长期意味着该技术性能已经接近极限,对产品的改进应在进一步完善产品的同时降低成本,使利润最大化。

4. 蠕动泵结构进化路线

(1)蠕动泵分类。根据对蠕动泵的相关专利进行分析,可以发现蠕动泵的发展过程中主要有三种结构:直线挤压型、旋转挤压型和弹性挤压型。

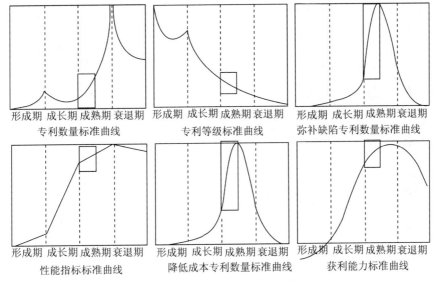

形成期 成长期 成熟期 衰退期
专利数量标准曲线

形成期 成长期 成熟期 衰退期
专利等级标准曲线

形成期 成长期 成熟期 衰退期
弥补缺陷专利数量标准曲线

形成期 成长期 成熟期 衰退期
性能指标标准曲线

形成期 成长期 成熟期 衰退期
降低成本专利数量标准曲线

形成期 成长期 成熟期 衰退期
获利能力标准曲线

图 6.83 蠕动泵技术成熟度预测结果

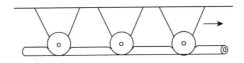

图 6.84 直线挤压型蠕动泵

1)直线挤压型:这种结构的特点在于胶管在蠕动泵中的放置形式为直线形,即胶管没有弯曲。如图 6.84 所示。这种形式的优点在于胶管安装方便,更换快捷;缺点是蠕动泵结构设计困难,需要较多的活动部件。例如专利 4715435 中将辊子装在链条上,由链条带动实现直线运动。专利 988043800.9 中,动力轴上装有一系列凸轮,相邻的凸轮绕动力轴依次错开一个角度,每个凸轮有一个随动件,凸轮转动时随动件往复运动,即可实现对胶管的挤压。

2)旋转挤压型:此结构的特点在于辊子装在可以作圆周运动的支架上,胶管被辊子挤压到弧形卡座。由于圆周运动实现起来较为容易,所以大部分的蠕动泵都是旋转式的。旋转式蠕动泵相对直线式来说结构较为简单,运动部件相对较少,占用空间较少;带来的缺点是胶管装夹不便,主轴受径向力作用,影响运转精度和寿命。针对这些缺陷,出现了很多改进方案。例如为了方便胶管的装夹,产生了活动卡座、活动辊子,较好地解决了胶管装夹问题;为了减少和消除主轴受到的径向力,可以在对称位置设置两个卡座,也可以应用挤压轨迹为圆形的卡座。相对于直线挤压型蠕动泵,旋转挤压型蠕动泵发展更快,产生的专利也更多,如图 6.85 所示。

3)弹性挤压型:这种结构中用多个顺序联通的、弹性材料构成的腔体代替了胶管,通过液压或磁场力、电场力使腔体容积依次变化,从而实现液体的挤压输送。此种结构相对前两种结构来说出现较晚。这种结构主要出现在微型蠕动泵中。由于泵的结构中不需要胶管,所以失去了传统蠕动泵的一项重要特点:被输送液体与泵体不直接接触,不会互相污染,如图 6.86 所示。

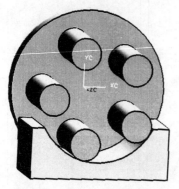 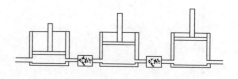

图 6.85　旋转挤压型蠕动泵　　　图 6.86　弹性腔体挤压型蠕动泵

(2)蠕动泵的技术进化路线。

1)多维化进化模式。从蠕动泵的专利中可以找到该模式的一条进化路线:一维→二维→三维,如图 6.87 所示。

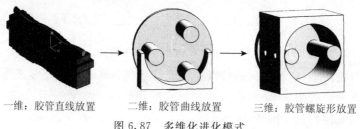

一维:胶管直线放置　　　二维:胶管曲线放置　　　三维:胶管螺旋形放置

图 6.87　多维化进化模式

如前所述,机械结构直线挤压活动零件多,摩擦消耗了大量能量,效率较低。胶管成曲线放置,辊子与卡座配合挤压胶管,减少了活动部件,减少了占用的空间,但是这种结构也有自身的缺点,如带动转盘的主轴受径向力作用,影响旋转精度和轴承寿命;当挤压弧线相对较短时,为了保证管路中至少有一个挤压点,需要增加辊子数量,提高了成本。系统进化到三维结构,是指圆形卡座加厚,胶管在其中绕行多圈后穿出。此种结构在占用较少空间的条件下实现了增加挤压点,消除了作用在主轴上的径向力(专利 200480008362.1)。由于胶管绕行了多圈,一个辊子可以在胶管上产生多个挤压点,一方面有利于减少挤压缝隙中的液体回流,另一方面有助于提高出口压力。由于卡座为圆形,辊子在整个转动过程中都在挤压软管,没有空闲的时候,所以只要应用的辊子数目超过一个,就可以保证主轴不受径向力。

2)增加可控性进化模式。该模式下的一条进化路线也得到了应用:刚性系统→液体→气体→场。

机械挤压结构可以通过调整曲轴转速实现对液体流速的控制,但滑块的行程是一定的,无法调整,而且由于结构中活动零件较多相互之间的摩擦消耗较多的能量,对动力源的要求相对较高。应用液动、气动结构时,调整各个工作容积的充液(气)间隔,可以实现对液体流速的控制;通过对液体(气体)压力的控制,可以实现对柱塞行程的控制,从而实现对不同型号胶管的适应性。然而这种结构需要液压站或气源,而且对系统的密封性和日后的维护工作提出了较高要求,相对来说成本较高,专利 1450879 即为此种结构。图 6.88 中的电场力挤压型式可以避免前两种结构的缺点,以较低的成本实现对流速和挤压力度的控制(专利 6007309)。这种管路的一截由上下两片不联通的、有弹性的金属薄片构成,多个这种单元串连在一起形成管路。当上下两片加异种电荷时,两金属薄片吸合在一起,形成管路的关闭,管路中的单元依次吸合、放开,即可实现液体的挤压输送。

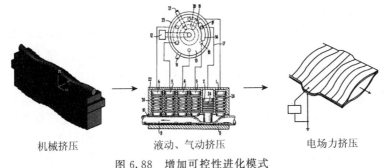

机械挤压   液动、气动挤压   电场力挤压

图 6.88 增加可控性进化模式

3)柔性化进化模式。该模式下的一条进化路线在蠕动泵专利中有所体现:刚性体→一个铰接→两个(多个)铰接→弹性体→分子结构(液体、气体)→场,如图 6.89 所示。

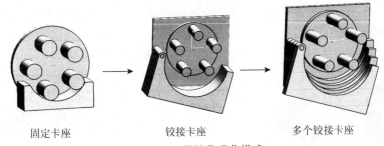

固定卡座   铰接卡座   多个铰接卡座

图 6.89 柔性化进化模式

对旋转挤压型蠕动泵来说,最初设计的卡座和辊子转盘是相对固定的,使得胶管装夹很不方便。进而产生了活动卡座来解决这个问题,活动卡座为一端铰接在机架上,卡座可以绕此端转动,很好地解决了胶管装夹问题。专利 97200036.4 即为此种结构。随着需求的发展,要求蠕动泵同时泵送多路液体,此时一个卡座虽然可以实现对多个管道的挤压,但是只能提供一致的顶紧力,当所用胶管规格不一致时,单一卡座不再适用。专利 1335069 用多个并排铰接在机架上的卡座来实现对

胶管的分别顶紧,并可以分别通过螺纹调整顶紧力,提高系统对胶管的适应性,并实现了按照一定比例输送液体。

在三条进化路线中,多维化进化路线已经进化到最高级,增加可控性进化路线也已经进化到最高级,只有柔性化进化路线没有进化到最高级。但是柔性化进化路线的后续阶段中的弹性体和分子结构目前看来都不能较好地实现对胶管的挤压,而场模式已经在增加可控性进化路线中得到了体现,所以柔性化进化路线也只能到多个铰接的结构为止。

5. 蠕动泵概念设计原型

通过对蠕动泵已有的进化路线进行研究,可以发现处于进化路线末端的结构相对于前端的结构具有较多的优点或是将某一优点发挥得更充分,所以可以将每一条进化路线的最终形式作为概念设计方案。

方案一: 多维化进化模式中的三维结构。该结构属于旋转型蠕动泵,特点为卡座为圆形,并且宽度较大,胶管装夹时在卡座中成螺旋形缠绕多圈。辊子挤压胶管时会产生多个挤压点,有利于减少缝隙回流、提高出口压力和自吸能力。并且由于挤压轨迹为圆形,辊子在整个转动过程中一直在挤压胶管,所以只要辊子数超过一个,驱动轴就不会受径向力作用。然而这种结构的缺点也很明显,那就是胶管装夹不便。由于胶管要放置在卡座的圆柱形内表面上,又有辊子的妨碍,所以胶管安装很不方便。方案一的示意图如图6.90。

方案二: 增加可控性进化模式中的电场力挤压结构。此种结构的特点在于以较为简单的结构实现对流速和挤压力度的控制,系统的可控性和灵活性得到较大提高;由于系统中没有机械传动部件,不但降低了系统的复杂程度和重量,而且运转过程中的噪声大大降低。但是由于此项技术尚不成熟,系统所提供的挤压力相对较小,需要用特定的管路取代胶管,而不是直接挤压胶管,使得被输送液体必须流经泵体内部管道。这样一来就丧失了蠕动泵相对于其他泵种的最大优势:被输送液体与泵体不直接接触,没有相互污染。该结构示意图如图6.91。

图6.90 方案一

图6.91 方案二

方案三: 柔性化进化模式中的多个铰接结构。该结构中的卡座一端铰接在机架上,装夹胶管时可以将卡座转过一定角度,提高了便利性;在同一个泵头上铰接多个卡座后,不但可以同时输送多路液体,而且可以实现对各个胶管分别顶紧。这样一来可以同时应用多种规格的胶管,实现按比例输送多路液体。该方案的主要缺点是主轴受径向力作用,影响旋转精度和轴承寿命。该结构示意图如图 6.92。

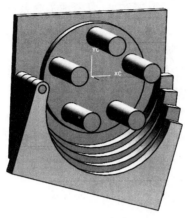

图 6.92 方案三

将三个候选方案制成方案汇总表,以便于进行比对、筛选。如表 6.21。

表 6.21 方案汇总表

项目　　　方案	方案一	方案二	方案三
优点	(1)主轴不受径向力 (2)控制回流,提高自吸能力	(1)可控性提高 (2)噪声小 (3)没有传统结构的缺点	(1)胶管装夹简便 (2)胶管适应性好 (3)实现按比例的多路输送
缺点	胶管装夹不便	(1)挤压力小 (2)泵液之间相互污染	主轴受径向力作用
示意图			

对于方案一,主要问题是胶管装夹不便。如选择该方案,则需要进一步改进结构,在保留原有优点的基础上提高胶管装夹便利性。由于关注于改进胶管装夹便

利性的专利较多,所以改进设计的难度较低。

对于方案二,主要问题是泵体结构中取消了胶管,被泵送液体与泵体直接接触。本设计是面向中药滴丸机的,用来泵送药液,对卫生要求较高,所以应当尽量减少对药液的污染。如果要采用该方案,应考虑提高系统提供的挤压力,使其能够挤压胶管,考虑到此方面相关专利较少,改进设计难度较大。

对于方案三,由于设计的蠕动泵应用于中药滴丸机中,只需泵送一种液体,没有按比例输送多路液体的需求,所以方案三并不适用于本设计。

方案一与方案二相比较,综合考虑各自的优缺点、改进的难度和时间成本,方案一更适合本次的设计任务。

方案一能够实现驱动轴不受径向力、对胶管的多圈挤压,但是胶管装夹不便,应用 TRIZ 中的技术冲突解决原理对概念设计原型进行改进。

6. 概念设计原型的改进

确定改进目标,也就是要解决的冲突。改进目标有两个:

(1)胶管装夹不便。

(2)延长胶管寿命。

胶管装夹不便是概念设计原型自身的缺陷,也是最主要的缺陷,这个缺陷的存在不但降低工作效率,而且会成为安全生产的隐患。胶管寿命的长短,关系到蠕动泵连续工作时间的长短。胶管寿命的延长意味着不停机工作时间的延长、生产效率的提高,意味着更换胶管次数减少、费用降低。这两个改进目标的重要性也可以从专利分析数据中看出来。在专利目的分析表中解决胶管装夹问题的专利有 25条,七个专利目的中胶管装夹问题排在第一位;解决胶管寿命问题的专利有 24 条,仅次于胶管装夹问题,排在第二位。所以解决了这两个问题,概念设计原型的改进就基本上完成了。

(1)胶管装夹不便的解决。胶管装夹不便,是因为辊子将胶管挤压在卡座上,可以将这个问题描述为两种冲突:

1)由于胶管是要安放在卡座的内表面,所以装夹不方便——静止物体的面积与可操作性。

为了增加挤压点的数量,增加了卡座的内表面积,所以在这里被改善的功能参数是静止物体的面积,恶化的功能参数是可操作性。查询冲突解决矩阵,查得发明原理 16、发明原理 4。

发明原理 16:未达到或超过的作用

如果 100% 达到所希望的效果是困难的,稍微未达到或稍微超过预期的效果将大大简化问题

例:缸筒外壁刷漆可将缸筒浸泡在盛漆的容器中完成,但取出缸筒后外壁油漆太多,通过快速旋转可以甩掉多余的漆;用灰泥填墙上的小洞时首先多填一些,之后再将多余的部分去掉。

发明原理 4:不对称

a. 将物体的形状由对称变为不对称

例:不对称搅拌容器,或对称搅拌容器中的不对称叶片;将 O 形圈的截面形状改为其他形状,以改善其密封性能;非正态分布;对不同的顾客群采用不同的营销策略。

b. 如果物体是不对称的,增加其不对称的程度

例:轮胎的一侧强度大于另一侧,以增加其抗冲击的能力;管理者与雇员之间的双向对话;本田公司的人最大化,机器最小化产品设计哲学;复合的多斜面屋顶;钢索加固的悬臂式屋顶。

对于发明原理 16"未达到或超过的作用",应用于胶管装夹时,无论胶管未安装到位或是胶管卡的太紧都会影响蠕动泵的正常工作。发明原理 4"不对称"包含两种方法,分别对应对称形状物体和不对称形状的物体。本设计中的胶管卡座属于对称物体,根据发明原理的指导应将其形状从对称变为不对称。然而该原型的特点在于挤压轨迹为圆形,一旦改为非对称结构,势必会带来径向力影响。所以,这两条发明原理应用不成功。

为了尽可能多的获得发明原理的帮助,将问题换一种描述方法:需要改善的功能参数为可操作性,因为改善可操作性而恶化的功能参数为静止物体的面积。查询冲突解决矩阵,查得可用发明原理 18、16、15、39。发明原理 16 已经用过,不再考虑。

发明原理 15:动态化

a. 使一个物体或其环境在操作的每一个阶段自动调整,以达到优化的性能

例:可调整驱动轮、可调整座椅、可调整反光镜;客户快速响应小组;过程的连续改进;形状记忆合金;柔性写字间布置。

b. 划分一个物体成具有相互关系的元件,元件之间可以改变相对位置

例:计算机蝶形键盘;链条;竹片凉席。

c. 如果一个物体是刚性的,使之变为可活动的或可改变的

例:检测发动机用柔性光学内孔检测仪;可回收房顶结构;浮动房顶;电梯代替楼梯;冗余结构;无级变速器。

发明原理 18:振动

a. 使物体处于振动状态

例:电动雕刻刀具有振动刀片;振动棒的有效工作可避免水泥中的空穴;一个结构中所害怕的波动、骚动、不平衡正是创新的源泉。

b. 如果振动存在,增加其频率,甚至可以增加到超声

例:通过振动分选粉末;采用时事通讯、互联网、会议等多种形式频繁交流;我们所处的信息时代强烈地影响着世界;用白噪声伪装谈话;超声清洗;超声探伤。

c. 使用共振频率

例:利用超声共振消除胆结石或肾结石;制定战略计划使机构处于谐振状态,

在该谐振频率处,机构最容易实现突破策略;利用 H 型共鸣器吸收声音。

d. 使压电振动代替机械振动

例:石英晶体振动驱动高精度的表;喷嘴处的石英振荡器改善流体雾化效果;将新鲜血液吸收到队伍中来;聘请顾问。

e. 使超声振动与电磁场耦合

例:如在高频炉中混合合金;超声探伤;地球物理技术能协助确定地下的结构。

发明原理 39:惰性环境

a. 用惰性环境代替通常环境

例:为了防止炽热灯丝的失效,让其置于氩气中;消除评估、评奖等过程中的混乱局面,而由一自然的工作系统代替;谈判过程中的休会期;硅片加工所需要的净化车间。

b. 在某一物体中添加自然部件或惰性成分

例:难燃材料添加到泡沫状材料构成的墙体中;悬挂系统中的阻尼器,吸声面板;在困难的谈判过程中,引入公正的第三者做评判;在办公区内引入一个安静区。

应用发明原理 15 的第一条建议,可以将卡座制成活动结构,使之在安装胶管时能够打开或移走,胶管装好后再恢复挤压状态,该建议可行,称为建议 1;第二条建议是将卡座分解为多个元件,容易想到的是类似于第三条进化路线的多铰接结构,这样也能实现简化胶管装夹,建议可行,称为建议 2;第三条建议是将卡座变成柔性体或可改变的,与卡座提供支撑的功能相矛盾,不可行。发明原理 18 是在系统中引入振动,振动或许有助于胶管的安装,但是挤压过程中应当避免振动,所以该原理不可用。发明原理 39 是在系统中引入惰性环境,可以理解为建立不挤压胶管的阶段。不挤压胶管无法实现泵送液体的功能,挤压一部分胶管意味着带来径向力,所以该原理不可行。

在该阶段中,得到两个改进建议:

建议 1:将卡座制成活动结构,使之在安装胶管时能够打开或移走,胶管装好后再恢复挤压状态。

建议 2:将卡座制成多铰接结构,能够实现打开、闭合,方便胶管装夹,并可以实现多管路分别顶紧。

2)由于辊子要挤压胶管,导致胶管装夹不便——运动物体的体积与可操作性。

蠕动泵能够泵送液体,是靠辊子挤压胶管实现的。挤压胶管的辊子妨碍了胶管的安装,可以描述为运动物体的体积与可操作性之间的矛盾。查询冲突解决矩阵,查得可用发明原理 15、13、30、12。发明原理 15 已经用过,不再考虑。

发明原理 12:等势性

改变工作条件,使物体不需要被升高或降低

例:与冲床工作台高度相同的工件输送带,将冲好的零件输送到另一工位;通过压力补偿所形成的等压面;汽车高度不变,修理工改变位置;或修理工维修面高度几乎不变,汽车高度改变。

发明原理 13：反向

a. 将一个问题说明中所规定的操作改为相反的操作

例：为了拆卸处于紧配合的两个零件，采用冷却内部零件的方法，而不采用加热外部零件的方法；在工商业衰退期进行企业扩张而不是收缩；发现过程中的失误，而不责怪过程中的人。

b. 使物体中的运动部分静止，静止部分运动

例：使工件旋转，使刀具固定；扶梯运动，乘客相对扶梯静止；风洞中的飞机静止；送货上门；用信用卡，不用现金；拥挤城市中的停车与上路计划。

c. 使一个物体的位置颠倒

例：将一个部件或机器翻转，以安装紧固件；楼上为起居室（美景），楼下为卧室（凉爽）；步行街；劳埃得建筑将管路等置于外部，而不是内部。

发明原理 30：柔性壳体或薄膜

a. 用柔性壳体或薄膜代替传统结构

例：用薄膜制造的充气结构作为网球场的冬季覆盖物；刷卡代替现金——公司的工资已不是现金，而被打到银行账号，具有特定 ID 号的卡即可使用；充气服装模特；网状结构。

b. 使用柔性壳体或薄膜将物体与环境隔离

例：在水库表面漂浮一种由双极性材料制造的薄膜，一面具有亲水性能，另一面具有疏水性能，以减少水的蒸发；餐厅内部的屏风；舞台上的幕布将舞台与观众隔开；充气外衣。

发明原理 12 为等势性，可以理解为预先将胶管压扁，然后装入辊子与卡座的缝隙间，该方案需要开发挤压胶管的工具，而不是改进蠕动泵结构，与设计目标不符，该原理不可用。发明原理 13 的第一条建议可以理解为安装胶管时辊子不挤压胶管，远离胶管，方便安装。该方案的要点是实现辊子在一定范围内运动。此建议可行，称为建议 3。第二条建议可以理解为使胶管运动，辊子静止。该建议不可行，放弃。第三条建议为将位置颠倒。原有泵头是卡座在外侧包围装在转盘上的辊子，转盘带动多根辊子转动，辊子扫过的轨迹形成一个圆柱，胶管绕过多根辊子，就像绕在辊子扫成的圆柱上。如果将胶管置于该圆柱内部，则需要将胶管绕在一个圆柱体上，辊子将胶管压在该圆柱体上实现挤压。安装胶管时将圆柱体取出，绕上胶管，放回辊子中即可。该方案可以实现，称为建议 4。发明原理 30 为柔性壳体或薄膜，由于挤压胶管需要较大的压强，目前看来该原理无法实现。

该阶段中产生两个建议：

建议 3：使辊子在一定范围内运动。安装胶管时，辊子不挤压胶管，安装完后恢复挤压，即可工作。

建议 4：将圆柱体卡座和胶管置于辊子扫成的圆柱体内部，圆柱体卡座可以取出，将胶管绕在卡座上，将卡座放回辊子中，即可实现对胶管的挤压。

3)改进建议比较。综合两种问题描述,共得到四个改进建议:

建议1:将卡座制成活动结构,使之在安装胶管时能够打开或移走,胶管装好后再恢复挤压状态。

建议2:将卡座制成多铰接结构,能够实现打开、闭合,方便胶管装夹,并可以实现多管路分别顶紧。

建议3:使辊子在一定范围内运动。安装胶管时,辊子不挤压胶管,安装完后恢复挤压,即可工作。

建议4:将圆柱体卡座和胶管置于辊子扫成的圆柱体内部,圆柱体卡座可以取出,将胶管绕在卡座上,将卡座放回辊子中,即可实现对胶管的挤压。

对四个建议进一步研究可以发现,前两个改进建议的效果并不能令人满意。这是因为胶管在安装时要贴合卡座的内表面,而概念设计原型的卡座内表面为圆柱形,所以无论是将卡座移走还是将卡座分解为多个元件都不能很好地解决胶管的安装问题。于是将前两个建议首先淘汰。

建议3和建议4的示意图分别为图6.93和图6.94。由图中可以看到,建议3辊子退让后,胶管可以安置在辊子与卡座之间,安放方便。但是并不能让胶管规律地贴合在卡座内表面上,这样一来辊子复位时很可能会有交叉的胶管被挤压,既影

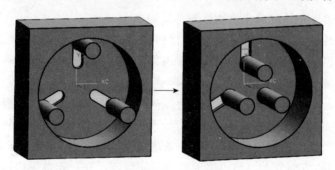

图 6.93 建议 3 示意图

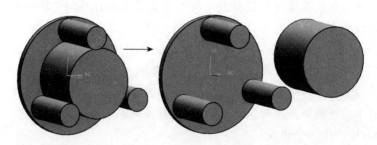

图 6.94 建议 4 示意图

响泵运转的稳定性,又影响胶管寿命。建议4中可以将中间的圆柱卡座取出来,将胶管缠绕在上边,但装回辊子中的时候,由于绕上了胶管,直径变大,装回去并不是

很容易。

但是进一步研究可以发现,建议 3 关注的是辊子,建议 4 关注的是卡座的位置,两者并不冲突,可以将两个建议合并。这样一来产生的新结构即避免了建议 3 中胶管有可能交叉的问题,又避免了安装过程中的困难,实现了胶管装夹的简便。

改进方案如图 6.95 所示。安装胶管时,辊子向转盘外侧退让,取下圆柱形卡座,将胶管绕在卡座上。而后将卡座放回原位,由于有三个辊子,而且卡座直径相对较大,所以卡座可以由辊子支撑住。工作时辊子向转盘中心运动,由于三个辊子同步动作,可以实现卡座的自动对中。辊子运动到位,挤压胶管,辊子绕卡座转动,即可实现液体泵送。辊子转动过程中,卡座有可能随辊子一同转动,所以后续设计中应考虑增加卡座限位装置。

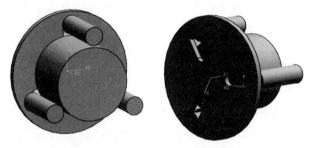

图 6.95　概念设计原型的改进方案

（2）胶管延寿。胶管被辊子不断挤压,处于变形、恢复的循环中。由于胶管寿命决定了蠕动泵的连续工作时间,所以延长胶管寿命非常重要。辊子挤压胶管的力的大小至关重要。顶紧力小,胶管封闭不严,液体从残留的缝隙中回流,回流液体会拉扯胶管,减少胶管寿命。顶紧力过大会使辊子与胶管之间的摩擦力成倍增加,辊子向前滚动时拉扯胶管会显著降低胶管的寿命。所以可以将这个问题描述为对力的改进导致有害因素产生。查询冲突解决矩阵,查得可用发明原理 13、3、36、24。

发明原理 3：局部质量

a. 将物体或环境的均匀结构变成不均匀结构

例：用变化中的压力、温度或密度代替定常的压力、温度或密度；不采用刚性工资结构,而采用记件工资；弹性工作时间；无噪声工作区。

b. 使组成物体的不同部分完成不同的功能

例：午餐盒被分成放热食、冷食及液体的空间,每个空间功能不同；使每个雇员的工作位置适应其生理、心理需要,以最大限度地发挥作用；定制式软件。

c. 使组成物体的每一部分都最大限度地发挥作用

例：带有橡皮的铅笔,带有起钉器的榔头等；按功能划分结构,而不是按产品划分；具有一流研究条件中的一流研究人员；雇用本地雇员以适应本地文化特色。

发明原理 13：反向

a. 将一个问题说明中所规定的操作改为相反的操作

例：为了拆卸处于紧配合的两个零件，采用冷却内部零件的方法，而不采用加热外部零件的方法；在工商业衰退期进行企业扩张而不是收缩；发现过程中的失误，而不责怪过程中的人。

b. 使物体中的运动部分静止，静止部分运动

例：使工件旋转，使刀具固定；扶梯运动，乘客相对扶梯静止；风洞中的飞机静止；送货上门；用信用卡，不用现金；拥挤城市中的停车与上路计划。

c. 使一个物体的位置颠倒

例：将一个部件或机器翻转，以安装紧固件；楼上为起居室（美景），楼下为卧室（凉爽）；步行街；劳埃得建筑将管路等置于外部，而不是内部。

发明原理 24：中介物

a. 使用中介物传递某一物体或某一种中间过程

例：机械传动中的惰轮；管路绝缘材料；催化剂；中介结构对项目的评估；产品生产企业与客户之间的总经销商；旅行社。

b. 将一容易移动的物体与另一物体暂时接合

例：机械手抓取重物并移动该重物到另一处；请故障诊断专家帮助诊断设备；磨粒能改善水射流切割的效果。

发明原理 36：状态变化

在物质状态变化过程中实现某种效应

例：合理利用水在结冰时体积膨胀的原理；热泵利用吸热散热原理工作；热管；利用状态变化储存能量；制冷工厂；轴与轴套的加热装配；股市由牛市转向熊市。

发明原理 3 可以理解为改进胶管被挤压部分的结构，提高抗挤压性能。然而本设计的目标是改进蠕动泵结构，而不是改进胶管的结构，所以放弃该原理。发明原理 13 为反向，用胶管反过来挤压辊子难以实现。发明原理 24 为增加中介物，在胶管与辊子之间增加中介物，变滑动摩擦为滚动摩擦，显著减小胶管受到的拉扯力。发明原理 36 为状态变化，辊子不易发生状态变化，胶管一旦发生状态变化会导致液体泄漏，所以该原理不可用。

综上所述，为了延长胶管寿命，可以在胶管与辊子之间增加中介物。具体来说，可以在辊子外层增加一个套筒，与辊子心轴之间用轴承连接，减少滚动阻力。

(3)概念设计原型的改进结果。通过解决两个主要问题，本章中对蠕动泵概念设计原型的改进达到了预期的目标，实现了胶管装夹的简便化，并获得了较好的胶管寿命。改进结果如图 6.96 所示。

将设计结果与表 6.18 中的已有结构进行比对。不难发现，设计结果与其中三种结构有相似之处：卡座内置结构、圆周卡座且活动辊子结构、辊子与卡座之间有

图 6.96　概念设计原型的改进结果

中介物的结构。本设计具备了三种结构的优点,避免了卡座内置结构的缺点:胶管装夹不便;引入中介物结构的缺点:结构复杂。相对于引入中介物结构,本设计不具备减少压力脉动的特点。但是在中药滴丸机的工作过程中,压力脉动没有负面影响,无需考虑。所以本设计可以说达到了设计目标,是较为先进的。

十、点胶机

　　流体点胶是以一种受控的方式对流体进行精确分配的过程。它在食品加工、生物制剂操作和微电子封装等各个行业中发挥着重要的作用,在各种用途中,微电子封装对点胶的性能要求尤为苛刻。微机电系统技术、加工工艺等正在快速发展,但封装的发展却相对滞后,成为微机电系统市场化和产品化的瓶颈。为了适应现代封装技术的要求,点胶装置在近年来得到飞速发展。研究和总结点胶机的进化历程,对预测点胶机的未来发展方向,适应现代封装要求具有重要的作用。

　　产品内部各个系统是相互关联的,其中每个系统的进化都会影响到其他相关系统零部件或者整体的改变。

　　1. 减少人的参与的进化路线

　　TRIZ 学者总结出的减少人的参与的进化路线为:人→人+工具→人+动力工具→人+半自动工具→人+自动工具→全自动工具。

　　相对应的点胶机的进化如图 6.97 所示。

　　减少人的参与在点胶装置演化中主要表现在能量资源、操作系统和控制系统等子系统中。

　　在沿着减少人参与的进化路线中,点胶所需要的能量由人体的化学能逐渐演变为电能。

　　起初,根据粘接对象的要求,在使用胶水时利用的是人体化学能;随着动力工具的出现,电能介入点胶生产,人体化学能的使用减少;至自动点胶机出现以后,电能已基本上取代了人体的化学能来进行生产。

　　直接利用胶水瓶进行粘接时,需要将胶水根据需要从胶水瓶里挤压出来,粘接

图 6.97　沿减少人参与的进化路线的点胶装置演化

用胶的操作,要根据人的经验习惯通过挤压的力度和时间决定,点胶的操作和控制都需要人的参与来实现;相对于直接使用胶水瓶,机械式胶枪更加便于控制每次粘接所需要的胶量和点胶位置,却仍需手动操作控制点胶量;动力胶枪在提高点胶出胶精度的同时,减少了人手的操作;自动化点胶机可以通过编程或导入 CAD 图形等操作来控制点胶位置和点胶量,使人的直接参与从点胶工作中逐渐减少。

依照 TRIZ 中提供的减少人参与的进化路线,点胶机的进化应该向全自动工具发展。

2. 可控性

TRIZ 中产品沿可控性的进化路线为:直接控制→中介控制→添加反馈→智能反馈。

控制系统的进化同时还影响到技术系统中的操作系统、传动系统和执行系统。评价点胶质量主要是准确性与一致性指标。点胶装置中控制系统的进化,即为操作系统通过控制点胶机的传动系统到达执行系统来提高点胶出胶量及点胶位置的准确性和一致性。

起初,粘接时使用的胶量和点胶位置都需要直接进行控制,所使用的胶量和点胶位置的准确性、一致性都很难把握。为了有效地控制所需胶量,增加了中介控制,使用胶枪或者控制器来控制点胶量。

目前,随着封装技术向微细化发展,点胶位置难以用人手控制来保证其准确性和在相同产品封装时的一致性。开始使用计算机技术,采用摄像装置添加反馈,通过人机对话的方式,来实现对点胶位置及点胶模式的控制,并对点胶量进行监控。

点胶机的控制目前已达到了具有反馈控制的阶段,应该向智能反馈控制的方向开发线形结构的几何进化线形结构,几何进化的目的是为了增加系统的动态性,其进化路线:点→线→平面曲线→轴对称→三维曲线。

影响点胶装置线性结构的几何进化路线的子系统主要是其执行系统,目前的自动化点胶机执行系统工作形式为点到点,或是直线、平面曲线的喷涂。依照此进化路线,应该向轴对称或三维曲线的方向开发,这当然也必将涉及控制系统和传动系统等的进化。

3. 相似物体由单一到双向再到多样的进化路线

进化路线为:单系统→双系统→三系统→多系统→集成的多系统。

点胶装置工作系统沿此路线进化的模式如图 6.98 所示。

图 6.98　点胶头沿相似物体由单一到双向再到多样的路线演化

此进化路线在点胶机进化中也可以影响到传动系统、执行系统和控制系统等。现以点胶机执行系统中的点胶头演化为例予以说明。

最先使用的点胶机只采用一个点胶头进行点胶,产品通过点胶机的工作台时,单个点胶头根据要求完成点胶。双头点胶机可以提高生产效率,确保所需点胶的两个点滴胶量一致。多头点胶机可以同时点涂多组产品,极大地提高了生产效率。

按照此进化路线,点胶机的工作系统应向集成的多系统方向发展。

4. 由单一到双向再到多样:增加区别化

进化路线为:相似部件→不同特征的部件→相反部件→不同部件。

此进化路线同样也会影响到材料资源、控制系统、传动系统、执行系统以及产品对象等其他子系统。

点胶技术可分为多种,如图 6.99 所示。

点胶技术采用脉动的空气压力和针管来实现点胶,但是脉动压缩空气会加热胶体并改变其黏度和胶体的大小。随着针筒内胶量的改变,点出的胶体大小也会发生变化。阿基米德计量管点胶是将胶体放置在计量管内点出,控制胶量的精确度较高,但点出的胶量也和胶体的黏度相关,且结构复杂。活塞式点胶采用类似活塞—气缸的结构来点胶。这种方式点出的胶量一致性较好,但是利用机械运动来点胶,点胶速度不会很快,点胶量大小不好调节,且需要专门设计的点胶头,维护性较差。插针涂胶和印刷点胶、流体喷射点胶等属于专用工具点胶。专用工具注重点胶的效率,追求一次点完所有的胶点。

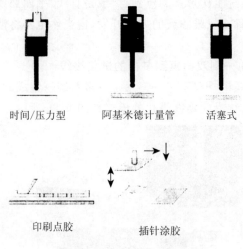

时间/压力型　　　阿基米德计量管　　　活塞式

印刷点胶　　　　　　插针涂胶

图 6.99　点胶的技术形式

按照这条路线,可以使点胶机集成不同特征的部件向相反部件的方向发展,也可以将不同特征的部件进化成不同的部件,根据封装产品、使用胶类的不同,在各种具体点胶情况下进行使用。

5. 自由度

自由度的进化可以提高产品的动态性。自由度进化路线为:单自由度系统→双自由度系统→三自由度系统→四、五、六自由度系统。

点胶机执行系统自由度的增加也必将引起其操作系统、传动系统和控制系统部分零部件的改变。从点对点的点胶,到可以做直线、圆弧等的涂胶工作,直至现在可以根据识别导入的 CAD 平面图形进行涂胶,点胶机工作系统的自由度逐渐增加。多自由度方向也是点胶机发展的方向之一。

产品的现代设计是制造业的灵魂,只有设计出高性能的产品才能在激烈的国际市场竞争中立于不败之地。本文通过对点胶机的发展状况分析,利用 TRIZ 理论的进化路线,归纳总结了点胶机的发展进化路线,分析得出:增加点胶系统的动态性、可控性,协调其子系统不均衡发展导致的冲突,向超系统传递,将是未来点胶装置发展的方向。

十一、风机轮毂优化设计

随着我国现代化建设的加快,各地都涌现出了大型的地下购物中心、地下车库等,因此对于通风设备的可靠性和维护简易性的需求变得日益迫切。地下建筑所使用的通风机械有两大主要特点:一是整机振动必须要小,二是机体安装的空间位置狭小。这两个特点本身就是相互矛盾的,对于风机的正常安装,国际上有明确的标准,在风机出风口连接导管的一侧,必须符合:

$$L = a \times D$$

式中：L——导管不发生弯曲的长度；

　　D——风机出风口直径；

　　a——相关系数。

但是实际上风机安装空间有限,不是都可以满足标准公式要求的,这就会导致出风口出现紊流,从而造成风机叶片回流产生振荡,使整机振动,严重的短时间使用即可使叶片折断。采用了弹性底座后,虽然在一定程度上缓解了整机振动,但是叶片折断打弯的问题仍旧存在。

1. 轮毂构造分析

混流风机具有重量轻、体积小、效率高等特点,但是其叶片多为板材加工,强度低。采用铸造成本直线上升,且强度提高较少。为了克服应用与狭小空间发生回流打弯叶片的情况,需要对原有的风机毂轮进行改进,使其能够在非标准安装环境下长时间运行,减少维修成本。

图6.100是原风机轮毂结构图。该轮毂结构综合了离心风机和轴流风机各自的优点,拥有离心风机的大风压和轴流风机的大流量。

图 6.100　原风机轮毂图

可以看出,轮毂部分设计的优劣直接关系着风机性能的各项参数。在制造工艺上采用整体压力铸造或者焊接叶片,用精度不高的通用机床加工,保证在 2mm 范围内,其内孔与轴承配合需要再加工。

这种结构的毂轮具有以下优点：

(1)设计简便,应用范围广。

(2)生产速度快,加工工序少。

(3)安装简便,第一步装上轮毂,第二步敲紧卡盘。

同时该结构也具有以下缺点：

(1)轮毂需要专门的板材加工设备,否则其圆度难以保证,无法得到好的动态平衡。

(2)叶片采用板材弯曲特定弧度焊接,其强度依赖焊接工人操作水平。

(3)一旦出现叶片弯折情况,整个轮毂需要重新回厂进行专人维修。

2. 系统冲突演算

为了确保得到正确的设计公式,需要重新分析系统冲突和以前的设计要求。

所讨论的系统要求如下：

(1)叶片强度提高。

(2)由于是非标准安装，损坏不可避免，但维修简便，降低维修成本。

(3)降低制造复杂性，减少对工人技术的依赖性。

(4)不能对其外形有较大的改进。

一般解决这类问题有两种思路：一是提高强度，采用轮毂和叶片整体铸造；二是维修简便，降低维修成本，需要便于更换的低成本轮毂。二者明显存在矛盾。包含矛盾的问题可以重新用冲突矩阵的方式陈述如下：

(1)"强度"的提高可能导致"方便性"的降低。

(2)"可维修性"的提高可能会导致"复杂性"的升高。

通过使用 Altshuller 的 39 个工程参数冲突矩阵，以及 40 条发明原理进行细化分割。我们可以得到冲突—发明原理对照表，如表 6.22 所示。

表 6.22 冲突—发明原理对照表

工程参数	发明原理
36 可维护性	1,10,2,11,35,13
34 使用方便性	1,26,28,10,13,35
14 强度	3,35,10,28,40,15,27

由表 6.22 得到了基于 TRIZ 的解决方案，表中的阿拉伯数字对应 40 条发明原理。

考虑到系统要求，细化解决方案中的 1、2、10 三条发明原理是可行的：

1. 分割原理

将物体分成独立的部分；

使物体成为可拆卸的；

增加物体的分割程度。

2. 分离原理

物体分成几个不同的部分。

10. 预先作用原理

预先完成整体或者部分的组装。

3. 优化

参照以上三条设计原则，对轮毂进行优化设计。

(1)依据原理 1 将整个轮毂拆分成轮毂基座和轮毂压片，用铸造工艺制造轮毂基座与主轴配合，压片和轮毂基座配合起固定叶片之用(见图 6.101、图 6.102)。

根据最小化原则保持轮毂外形不变，轮毂外形直接关系着风机性能，在没有做全面流量试验的前提下，不改变原有外形尺寸。轮毂压片与轮毂配合，通过螺栓连接固定叶片叶柄。

图 6.101　轮毂

图 6.102　轮毂压片

　　(2)依据原理 2 将叶片独立制造,用铸造工艺以提高强度,叶体部分主要设计参数不改变,采用俄罗斯空气动力研究所标准叶型划分原则,对叶片截面进行重新划分。使其抗变形能力增强。叶片底部有杆状设计用以和轮毂连接。叶柄和叶体平滑过度减少应力集中,如图 6.103。其截面形状见图 6.104。

图 6.103　叶片

图 6.104　截面形状

　　(3)装配结构叶片与轮毂采用活动连接,以保证快速装卸,如图 6.105 所示。

　　该结构拆装方便,对模具要求适中,轮毂和叶片采用夹紧设计,只需要略微松开螺栓即可以将损坏叶片取出,同时固定叶柄设计方案使叶片的定位更加精确,降低了对工人技能熟练度的依赖。对于不同型号的风机可以做到仅仅更换叶片型号,对轮毂采用统一结构,满足了风机叶轮的互换性要求。

　　根据风机轮毂的系统要求,通过对矛盾矩阵给出的不同系统矛盾的发明原理的组合,获得可以在任意安装现场进行叶片更换维护的风机轮毂模型。经多次试验检测证明该设计方案是可靠可行的。

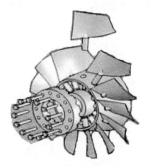

图 6.105　风机轮毂装配图

参考文献

[1] 檀润华. 创新设计——TRIZ:发明问题解决理论[M]. 北京:机械工业出版社,2002.

[2] 檀润华. 发明问题解决理论[M]. 北京:华夏科技出版社,2004.

[3] 檀润华,王庆禹,苑彩云,等. 发明问题解决理论:TRIZ——TRIZ 过程、工具及发展趋势[J]. 机械设计,2001,(7):7-11.

[4] 檀润华,张国红,焦建新,等. 产品设计中的冲突和解决原理[J]. 河北工业大学学报,2001,30(3):1-6.

[5] 檀润华,马建红,张瑞红,等. 产品设计中的物质——场分析[J]. 工程设计,2001,(4):207-210.

[6] 檀润华,苑彩云,张瑞红,等. 基于技术进化的产品设计过程研究[J]. 机械工程学报,2002,30(12):60-65.

[7] 韩立芳,张明勤,李海青,等. 基于 TRIZ 的新型立体车库创新设计[J]. 工程设计学报,2008,15(2):86-89.

[8] 吕桂志,任工昌,丁涛. 基于 TRIZ 技术进化分析点胶机的演进[J]. 工程设计学报,2008,15(5):387-390.

[9] 何庆,井维峰. 基于 TRIZ 的风机轮毂优化设计[J]. 精密制造与自动化,2008,(174):44-46.

[10] ALTSHULLER G. The Innovation Algorithm, TRIZ, systematic innovation and technical creativity[M]. Worcester: Technical Innovation center,1999.

[11] FEY V, RIVIN E. Innovation on demand [M]. Cambridge: Cambridge University Press,2005.

[12] SILERSTEIN D, DECARLO N, SLOCUM M. Insourcing Innovation [M]. Longmont: Breakthrough Performance Press,2005.

[13] SAVRANSKY S D. Engineering of Creativity. New York:CRC Press,2000.

[14] CAO GUOZHONG,TAN RUNHUA and ZHANG RUIHONG. Connect Effects and Control Effects in conceptual design[J]. Journal of Integrated Design and Process Science,2004,8(3):75-82.

[15] CAO GUOZHONG and TAN RUNHUA. FBES Model for Product Conceptual Design[J]. International Journal Product Development,2007,4(1/2):22-36.

[16] ZHANG RUIHONG,TAN RUNHUA and CAO GUOZHONG. Using technology evolution to improve the paper machine design[J]. Chinese Journal of Mechanical Engineering(English Edition),2004,17:41-43.

第七章
创新设计方法集成与案例

第一节　概　述

不断推出具有市场竞争力的新产品是提高企业竞争力的核心,而完成产品设计是其第一步。产品设计受时间、成本、质量、售后服务等诸多因素的制约,为此,采用适合于本企业的设计过程模型指导设计是其成功的关键环节之一。

设计方法学是研究设计过程的领域。将不同模型或其中的部分集成形成新的设计过程模型是设计方法学领域的发展趋势之一。Otto 及 Wood 通过 QFD 将客户需求与设计过程集成,Lee 提出 QFD 与功能分析及 TRIZ 中冲突矩阵相结合解决概念设计中的技术冲突问题,Terninko 将 QFD 与 TRIZ 的理想解相结合。通过集成不同方法中的优点得到加强,使其更具有指导意义。

第二节　创新设计方法集成

一、TOC 与 TRIZ 集成

概念设计是产品设计中的关键阶段,与创新密切相关。有效的概念设计方法和工具的应用可以提高产品的质量,降低成本,减少市场的响应时间。TRIZ(发明问题解决理论)是专门研究创新和概念设计的理论,它是由解决技术问题和实现创新开发的各种方法、算法组成的综合理论体系,已为工程中存在的小问题的解决提供了一系列的工具:发明原理、分离原理、标准解、效应库等。尽管 TRIZ 理论是一种强大的革新工具,但它尚处于"形成期",还有很多的方面有待发展和完善。如何将 TOC(约束理论)的逻辑思维工具引入到工程设计中。这些逻辑工具主要用来解决设计中做什么的问题,TRIZ 则解决如何做的问题。所以,将两种理论结合,形成了一个完整的确定问题和解决问题的过程。

基于 S. R. Luke 提出简单化的概念设计过程模型,将 TOC 与 TRIZ 集成,形成系统化的概念设计过程,分为四步:

(1)初步分析问题,构造逻辑图表。

(2)构造问题,分析逻辑图表。

(3)确定解决问题的方向。

(4)产生问题解。

前三步通过 TOC 来实现,最后一步利用 TRIZ 得到领域解,如图 7.1 所示。

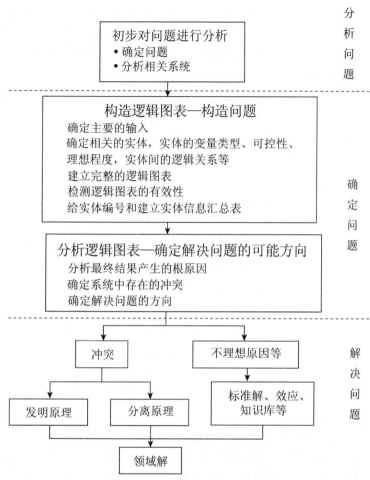

图 7.1 TOC 和 TRIZ 结合过程模型

初步分析问题时,构造 CRT 是整个概念设计过程的关键,以系统中存在的问题为输入,通过因果逻辑将有用功能、有害功能和潜在的假设等联系起来,实现输入到输出的转换,确定并解决问题。CRT 功能类似于 TRIZ 功能模型及关联问题的陈述,其逻辑性强、层次分明,是一种很好的问题分析工具。逻辑图表主要元素是实体和逻辑关系。设计者构造 CRT 后,应明确认识问题解决的过程,同时一些未考虑的因素会通过逻辑图表表达出来,最后分析图表并确定真正要解决的问题。利用逻辑图表 CRD 模型来分析动态旋流分离系统中的冲突问题,结合 TRIZ 的 40 条发明原理来确定综合性能最佳的创新方案。

二、AD 与 TRIZ 集成

有效的设计理论和方法的应用可以提高产品质量,降低成本,减少市场的响应时间。Suh 的公理设计理论为设计建立了一种科学基础,给设计人员提供了基于逻辑的、推理的思想过程和工具以改善设计活动。应用公理设计,从产品的概念设计到最终的详细设计,从抽象到具体,设计人员可以很方便地对设计的要求、解决方案及设计过程进行综合与分析。但是,公理设计理论只给出了评判设计的公理,并没有给出解决问题的方法。将 TRIZ 理论中的冲突、进化和效应引入公理设计作为解决设计问题的工具,并与用功能基建立功能—结构模型、用层次分析法分析功能的耦合度相结合,形成了产品创新设计过程模型。

图 7.2 是基于 AD 和 TRIZ 的产品创新设计过程模型。它表明了使用公理设计进行分解,用 TRIZ 解决设计中遇到的问题的过程。

该模型主要包括下面九步:

步骤 1:将产品的客户需求转换成设计要求

步骤 2:用公理设计理论建立用功能基描述的功能—结构模型

公理设计通过在相邻的两个设计域之间进行"之"字形映射变换进行产品设计。从功能域到结构域的映射,设计人员必须对所要设计产品的功能有详细的认识。功能要求是设计目标的描述,同时必须满足设计约束的制约。从基本功能要求出发划分子功能要求,功能要求就可以分解并形成一个功能层次模型,相应的设计参数也可以划分为不同的级别。设计参数的选择也受到设计约束的影响,这样才能确定比较合理的设计参数,最大限度地满足客户需求。映射过程中,设计人员先从基本要求出发,确定基本设计参数,当基本要求满足后,根据基本参数来进行子功能划分,再根据子功能确定该级的设计参数,当该级子功能完全被满足后,再划分下一级子功能,以此类推,直到子问题全部解决为止,即到设计人员完全知道自己该如何做就能完成设计为止。经过"之"字形映射变换,设计人员得到了功能层次模型和设计参数层次模型以及设计参数和功能要求之间的关系。功能层次模型和设计参数层次模型就是功能—结构模型。设计参数和功能要求之间的关系由设计矩阵来表示。

功能基是用归纳法生成的一种建立功能模型使用的通用设计语言,该语言由用来表达分功能的功能集合和流集合组成,主要使用在机械和机电领域。设计人员可以使用简单的分功能集合描述一个产品的全部功能。不管用什么方法(如等级分解或任务列表法)生成功能模型,基可以确定什么时候总功能分解到了一个小的、容易解决的分功能,从而也提供了通用的详解。这意味着产品功能是可以用一种通用语言描述的,是可以消除语义上混淆的。正是基于以上的考虑,也为了找到与 TRIZ 中冲突、进化、效应的对应关系,采用功能基来描述映射过程中的功能要求,采用功能基中的流描述设计参数和约束。

步骤 3:判断是否满足设计约束(constraints,Cs)

设计约束是产品设计过程中的限定条件,由客户需求以及产品生产设计厂商的内部因素决定。Hubka 以可操作性、人机工程学、美学、销售、供应、计划、设计、生产和经济因素为基础,将影响设计的约束进行了如下分类:

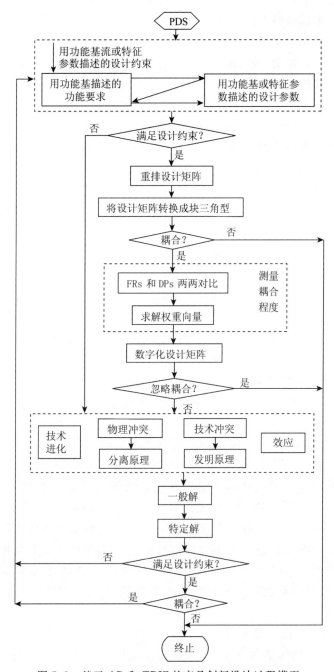

图 7.2 基于 AD 和 TRIZ 的产品创新设计过程模型

(1)安全性:广义上的可靠性和实用性。

(2)人机工程学:人—机器环境,包括美学。

(3)生产:生产设备和生产类型。

(4)装配:零部件的生产过程中和生产后。

(5)运输:在工厂内或工厂外。

(6)操作:预计使用、处理的。

(7)维修:维护、检查和修理。

(8)再循环:再使用、再加工、处理和最后储存。

(9)费用:成本、明细表和最终期限。

Tate 将设计约束分成了五类,即关键性能规定约束、相互干涉约束、全局目标约束、项目约束和特征约束。在公理设计中,设计约束既可以转换成子级别的功能要求,又可以提炼为子级别的设计约束。公理设计中的设计约束可以与 TRIZ 中的 39 个特征参数对应。这需要客户根据设计中的约束从 39 个特征参数中选择恰当的参数与其对应。

如果约束条件满足,则转步骤 4;否则,转步骤 6。

步骤 4:判断设计矩阵的耦合性

将设计矩阵重新排列,如果重排后的设计矩阵是对角阵或三角阵,即非耦合或准耦合,则根据公理 1 判定设计是可以接受的,转步骤 7;否则,设计是不可以接受。但是许多工程设计,特别是大的、复杂的设计系统,虽然存在耦合,但是在实际中仍然是可以接受的设计,所以转步骤 5。

步骤 5:测量耦合程度

运用层次分析算法计算设计矩阵的耦合程度,如果耦合可以忽略,转步骤 7;否则,转步骤 6。

步骤 6:用 TRIZ 中的进化、冲突和效应解决问题

本文利用 TRIZ 解决设计中的耦合和不满足设计约束的问题。从功能域到结构域的映射过程中对功能要求和设计参数的描述用的是标准的语言,功能基和 TRIZ 中的 39 个特征参数存在一定的对应关系,所以耦合问题可以直接转化为 TRIZ 中的冲突问题,从而可以用 TRIZ 中的 40 个发明原理来解决问题。进化给出了产品结构的进化趋势,根据设计参数的描述,可以从产品进化实例库中搜索到相近的进化实例,为设计人员提供解决问题的思路。功能通过物理、化学或几何效应而存在,功能基中对功能的描述也可以和 TRIZ 中的效应直接对应,所以也可用效应来解决问题。

步骤 7:判断是否满足约束

因为解决问题后,某些设计参数可能发生变化,所以需要重新判断设计是否满足设计约束条件。如果满足,则转步骤 8;否则,转步骤 2,对设计参数进行调整。

步骤 8:判断设计矩阵的耦合性

理由同步骤 7。如果满足,则转步骤 9;否则,转步骤 2,对设计参数进行调整。

步骤 9:结束

设计结束,得到某产品的设计原理解。

三、TRIZ 与六西格玛集成

六西格玛是一个用于任何重复的过程、程序或事务的结构化问题解决方法。六西格玛的基本前提是坏的质量是存在成本的,因为坏的质量将会失去销路和商机。通过减少缺陷来提高质量可以产生更大的顾客满意度。六西格玛重要的目标就是通过减少缺陷提高顾客的满意度。六西格玛是一个世界性的问题和涉及顾客满意度的任何方面缺陷的解决进程:高产品质量,准时交货,成本最小化等。换句话说,每一个流程、程序或产品都有一个被正确处决的机会。而任何一个所发生的不能满足客户要求的机会都被称作为"缺陷",因此在任何工业领域,能够正确定义问题的六西格玛可以作为一个强大的解决问题的方法。六西格玛方法由五个阶段组成:定义、测量、分析、改进和控制(DMAIC),如图 7.3 所示。

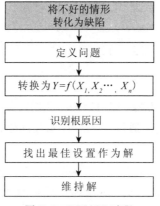

图 7.3　DMAIC 过程

定义阶段:定义阶段的目的就是要确定什么是问题。如:一个我们所希望发生和正在发生之间的差距;不能实现目标的事情;一个错误,一个误差,一个缺陷,一次逾期,一次失去机会或低效运作。

一个六西格玛的目标就是通过减少缺陷来解决问题。因此,确定正确的问题对于成功应用方法是至关重要的。此阶段的主要目标就是确定问题、影响问题的变量以及对于质量的关键因素。

测量阶段:这一阶段的目标是将当前的问题转换为功能 $Y = f(X_1, X_2, \cdots, X_n)$,$Y$ 表示对于问题的一个重要属性,如时间,成本等。Y 依赖于一套输入的变量。每个输入称为 X 变量。在这一阶段,我们必须能够量化过程的输出和影响期望输出 Y 的每个因素。

分析阶段:分析当前的情况,以确定问题的根原因,找到变量之间的相互关系以及识别对于输出 Y 的真正至关重要的关键输入 Xs。

改进阶段:通过适当设置输入变量 X 的组合和测量每一组合下的输出 Y 以便获得最佳可能的解。

控制阶段：保持关键的输入变量在修改的范围内，以防止长期问题的再次发生。

TRIZ 理论的研究始于创造性或创新问题解决的基础存在着普遍性原理这一基本假设，并且如果这些原理被识别和整理出来可以使创新的过程更有可预见性。这项研究在过去 50 年中已经发现：

（1）问题和问题解决方法是重复出现的，并且具有跨行业和学科的特点。

（2）技术进化的模式是重复出现的，并且具有跨行业和学科的特点。

（3）创新往往使用了本研究领域之外的科学成果。

TRIZ 理论操作的抽象过程，将具体问题转化为一般的问题或者更高的抽象水平，然后设法解决这一般的问题，如图 7.4 所示。

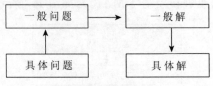

图 7.4　抽象方法

TRIZ 的主要目标就是要将一个具体的问题转化为一个一般的问题（问题表述），然后对于一般的问题应用通用的原理以及在问题发生的具体领域开发出通用的解。

TRIZ 理论有一套基于专利分析而得到的用于解决系统中冲突的工具。这种分析使从事问题的解决者可以通过对具体问题的抽象而转化为一般的问题，并且可以利用其他人已经解决的问题中的问题元素的事实。

冲突理论是 TRIZ 理论的基础。一般问题的抽象可以通过应用 39 个技术参数描述在系统中的技术冲突或者通过识别一个相反的要求（A 和－A）来实施。然后，问题解决者可以应用 40 条发明原理建立解的概念。在系统中冲突的识别是应用 TRIZ 解决问题的根本。如果这个冲突是隐藏的或者模糊的，那么基于 TRIZ 的建模技术可以用于识别冲突。

1. 克服缺乏解的定位

DMAIC 过程的最终结果是优化过程的性能。应用各阶段和阶段具体的工具以实现期待的结果。六西格玛设计系统（DMADV）可以帮助建立一个新的过程，该过程比以前的系统具有更强的性能。六西格玛设计系统是基于减少对于惯例的概念，通过利用先进的工具来捕捉和保存顾客的声音（VOC），整合所有责任群体的功能和能力，运用统计和建模技术以减少风险。然而，并没有产生这一想法的工具以支持六西格玛设计（DFSS）的过程。因此，集成 TRIZ 与 DFSS 成为必然。

2. TRIZ 理论应用于 DMAIC 的每个阶段

TRIZ 理论可集成到 DMAIC 的每个阶段中。对于每一个阶段通过分析输出的要求,可以捕捉到一系列必要的技能。将这些所需要的技能映射到六西格玛中可用的工具,就可以发现其中存在许多的空白,TRIZ 就是消除这些空白的方法。

四、TOC、FTA 与 TRIZ 集成的多冲突解决过程模型

TOC 起源于管理领域,FTA 则主要应用于工程领域,都可应用于复杂系统分析。TOC 中的 CRT 和 FTA 都用于由系统不良结果分析问题根原因,并且 CRT 与 FTA 在与 TRIZ 集成应用的问题解决流程都是用于问题分析和冲突定义,CRT 和 FTA 各具优点。

1. 相同点

(1)CRT 和 FTA 两者都是通过因果逻辑关系分析确定系统不良结果、不希望发生事件的根原因,并都采用树形图表表示分析过程。

(2)CRT 和 FTA 组成结构类似,TOC 逻辑图表是由逻辑关系和实体组成,CRT 的实体包括不良结果、中间结果、根原因,CRT 以充分逻辑为基础,包括"与"、"或"两种逻辑关系。故障树由事件和逻辑门组成,与 CRT 中的实体定义类似,标准故障树中的事件包括顶事件、中间事件、底事件,另外标准故障树也只包括"与"、"或"两种逻辑关系。

2. 不同点

(1)故障树定义了一些非标准逻辑门和事件,诸如顺序与门、表决门、异或门、禁门、开关事件等,所有非标准故障树可以通过一些变换转换为标准故障树。

(2)故障树主要用于分析系统工作状态中的所有失效形式,其事件定义是为了描述系统部件工作状态,事件都可用逻辑变量表示,事件发生,工作正常为 1;事件不发生,工作不正常为 0。CRT 逻辑图表中实体含义更广泛,其实体定义为所有与系统输出结果相关的要素,对实体的描述包括:变量类型、可控性、理想程度和在逻辑图表中的编号等,应用中通过建立实体描述,分析实体逻辑关系构造逻辑图表。

(3)CRT 通过因果逻辑链将不良结果和根原因联系起来,定义可能导致 70% 以上不良结果的根原因为核心问题。但没有给出具体的判定方法,对于复杂系统分析操作难度比较大。故障树提供了基于最小割集的定性分析和基于概率事件的定量分析方法,计算所有根原因的的权重排序,用以确定核心问题。

(4)每个故障树只能将一个不良结果作为顶事件。当系统存在多个不良结果时需要建立多个故障树。而 CRT 中没有限制顶事件的数量,可包括系统所有不良结果,结构不够规范。

综上分析,故障树相对于当前实现树逻辑关系和事件定义更完善,结构更规范,并可通过定性定量分析算法评定底事件的权重排序。但故障树中的事件定义主要适用于系统工作状态的失效分析,CRT 的实体定义更适合于概念设计阶段的系统分析。

多冲突问题解决的关键是确定核心根原因,故障树中为确定核心根原因提供

了科学和可操作性强的定性定量分析算法,但故障树中的事件定义最初只是用于系统工作状态描述,TOC 中的实体定义和因果逻辑分析更适合于产品设计阶段的问题分析和定义。

另一方面确定核心根原因后问题得不到解决的主要障碍是潜在的冲突存在,应用故障树并不能有效定义冲突。在 TOC 与 TRIZ 集成的设计过程模型中采用 CRT 确定核心问题以后,需要由 TOC 逻辑图表中的 CRD 进一步分析问题确定冲突,由此论文提出结合 TOC 逻辑图表与 FTA 的优点,与 TRIZ 问题解决工具集成组成如图 7.5 所示面向多冲突问题的解决过程模型,并给出详细的设计流程。

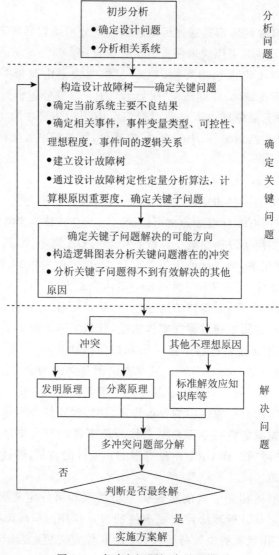

图 7.5 多冲突问题解决过程模型

步骤 1：系统初步分析

通过收集与问题相关的信息，对问题进行初步了解，为构造问题做准备。对问题进行定义和对相关的系统元素进行分析。了解问题所在的系统、超系统、相关系统和子系统，分析系统构成元素之间的相互作用、系统中可用资源以及设计者对系统元素的可控制性等。

系统中的可用资源对创新设计起着重要作用，TRIZ 将可用资源按空间、时间、系统、物质、能量、信息和功能等分为八类。

步骤 2：构造设计故障树，确定关键根原因

(1)分析当前系统不能满足设计要求和客户需求项，以系统整体性能无法满足要求作为设计故障树的顶事件，以明显存在的问题、不良结果(undesired event，UDE)作为第一层中间事件建立设计故障树，并根据系统主要矛盾确定最重要的不良结果(main undesired event，MUDE)。

(2)系统不良结果相关的所有系统要素(包括硬件、软件、环境、资源等)定义。根据 TOC 中的实体定义建立事件描述。TOC 中对实体的描述包括变量类型、可控性、理想程度、是否为根原因等。

1)事件理想程度。根据系统实际工作状况，将事件的理想程度分为三类：理想的、不理想的、中性的。产品改进设计是消除不理想的实体，增加系统的理想程度。

2)事件变量类型。TOC 源于管理领域，逻辑图表中的变量类型通常为定性实体，工程设计领域经常涉及大量用定量型变量描述的事件。故障树逻辑分析计算要求故障树中的实体均可用逻辑变量(0/1)表示，必须将定量变量描述事件通过设定阈值转化为定性变量描述事件。

3)事件可控性。按照设计者对实体的可控程度，将实体的可控性分为三类：①直接可控(C_1)：设计者可以根据实际需要直接改变，例如，某产品可以选用多种材料，设计者可以根据实际需要选择合适的材料，材料类型属于直接可控。②间接可控(C_2)：设计者不能直接改变，而是通过作用在与其相关的事件上，最终影响需要改变的事件。③在设计者的影响范围之外(C_3)：设计者无法改变，处理该类问题的方式是对问题进行重新定义或忽略不予考虑。

(3)建立设计故障树，分析事件之间的因果逻辑关系，用适当的逻辑门联结事件，分析下一层相关事件，遵循故障树建树规则逐级向下发展，直到所有事件为不能再分解的根原因事件。

(4)定性分析确定关键问题。运用布尔代数数学工具对故障树进行简化，启用上行法或下行法求出最小割集，由最小割集中底事件排序规则得到结构重要度。在产品概念设计阶段无法准确计算系统各事件的发生概率，无法应用故障树的定量分析算法，只能根据定性分析得到的结构重要度对各根原因排序。

结构重要度排序是在假设所有系统所有不良结果同等重要的前提下得到的，忽略了系统主要矛盾的重要性，为此增加附加比较规则：结构重要度确定的核心子问题必须是主要不良结果的原因事件,否则在排序队列中选择下一个可以导致主要不良结果的原因事件。由结构重要度排序和附加规则确定核心子问题。

步骤3:应用TRIZ工具分析解决核心子问题

解决问题并不需要将所有问题都转化为冲突,根据问题解决的难易程度,采用TRIZ中的不同工具解决问题。

(1)常规问题:由直接可控或间接可控因素造成,常规方法改进设计可解决问题。

(2)冲突问题:问题解决必须克服某个冲突,通过冲突解决图表(CRD)确定多个可控因素之间的冲突。应用TRIZ中的技术冲突发明原理、物理冲突分离原理、标准解寻求创新概念设计方案。

(3)非常规问题:涉及一些不可控因素,现有技术手段无法解决。需要替代技术,选择技术进化模式与进化路线预测可能的技术进化方向;应用跨学科的效应知识库获得高级别的创新解。

步骤4:部分解注入

应用TOC逻辑图表中的将来实现树在资源投入以前测试解的有效性,检验注入是否能产生期望的结果及是否有新的不良结果产生,如果产生新问题或冲突,尝试修改部分解方案避免或补救产生新问题。

步骤5:方案解综合及评价

多冲突问题的解决是一个反复叠代的过程,评估改进后的设计方案是否达到设计目标,达不到要求返回步骤2重新分析问题根原因。

第三节 应用案例

一、液体样品预处理装置

农药残留问题一直困扰着食品和中药药品的安全。基于组合蒸馏的样品前处理技术的液体样品预处理装置是气相色谱分析和样品半制备分离中较好的样品前处理方法,如图7.6所示。该装置运用载体、携带体和组合蒸馏技术实现待测样品中微量成分的提取、分离和富集,适用于大量样品中沸程为$120\sim600℃$的痕量组分的半制备级富集。装置的分子蒸馏系统中的冷端接收器设计为可更换的结构,能够完全避免样品的交叉污染问题。全部处理过程可自动完成,大大提高了处理结果的重复性。只要选择合适的分子蒸馏温度、分离载体、分离携带体以及进样速度、各级蒸馏的温度和真空度,就可以分离富集到不同物理性质的组分。

按照工作原理要求,液体样品预处理装置一方面要实现黏稠液体在三个不同真空度罐体之间的定量转移;另一方面要能够自动调节真空度与进样量的关系保持真空系统的稳定。装置中一级蒸馏(T_1)的温度为$70℃$,真空度为

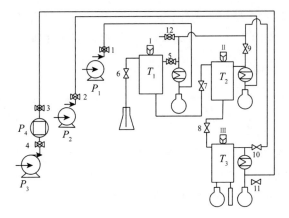

图 7.6 样品预处理装置原理图

T_1:降膜蒸馏器;T_2:刮膜蒸馏器;T_3:分子蒸馏器;$P_1 \sim P_3$:真空泵;

P_4:扩散泵;1~4:真空切断阀;5、9、10:清洗阀;6~8:进样阀;

11、12:排气阀;其余为导管、烧瓶(冷凝接收器)

0.08MPa,流速为 5~15mL/min;二级蒸馏(T_2)的温度为 60℃,真空度为 80Pa,流速为 1~10mL/min;三级蒸馏(T_3)的温度为 105℃,真空度为 5Pa,流速为 1~10mL/min。待测液体在蒸馏器 T_1、T_2、T_3 之间的流动主要依靠三者间的真空梯度实现,取样阀 6、7、8 的关闭依靠阀内的复位弹簧实现。现有装置工作时,由于液体黏度大,进样阀的动作具有滞后性,不能保证液体的定量转移和真空系统的稳定,直接影响取样的一致性和取样工作周期,需要对样品预处理装置进行改进设计。

1. 系统分析

问题总是要存在于一个技术系统中,系统处于环境之中,与环境存在能量、物质及信息的交换。因此,在解决问题之前设计者必须熟悉系统的构成:问题所在的系统、超系统、相关系统和子系统,此外还要了解系统构成元素之间的相互作用以及设计者对系统元素的可控制性等等。

(1)系统的构成。

问题所在的系统为:液体输送系统(实现原理、改进问题)。

子系统为:进样阀、导管、烧瓶(冷凝接收器)。

超系统为:样品预处理装置。

超系统中的其他系统为:降膜蒸馏器、刮膜蒸馏器、分子蒸馏器、真空泵、扩散泵、真空切断阀、排气阀和清洗阀。

处理对象为:待测液体。

处理结果为:农残组分。

(2)系统元素间的相互作用。

功能是 TRIZ 的基本概念之一,功能由相互作用的三个基本元件组成,如图

7.7所示。图7.7中S_2是主动元件,S_1是被动元件、通过作用将S_1、S_2连接形成功能。其意义为:S_2作用于S_1,改变或保持S_1的参数值或性质。图7.7中作用的类型如图7.8所示。

<table>
<tr><td>图 7.7　功能符号</td><td>图 7.8　作用符号</td></tr>
</table>

依据系统组成分析及样品预处理装置的基本流程,确定各元素间的作用、类型,并绘制系统功能模型,如图7.9所示。图7.9中标记出存在问题的功能,完善这些问题功能的实现是后续改进设计的出发点。

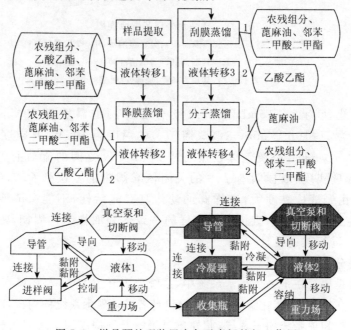

图 7.9　样品预处理装置中各元素间的相互作用

(3)系统元素的可控性。

直接改变:进样阀、导管、烧瓶。

间接改变:降膜蒸馏器、刮膜蒸馏器、分子蒸馏器。

不能改变:真空泵、扩散泵、真空切断阀、排气阀、清洗阀、待测液体。

2. 核心问题的确定

产品设计是一个不断解决冲突,并推动其向理想状态趋近的过程,在这个过程中发现并确定设计冲突尤为重要,它是实施创新的关键步骤。

在产品的进化过程中,产品的一些部件、功能或参数的改善可以使系统的性能得以改善,但同时也会使产品的其他部件性能、功能或参数发生恶化,从而导致设计冲突产生。TRIZ中的进化理论(directed evolution,DE)可指导设计者确定产品的理想目标；TOC(约束理论)中的必备树(prerequisite tree，PRT)用来系列化地确定实现目标的过程中所遇到的各种障碍以及克服这些障碍所采取的中间步骤、措施和必要条件。DE 与 PRT 符合相似学的三个基本定律，即序结构相似、信息相似和支配原理相似，具有高度的相似性，如图 7.10 所示。因此，两者具备集成的结合点，可以相互之间取长补短。

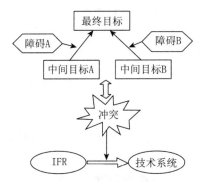

图 7.10　TRIZ 进化理论与 PRT 的相似性

基于 DE 与 PRT 确定样品预处理装置核心问题的过程如下：

(1)第 1 步：确定设计目标。选择 DE 的模式 5 作为样品预处理装置的进化方向，即增加系统的动态性与可控性，确定装置的最终目标液体定量转移。

(2)第 2 步：建立必备树 PRT，并确定冲突区域。确定中间目标及其相应的障碍，如图 7.11 所示。

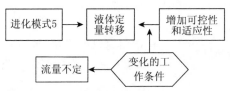

图 7.11　样品预处理装置故障的确定

(3)第 3 步：根据障碍树确定核心问题。根据 DE 和 PRT 确定障碍树，如图 7.12 所示。障碍树是对设计障碍进一步细分，将障碍树的基本事件作为设计冲突中需要改善的因素，区分设计冲突的主次地位。

图 7.12 所示障碍树的结构函数为：

$$T = P + V + C = x_1 \cdot x_2 + x_1 \cdot x_3 + x_1 \cdot x_4$$

障碍树中有 x_1, x_2, x_3, x_4, x_5 五个底事件，它的最小割集分别是：

$$\{x_1, x_2\}, \{x_1, x_3\}, \{x_1, x_4\}$$

图 7.12 所示的障碍树基本事件的结构重要度顺序为：

$$I(1) > I(2) = I(3) = I(4)$$

它表明最小割集 $\{x_1, x_2\}, \{x_1, x_3\}, \{x_1, x_4\}$ 中 x_1 冲突的重要程度以及 x_1 与

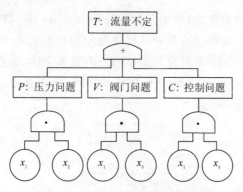

图 7.12 样品预处理装置故障树

x_1：阀门启闭问题；x_2 压差不同；x_3 药液黏稠；x_4 压力信号滞后

x_2、x_3、x_4 间关联关系，首选 x_1 组成的冲突，同时兼顾其他冲突进行求解转化。

3.领域解的产生

将图 7.12 中障碍树基本事件进行冲突标准化，并通过 InventionTool3.0 求解，结果见表 7.1。

表 7.1 冲突的标准化与 TRIZ 解

冲突名称	改善的因素	恶化的因素	TRIZ 解（发明原理）
x_1 组成的冲突	27 可靠性	36 装置复杂性	13 反向、35 参数变化、1 分割
x_2 组成的冲突	35 适应性及多用性	36 装置复杂性	15 动态化、29 气动和液压结构、37 热膨胀、28 机械系统的替代
x_3 组成的冲突	25 时间损失	31 问题产生的有害因素	35 参数变化、22 变害为益、18 振动、39 惰性环境
x_4 组成的冲突	39 自动化程度	38 监控与测试的困难程度	34 抛弃与修复、27 低成本不耐用的物体代替、25 自服务

浏览 InventionTool3.0 中发明原理及实例，如表 7.2、图 7.13 所示。经分析，选择 29 和 35 两条发明原理。依据发明原理 29，将阀内的复位弹簧用气动或液压零部件代替，采用快速直线气动阀。依据发明原理 35，在系统中增加振动源，使液体产生雾化效果，当液体雾化后，则改变了黏度，用阀门控制进入蒸馏器的液体体积成为可能。

表 7.2 x_1 冲突对应的发明原理

发明原理	描　述
13 反向	将一个问题说明中所规定的操作改为相反的操作;使物体中的运动部分静止,静止部分运动;使一个物体的位置颠倒
35 参数变化	改变物体的物理状态,即使物体在气态、液态、固态之间变化;改变物体的浓度或黏度;改变物体的柔性;改变温度;改变压力
1 分割	将一个物体分成相互独立的部分;使物体分成容易组装及拆卸的部分;增加物体相互独立部分的程度
18 振动	使物体处于振动状态;如果振动存在,增加其频率,甚至可以增加到超声;使用共振频率;使压电振动代替机械振动;使超声振动与电磁场耦合
29 气动与液压结构	物体的固体零部件可用气动或液压零部件代替
25 自服务	使一物体通过附加功能产生自己服务于自己的功能;利用废弃的材料、能量与物质
……	……

改善特性:可靠性 恶化特性:装置的复杂性

第 35 号:参数变化

描述:

> 改变物体的物理状态(如,变为气态、液态或固态);改变浓度或密度、弹性、温度

动画:

使用不同
状态的物体

▭　温度

⌒　灵活性

x_1 冲突对应的发明原理及实例

通过方案分析可知,采用改变结构参数或改变液体黏度能在一定程度上改善液体定量转移问题,但无法彻底地解决现有冲突,需要进行问题转化。

应用标准解需要先构建物质—场模型,如图 7.14 所示。

样品预处理装置液体输送系统为非有效完整系统,压差和重力不能保证液体定量转移,需要改进以得到期望效果。应用 InventionTool3.0 软件中标准解模块,浏览标准解范围条目确定原理解,如图 7.15 所示。图 7.15 中第 16 号标准解表明要实现液体定量转移需采用其他易控场。利用 InventionTool3.0 软件中效应模块确定实现液体定量转移的效应和实例。

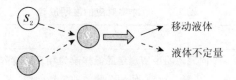

图 7.14 液体输送系统物质—场模型

液体；S_2＝气体；S_3＝地球；P＝气动场；G＝重力场

第 2 类 第 2 组 第 01 号标准解

No.16 嗇场的可控性

> 对于可探性差的场，用一易控场代替，或增加一易控场，如由
> 重力场变为机械场，由机械变为电或电磁场。其核心是由物体
> 的物理接触到场的作用

动画：

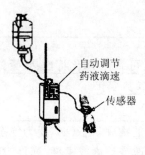

自动调节
药液滴速

传感器

图 7.15 标准解模块

  浏览 InventionTool3.0 软件效应模块中功能树视图移动液体功能，可得到多个可行效应解，如毛细管效应、重力效应、电动力学效应、容积置换效应、库伦效应、动量效应、压电效应、电渗效应、热力学效应等，如图 7.16 所示。效应对应的实现结构有叶轮泵（动量效应）、活塞泵（容积置换效应）、齿轮泵（容积置换效应）、磁流泵（库伦效应）、超声泵（驻波效应）、氨泵（热力学效应）、电渗泵（电渗效应）、气泵（容积置换效应）、蠕动泵（容积置换效应）、压电泵（压电效应）等。

  试样在各级蒸馏器间转移速度为 1～15mL/min，属微流控制技术领域。作为流体驱动元件的微流量泵是实现微流体控制系统的基础。上述各类泵中可实现微流体控制的有压电微泵、静电微泵、电磁微泵、热气动微泵、双金属记忆合金微泵、电渗微泵、电液致动微泵、微泵、磁流体致动微泵、表面张力微泵等。

  TRIZ 中增加能量可控性定律指出：能量控制的难易顺序为万有引力形成的势能、机械能、热能、电磁能，将可控性较差的能量形式变为可控性较好的形式是技术进化的趋势，如图 7.17 所示。另外，技术系统向着减少能量流经系统路径长度的方向发展，即减少能量形式的转换次数。

  综合样品预处理装置中液体特性、能量可控性和能量最短转换路径，将图 7.6

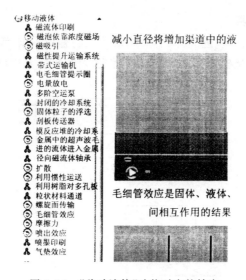

图 7.16 "移动液体"功能对应的效应

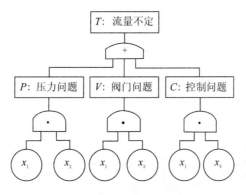

图 7.17 进化路线：增加能量的可控性

中 6～8 的进样阀改为压电微泵，实现液体样品预处理装置中黏稠液体定量转移。压电微泵以压电陶瓷为核心器件，以时序控制技术与多腔体系统谐振技术构造小型与微型流体泵，可实现 0～1000mL/min 流量与 0～50kPa 输出压的流体驱动，并可进行流量精确控制，具有体积小、重量轻、工作稳定、操作性好且易于集成制造的优点，广泛应用于生物医学、精细化工、航空航天、仪器仪表等领域。

二、快速夹紧装置

加工中心专用夹具是国内某企业的主导产品之一，其中一种产品设计中的夹紧及松开动作均由操作者手工完成，不适合批量生产的要求，需要改进设计。该设计为夹具中夹紧结构即子系统改进设计。

第 1 步：需求分析

由于是已有产品的改进设计，已知原设计中的客户需求，需要确定新的客户需求。DE 中的技术进化模式 4 为"增加动态性及可控性"，其中的一条进化路线如图 7.18 所示。

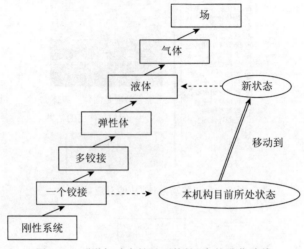

图 7.18 "增加动态性及可控性"中的进化路线

产品目前处于"一个铰接"的状态，考虑到结构紧凑及夹紧力很大等原因，新产品移动到"液体"状态，即采用液压传动是合适的。新的客户需求如表 7.3 所示。

表 7.3 三种客户需求

需求类别	名称
兴趣需求	快速夹紧与松开工件
规范需求	成本低
	可靠性高
	体积小
	易操作
基本需求	产生并保持夹紧力
	能预调整
	维护容易

第 2 步：确定冲突的 QFD 过程

只给出 QFD 中的第二张 HOQ，如图 7.19 所示，其中"◎"表示正相关，"○"表示一般相关，"△"表示弱相关，"＋"表示正相关，"－"表示负相关。其敏感矩阵表明"适应性调整位置"与"快速夹紧工件"之间、"适应性调整位置"与"快速松开工件"之间为负相关，即存在设计冲突。考虑到成本，液压系统的执行结构应仅完成快速夹紧与松开的动作，而夹紧机构必须够作适应性位置调整，按 TRIZ 理论，该机构设计中出现了如下的一对物理冲突:机构既要在长距离内作适应性调整,以适应不同尺寸零件的要求,又要在短距离内调整,以适相同尺寸批量零件的高效加工要求。

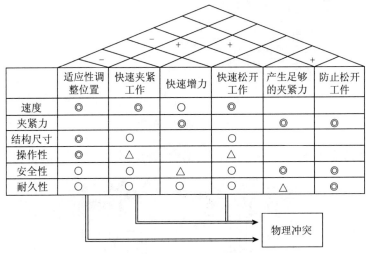

图 7.19 HOQ:功能与质量要素

第3步:求解冲突

从加工的实际情况考虑,长距离的适应性调整与短距离快速调整可在时间上分离。因此,可采用第一条分离原理,即"从时间上分离相反的特性"。TRIZ理论解决冲突的40条发明原理中,第 9、10、11、15、16、18、19、20、21、34、37 条可作为解决物理冲突中第一条原理的参考。发明原理10预操作为:

(1)在操作开始前,使物体局部或全部产生所需的变化。

(2)预先对物体进行特殊安排,使其在时间上有准备,或已处于易操作的位置。

该原理适合于解决本例中的物理冲突。因此,该原理及以往应用该原理所解决的工程实例是本设计问题的类比解。

第4步:确定领域解

按原理10,从时间上对执行结构的特性进行分离,第一时间段结构在较长的距离内作适应性调整,使活塞杆端部距被夹紧工件间仅留很小的距离;在第二时间段液压缸活塞在所留距离内作快速夹紧及快速松开运动。因液压系统仅驱动液压缸在第二时间段内动作,第一阶段的运动只能由其他能量驱动,为了降低成本可采用手动方式。图 7.20 是一种可能的领域解。

三、新型复合式水力旋流器

1. 装置结构及工作原理

动态水力旋流器装置结构见图 7.21,主要由入液口、出水口和出油口等组成。它是利用电机驱动液流旋转而分离两种有密度差且不互溶的介质。油水混合液经

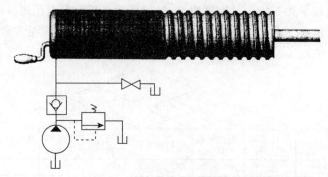

图 7.20 新结构原理图

旋转栅和转筒旋转分离后,分离的水经出水口排出,分离的油经出油口排出。

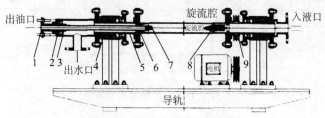

图 7.21 动态水力旋流器结构

1.活动调节件;2.固定调节件;3.收油杆;4.动密封组件;5.附属套筒;
6.收油套;7.溢流嘴;8.旋转栅;9.带轮

2. 冲突问题存在描述

动态旋流分离系统采用旋转方式。该系统处理量及入口压力确定后,冲突问题是:电机高速转动使装置自身剧烈振动,其地基共振导致系统分离效率达不到指标要求,装置使用寿命降低,噪声增大。系统分离效率由于振动而达不到预期效果,即一个有效参数或功能不充分,系统整体性能需进一步改进。要解决的问题属于第 2 类。

3. 构造 CRT 及 CRD 流程模式

建立系统 CRT 流程模式,如图7.22所示。该图通过逐步分析来发现问题,找到影响分离效率达不到指标要求的各种因素及根原因,从而为利用 TRIZ 发明原理打下基础。同时,构造出当前增加系统使用寿命及降低噪声的 CRD 和提高动态旋流系统分离效率的 CRD,如图 7.23 所示。电机高转速引起旋流器样机振动及与地基产生共振是导致分离效率下降的关键性因素。为此增加注入(改进措施)来解决冲突问题。

4. TRIZ 发明原理应用

从样机能量损失和提高分离效率分析入手,利用 TRIZ 矛盾冲突矩阵,从 39个标准工程参数中确定技术冲突的一对特性参数。

性能提高参数:生产率(标准工程参数39)。

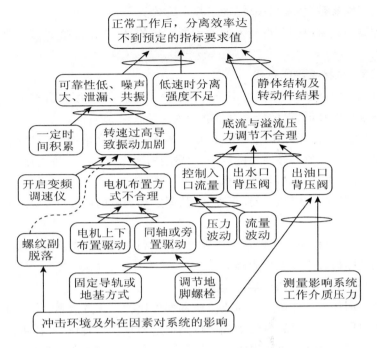

图 7.22　旋流分离系统的 CRT 流程模式

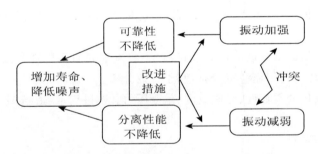

(a) 增加寿命及降低噪声的 CRD 流程模式

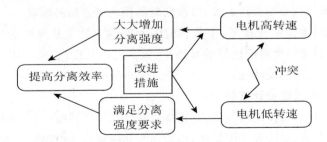

(b) 提高分离效率的 CRD 流程模式

图 7.23　动态旋流分离系统 CRD 构造模式

负面影响参数：能量损失（标准工程参数 22）。

由冲突问题解决矩阵得到发明原理所对应的第 39 行及第 22 列，即确定冲突问题解为：

No. 28　机械系统的替代

(1)用感官刺激的方法代替部分机械系统。改进启示：用声音控制开关来控制旋流供液液位的高低，保证分离有足够的供液。

(2)采用与物体相互作用的电、磁或电磁场。改进启示：样机与地基振动大小的控制采用振动传感器磁性座进行，利用磁场的变化可以有效防止振动，可用刚性导轨，独立配置电机，以增强运行稳定性，尽量隔离振动源，使振动降到最低。

(3)场的替代。从恒定场到可变场，从固定场到随时间变化的场，从随机场到有组织的场。

改进启示：电机转速测量采用变频调速仪，利用全方位的无限发射方式，由计算机采集数据信息来实现智能调节。

No. 29　气动与液压结构

物体的固体零部件可用气动或液压零部件代替。改进启示：将整机转体驱动方式由电机同轴驱动改成由气动或液压结构来实现驱动转体，这样可使样机运转平稳。或者采用该结构以实现驱动件与其他调节件间操作的协同性及灵活性。

No. 35　参数变化

(1)改变物体的运动状态。改进启示：将电机旁置驱动改为弹性连接来驱动转体。

(2)改变介质的浓度或黏度。改进启示：将旋液介质实行降黏处理，利用静态混合器使介质浓度均匀而稳定分布，利于有效分离。

(3)改变物体的柔韧性、介质温度、承受压力。改进启示：适当调节旋液介质的温度、压力等。

No. 10　预操作

(1)操作开始前，使物体局部或全部产生所需的变化。改进启示：在满足分离性能的条件下增加变频调速装置，以改变局部振动对分离的影响。

(2)预先对物体特殊布置，使其在时间及空间上处于易操作的位置。改进启示：将电机布置在一个对中性好的导轨上，提高对中精度，也利于提高其在该位置时间和空间上调节的灵活性。

5. 冲突问题改进设计措施

优化静止体和转体结构设计，改进样机底座结构及性能；改进电机转动布置形式，提高样机制造、安装及装配精度；使振动与非振动管线由软管连接，改进转筒结构形式及参数，对样机作静、动平衡测试；加固样机安装基础，以减少设备自振，缩小共振区的转速范围，以避免出现与高分离效率转速范围相近的共振区。在此基础上提出一种新型复合式水力旋流器，电机采用同轴驱动以减少丢转，提高连接的对中精度。为了进一步提高旋流分离强度,引入静态水力旋流器单体的双锥光滑过渡结构。新型复合式样机概念设计方案见图7.24。

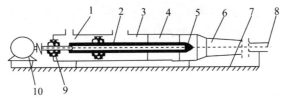

图 7.24 新型复合式水力旋流器结构

1.溢流腔;2.空心轴;3.入口腔;4.旋转栅;5.溢流嘴;6.静态旋流体;

7.底座;8.底流口;9.密封装置;10.电机

四、电路开关

电路开关有两个电极,如图 7.25 所示。

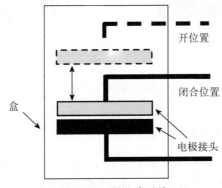

图 7.25 原电路开关

原设计的 FRs 可以描述为:

FR_1:传导电流(50A);

FR_2:制动电流(50A);

DP_1:板的面积;

DP_2:机械移动。

因此,设计矩阵为:

$$\begin{Bmatrix} FR_1 \\ FR_2 \end{Bmatrix} = \begin{bmatrix} X & 0 \\ 0 & X \end{bmatrix} \begin{Bmatrix} DP_1 \\ DP_2 \end{Bmatrix} \qquad Cs:最大体积为 V_{max}$$

原设计满足原来的设计要求,但是现在的设计要求发生了变化,在相等的电压下要求传导电流为 100A,即 FR_1 发生了变化。为了实现这一设计要求,相应地设计参数 DP_1 也要发生变化。如果要将电流增加两倍,一种方法是增加接触金属板的面积。然而,约束条件限制了开关的空间,所以不能增大开关的体积。DP_1 板的面积的增加和约束 Cs 体积不能改变之间存在冲突。按照 39 参数,这对技术冲突描述为：

改善参数 5——运动物体的面积；

恶化参数 7——运动物体的体积。

由冲突矩阵可以找到对应的解决原理：

4——对称性变化；

7——套装；

14——曲面化；

17——维数变化。

图 7.26 是应用原理 7 和原理 14 得到原理解的示意图。

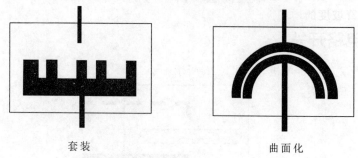

套装　　　　　　　　　　　曲面化

图 7.26　改进电路开关设计原理示意图

五、汽车驻车制动结构

汽车的驻车制动结构有一个停车状态，其目的是为了防止制动结构锁定后车辆滑移。但是当车辆停在坡路上时，棘轮很难从停车位置脱离啮合，而且脱离啮合时振动很大。目前的设计如图 7.27 所示。通过移动连接机构，棘爪被锁在棘轮中，这就是停车状态。棘轮和传输装置连接。

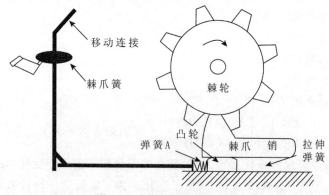

图 7.27　驻车制动结构简图

将移动连接机构移动到停车位置时，棘爪簧触动液压系统。同时，移动连接机构推动弹簧 A,弹簧 A 和承受棘爪传递载荷的凸轮相连。弹簧承受的载荷远远大于棘轮和棘爪啮合的反作用力,所以凸轮可以将棘爪推到啮合位置,并锁紧。汽车的速度大于 3km/h 时,棘轮和棘爪之间的冲击载荷使得棘爪和棘轮不会意外的啮合。当汽车停在坡上时,整个汽车的重量在棘轮处形成力矩,并通过棘爪传递给凸轮。所以当移动连接机构想脱离停车状态时,必须有足够大的力以克服凸轮和棘爪之间的摩擦。和棘爪相连的拉伸弹簧可以实现这一功能。但是,随着坡度的增大,力矩也增加,棘爪脱离棘轮的难度也增加,即汽车很难脱离驻车状态。

图 7.28 是棘爪的受力分析图。F_R 是棘轮对棘爪的反作用力,F_C 是凸轮对棘爪的反作用力,F_S 是弹簧力,F_P 是销对棘爪的反作用力,μ 是棘爪和凸轮的摩擦系数。F_R 随着坡度的增加而增加,这使得凸轮和棘爪之间的摩擦力也随之增大。

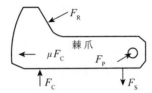

图 7.28 棘爪受力分析简图

该装置可以描述为:

FR_1＝在锁定位置和棘爪啮合;

FR_2＝从锁定位置脱离棘爪;

FR_3＝防止意外的啮合;

FR_4＝使棘爪停在啮合位置;

FR_5＝承受车传递过来的负载;

DP_1＝凸轮的锥形侧面;

DP_2＝拉伸弹簧;

DP_3＝棘轮的齿和棘爪的齿/弹簧 A/移动连接/拉伸弹簧;

DP_4＝凸轮的平坦表面;

DP_5＝棘爪/凸轮的平坦表面。

用矩阵可表示为:

$$
\begin{Bmatrix} FR_1 \\ FR_2 \\ FR_3 \\ FR_4 \\ FR_5 \end{Bmatrix} = \begin{bmatrix} 1 & 0 & 0 & 1 & 1 \\ 1 & 1 & 0 & 0 & 1 \\ 0 & 1 & 1 & 0 & 0 \\ 0 & 1 & 0 & 1 & 1 \\ 1 & 1 & 0 & 1 & 1 \end{bmatrix} \times \begin{Bmatrix} DP_1 \\ DP_2 \\ DP_3 \\ DP_4 \\ DP_5 \end{Bmatrix} \tag{7.1}
$$

对设计矩阵进行调整得到 $\tilde{A}$(如图 7.29 所示),从 $\tilde{A}$ 可以看出这个设计为耦合设计。首先进行耦合度测量,找到可以忽略的耦合并将其在设计矩阵中对应的位置元素置为 0,从而降低设计难度。如果耦合不能忽略,则说明设计中存在问题,可以用 TRIZ 理论来解决。

$$
\boldsymbol{A}=\begin{array}{c}\\1\\2\\3\\4\\5\end{array}\!\!\begin{array}{c}\begin{array}{ccccc}1&2&3&4&5\end{array}\\\begin{bmatrix}1&0&0&1&1\\1&1&0&0&1\\0&1&1&0&0\\0&1&0&1&1\\1&1&0&1&1\end{bmatrix}\end{array}\quad
\tilde{\boldsymbol{A}}=\begin{array}{c}\\1\\2\\3\\4\\5\end{array}\!\!\begin{array}{c}\begin{array}{ccccc}1&2&3&4&5\end{array}\\\begin{bmatrix}0&0&0&1&1\\1&0&0&0&1\\0&1&0&0&0\\0&1&0&0&1\\1&1&0&1&0\end{bmatrix}\end{array}\quad
\tilde{\boldsymbol{A}}^2=\begin{array}{c}\\1\\2\\3\\4\\5\end{array}\!\!\begin{array}{c}\begin{array}{ccccc}1&2&3&4&5\end{array}\\\begin{bmatrix}1&1&0&1&1\\1&1&0&1&1\\1&0&0&0&1\\1&1&0&1&1\\1&1&0&1&1\end{bmatrix}\end{array}
$$

$$
\tilde{\boldsymbol{A}}^3=\begin{array}{c}\\1\\2\\3\\4\\5\end{array}\!\!\begin{array}{c}\begin{array}{ccccc}1&2&3&4&5\end{array}\\\begin{bmatrix}1&1&0&1&1\\1&1&0&1&1\\1&1&0&1&1\\1&1&0&1&1\\1&1&0&1&1\end{bmatrix}\end{array}\quad
\tilde{\boldsymbol{A}}^4=\begin{array}{c}\\1\\2\\3\\4\\5\end{array}\!\!\begin{array}{c}\begin{array}{ccccc}1&2&3&4&5\end{array}\\\begin{bmatrix}1&1&0&1&1\\1&1&0&1&1\\1&1&0&1&1\\1&1&0&1&1\\1&1&0&1&1\end{bmatrix}\end{array}\rightarrow
\tilde{\boldsymbol{A}}=\begin{array}{c}\\1\\2\\4\\5\\3\end{array}\!\!\begin{array}{c}\begin{array}{ccccc}1&2&4&5&3\end{array}\\\left[\begin{array}{ccccc}1&0&1&1&0\\1&1&0&1&0\\0&1&1&1&0\\1&1&1&1&0\\\hdashline 0&1&0&0&1\end{array}\right]\end{array}
$$

图 7.29 设计矩阵变换

在图 7.29 中对 $\tilde{\boldsymbol{A}}$ 进行幂运算，得到耦合循环块，即 1→2→4→5→1。

分析在准则 FR_i 下，$\mathbf{DP}_s$ 对 FR_i 的影响：

对于 FR_1，影响的设计参数为 DP_1、DP_4 和 DP_5，它们的重要程度为 $X_1 \geqslant X_4 \geqslant X_5$，标度值依次为 $t_{14}=1.4$，$t_{15}=1.8$，应用式 7.1 中所述算法可以得到 $w^{(1)}=[0.47\ 0.34\ 0.19]$。

对于 FR_2，影响的设计参数为 DP_1、DP_2 和 DP_5，它们的重要程度为 $X_2 \geqslant X_5 \geqslant X_1$，标度值依次为 $t_{25}=1.2$，$t_{21}=1.8$，则 $w^{(2)}=[0.20\ 0.44\ 0.36]$。

对于 FR_4，影响的设计参数为 DP_2、DP_4 和 DP_5，它们的重要程度为 $X_2 \geqslant X_5 \geqslant X_4$，标度值依次为 $t_{45}=1.4$，$t_{41}=1.8$，则 $w^{(3)}=[0.19\ 0.47\ 0.34]$。

对于 FR_5，影响的设计参数为 DP_1、DP_2、DP_4 和 DP_5，它们的重要程度为 $X_5 \geqslant X_2 \geqslant X_4 \geqslant X_1$，标度值依次为 $t_{52}=1.2$，$t_{54}=1.8$，$t_{51}=2$，则 $w^{(4)}=[0.10\ 0.32\ 0.20\ 0.38]$。

$$
\boldsymbol{X}=\begin{array}{c}\\1\\2\\4\\5\end{array}\!\!\begin{array}{c}\begin{array}{cccc}1&2&4&5\end{array}\\\begin{bmatrix}0.47&0&0.34&0.19\\0.20&0.44&0&0.36\\0&0.19&0.47&0.34\\0.10&0.32&0.20&0.38\end{bmatrix}\end{array}\tag{7.2}
$$

为了简化问题，将 $\boldsymbol{X}$ 中小于 0.2 的元素置为 0，则：

$$X = \begin{matrix} & 1 & 2 & 4 & 5 \\ 1 \\ 2 \\ 4 \\ 5 \end{matrix} \begin{bmatrix} 0.47 & 0 & 0.34 & 0 \\ 0 & 0.44 & 0 & 0.36 \\ 0 & 0 & 0.47 & 0.34 \\ 0 & 0.32 & 0 & 0.38 \end{bmatrix} \tag{7.3}$$

对其进行行列变换,得到:

$$X = \begin{matrix} & 5 & 2 & 4 & 1 \\ 5 \\ 2 \\ 4 \\ 1 \end{matrix} \begin{bmatrix} 0.38 & 0.32 & 0 & 0 \\ 0.36 & 0.44 & 0 & 0 \\ 0.34 & 0 & 0.47 & 0 \\ 0 & 0 & 0.34 & 0.47 \end{bmatrix} \tag{7.4}$$

由式7.4可以看出,FR_2 和 FR_5 不是相互独立的,两者之间存在冲突,用39个特征参数将冲突一般化,这对冲突可以描述为:力的增加会导致系统可靠性的降低。从冲突矩阵中查得,解决该冲突的发明原理为:

3——局部质量;

35——参数变化;

13——反向;

21——紧急行动。

原理35"参数变化"提供了一个设计思路:改变棘爪的某些参数。图7.30是改进后的设计,图中将棘爪和棘轮的啮合面改成了几乎垂直的设计,这是为了使棘爪和棘轮的反作用力呈水平方向,以尽量减小凸轮和棘爪之间的作用力。

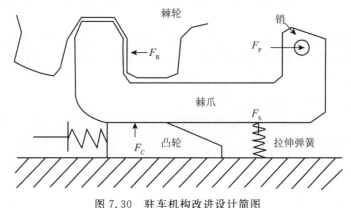

图7.30 驻车机构改进设计简图

六、中药滴丸机

中药滴丸滴制成形烘干后,需计数装瓶。国内应用比较广泛的滚筒式滴丸包装机实现了滴丸计数、灌装、封瓶的全自动操作。如图7.31所示滴丸装载在料仓中,随着滚筒的旋转,滴丸在定量板(如图7.32所示)的运载下,每100粒一批,通过图7.33所示槽轮排粒保证定量板上所有药粒通过漏斗被灌入药瓶。光电计数器检测定量板是否布满药粒,没有布满的装瓶后要被剔除。

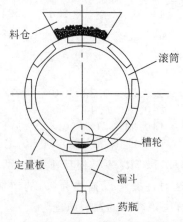

料仓
滚筒
槽轮
定量板
漏斗
药瓶

图7.31　滴丸包装机示意图

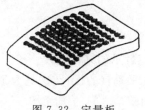

图7.32　定量板

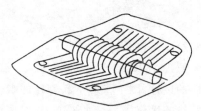

图7.33　槽轮排粒原理图

客户对包装机提出了新的要求:实现滴丸罐装数量的柔性化,可以根据需要调整装瓶数量,并要求改进排粒结构,现有排粒结构振动和噪声大,影响工作环境和设备的稳定运行。

步骤1:系统分析确定主要矛盾

产品技术进化路线分析:根据 TRIZ 产品成熟度预测理论,滴丸包装机处于成长期后期,处于成长期的产品,市场需求增长很快,应根据客户需求对产品结构不断改进,参数不断进行优化。根据客户需求确定无法实现罐装数量柔性化和客户需求之间的矛盾是当前主要矛盾,另一方面,考虑到产品即将进入成熟期,而成熟期降低成本会成为企业竞争的主要手段,成本是改进方案必须考虑的因素。

步骤2:建立故障树确定核心问题

(1)列出现有滴丸包装机所有不良结果,根据客户需求确定无法调整装瓶数量为现有系统主要不良结果。

MUDE:调整装瓶数量比较困难;

UDE1:结构复杂成本高;

UDE2:设备维护困难。

(2)建立设计故障树。

1)将以上不良结果作为故障树的第一层中间事件,列出与第一层不良结果相关的所有事件,分解非根原因事件直到确定所有根原因事件,表 7.4 为所有元件事件及属性。

表 7.4 滴丸包装机事件描述

事件名称	可控性	理想程度	是否根原因
E1:定量板装载滴丸实现滴丸计数	间接可控(采用其他方式实现滴丸计数)	中性	是
E2:定量板装载滴丸数量一定	间接可控(可更换定量板)	不理想	否
E21:定量板滴丸孔数量与分布	间接可控(可更换定量板)	不理想	是
E3:定量板加工工艺复杂	不可控	不理想	否
E31:定量板曲率半径需与滚筒一致	不可控	不理想	是
E4:光电传感器阵列加工组装困难	间接可控(调整对应的滴丸孔分布)	不理想	是
E41:光电传感器阵列位置必须对应于定量板滴丸孔位置	不可控	不理想	是
E5:光电传感器阵列需经常调整	间接可控(减少光电传感器移位)	不理想	否
E51:设备运行一段时间后光电传感器移位	间接可控(减少设备运行产生的振动)	不理想	是
E52:槽轮排粒产生振动	不可控	不理想	是

2)根据事件之间的逻辑关系建立设计故障树,图 7.34 为滴丸包装机设计故障树。

3)求出设计故障树的最小割集,为{E1,E21},{E51,E52},{E21,E411},得到结构重要度排序为 E21＞E1＞E51＝E52＝E31。事件 E21 导致了系统主要不良结果的发生,确定 E21:定量板滴丸孔分布为系统关键根原因,其造成了系统两个不良结果的产生;MUDE:调整装瓶数量比较困难;UDE1:结构复杂成本高。

步骤 3:应用 TRIZ 工具分析解决核心根原因引起的问题

(1)常规方法解决定量板滴丸孔分布问题。

E21:定量板滴丸孔数量与分布为间接可控事件,可以通过更换定量板,改变定量板滴丸孔数量与分布。尝试通过更换定量板解决 MUDE,UDE1。

1)更换定量板调整装瓶滴丸数,最大装瓶滴丸数受限于定量板面积,主要不良结果 MUDE 无法消除。

2)更换定量板扩大滴丸孔之间的间隙,减小了与之对应的光电传感器阵列制

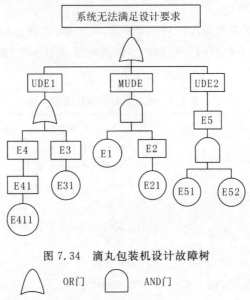

图 7.34　滴丸包装机设计故障树

造装配难度,导致定量板滴丸孔数减少,存在技术冲突。

(2)分析解决冲突,建立事件 E21:定量板滴丸孔分布的冲突解决图表(CRD),确定定量板潜在的物理冲突,如图 7.35 所示。解决 CRD 中确定的物理冲突,分析定量板和光电传感器所在子系统滚筒部件,实现了装载滴丸和滴丸计数两道工序,应用物理冲突分离原理,分离布粒和计数功能,计数功能可考虑在后续工序实现。滚筒只实现布粒功能,不需安装定量板和光电传感器,采用图 7.36 所示结构(在滚筒上直接布置布粒孔),采用后续工序实现计数,如图 7.37 所示在灌装前漏斗入口加装光电传感器实现计数。

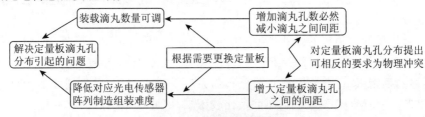

图 7.35　冲突解决图表

图 7.36　布粒滚筒

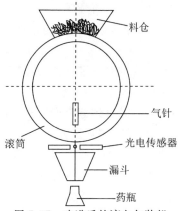

图 7.37 改进后的滴丸包装机

采用滚筒结构后光电传感器不必对应于滴丸孔,根原因事件 E51:设备运行一段时间后光电传感器移位造成的问题得到解决。未解决问题为根原因事件 E52:槽轮排粒引起振动。

步骤 4:应用 TRIZ 工具分析解决槽轮排粒引起振动问题

槽轮排粒引起振动属于不可控因素,考虑引入替代技术。应用发明原理 28 "机械系统替代",发明原理 29"气体与液压结构",产生了一种新的方案,即用气体排粒方式代替机械排粒方式。高压气体通过气管进入预订位置,通过气针对药粒进行排粒灌装。气针(如图 7.38 所示)设置在布粒滚筒的内腔,每一个通道对应一个排粒气针。

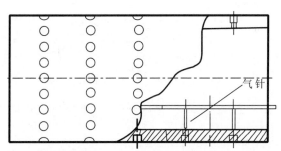

图 7.38 气针排粒示意图

步骤 5:方案解综合及评价

综合多个部分解,得到整体改进方案满足设计要求,现已进入样机试制阶段。

七、基于 QFD 和 TRIZ 的调味瓶设计

一件设计优良的调味瓶,不仅能够简化烹饪过程,方便操作,还能够愉悦使用者的心情,营造一种良好的使用氛围,使枯燥乏味的厨房工作,转变为一种轻松愉快的烹饪享受。然而,现有的调味瓶并不能达到这种要求,还存在很多的不足,它

们往往结构简单,使用不便,缺少审美情趣等。针对以上问题,根据基于 QFD 和 TRIZ 理论的产品设计模型,对调味瓶进行全新的设计。

1. 提炼客户需求

通过市场调研,并走访了一些主要的客户群,发现客户对于调味瓶的卫生性是非常在意的,他们关心器具的材料是否干净清洁,是否含有有害的化学成分等,毕竟这是与日常饮食息息相关的,会对身体健康产生直接的影响,所以这一点受到了普遍的关注。另外,在使用普通的调味瓶时,客户需要拧开,然后再施放调料,这样在烹饪时总是有一种双手不够用的感觉,显得很不方便,希望在使用性上进行一些改进。还有,我们平时常用的盐、味精、碱和各种油料等,都是放在了不同的瓶瓶罐罐中,这样很容易弄混,而且占用厨房空间较大,更多的客户倾向于把这些调料和油料集成于一个器具中。最后就是客户更喜欢外形漂亮,色彩明快温暖,并且价格合理的产品。

也就是说调味瓶的客户需求可概括为:①卫生性,权重 10。②使用方便,权重 9。③多用途,权重 8。④外形美观,权重 9。⑤价格合理,权重 7,其中的权重值表示客户的重视程度。

2. 建立质量屋

根据以上五项客户需求,确定出了下面的七项产品设计要求,图 7.39 表示出了由客户需求到产品设计需求之间的对应关系。

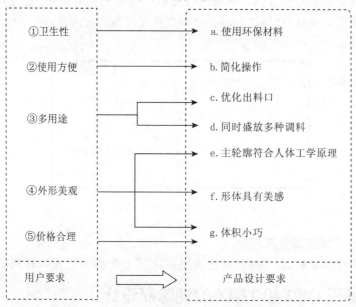

图 7.39 由客户要求到产品设计要求的对应关系

建立"客户要求—产品设计要求"质量屋,在关系矩阵中标识出客户要求与产品设计要求之间的相关性,其中"◎"表示强相关,"○"表示一般相关,"△"表示弱相关;在敏感矩阵中,表示出各产品设计要求之间的关系,其中"＋"表示正相关,"－"表示负相关,如图 7.40 所示。

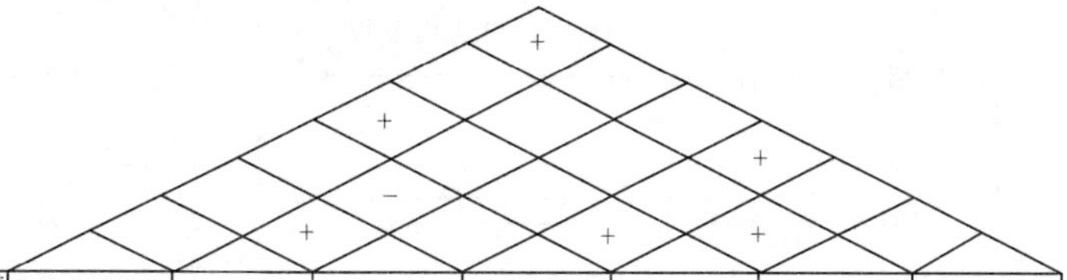

产品设计要求 / 用户要求	主轮廓符合人体工学原理	体积小巧	形体具有美感	同时盛放多种原料	优化出料口	使用环何材料	简化操作
使用方便	◎	◎	△	○			◎
多用途				◎	○		△
外形美观	○	○	◎		△		
卫生性	△		△	○	◎	◎	
便宜		△		○		△	△

图 7.40　调味瓶质量屋

3. 质量屋分析

如果关系矩阵中存在空行空列,或只有弱相关符号的话,说明已有的产品设计要求并不能完全满足客户要求,需要重新划分。很明显,图 7.40 中的各相关符号呈均匀分布状态,并不存在上述问题,也就是说 7 项产品设计要求提取准确,与客户要求是完全对应的。

通过分析敏感矩阵,发现该处存在一处负相关,即"体积小巧"与"同时盛放多种调料"这两项设计要求不能同时满足,也就是说,调味瓶在体积小巧的同时,很难盛放多种调料。这种冲突就是发明问题中的技术冲突,需要应用 TRIZ 中的方法来解决。

4. 确定发明原理

首先需要把"体积小巧"和"同时盛放多种调料"这样的特殊问题,转化为基于TRIZ 语言描述的一般问题。"体积小巧"可描述为 TRIZ 中 39 个标准工程参数中的"静止物体的体积","同时盛放多种调料"可描述为标准参数中的"物质或事物的数量"。其中,"静止物体的体积"是需要优化的参数,"物质或事物的数量"是恶化的参数,如图 7.41 所示。

分别把以上两个参数代入到 TRIZ 中的冲突解决矩阵中,"⑧静止物体的体积"是优化参数,代入到第 8 行,"㉖物质或事物的数量"是恶化参数,代入到第 26列。在上述行列相交的方框中,得到了发明原理③局部质量和㉟参数变化。其中,局部质量细分为以下三项发明原理:(a)将物体或环境的均匀结构变成不均匀结构。(b)使组成物体的不同部分完成不同的功能。(c)使组成物体的每一部分都最

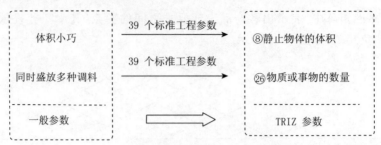

图 7.41   一般参数向 TRIZ 参数的转化

大限度地发挥作用。参数变化细分为以下四项:(a)改变物体的物理状态。(b)改变物体的浓度或黏度。(c)改变物体的柔性。(d)改变温度。

经分析发现,局部质量中的"使组成物体的不同部分完成不同的功能"可用于解决以上冲突。根据这一原理的提示,我们可以在调味瓶有限的体积中,划分出不同的功能区域,分别盛装不同种类的调料和油料,这就解决了"小体积"和"多用途"之间的冲突。

5. 总体设计

根据产品设计要求,调味瓶在形体上应设计成与人手形吻合的流线型结构,以方便使用;同时应具有良好的视觉效果,颜色上选用亲切的暖色调,营造出一种美好温馨的氛围;选用无害的环保型材料,保证其卫生性;内部应划分出多种腔体,用来盛放不同的调料和油料,还应注意出料口处的优化设计,防止不同的调料油料相互污染;采用尽量少的按键,简化操作,比如物料的选择和施放都可通过一个按键来完成,短按该按键是选择物料,长按为该物料的施放。

根据以上信息进行综合地设计,得到了最终方案,见图 7.42。该方案获得了"意米特"杯厨具设计大赛三等奖。

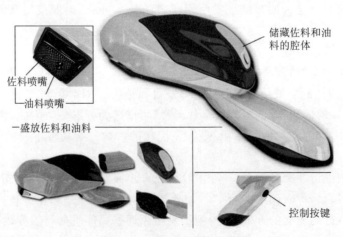

图 7.42   最终设计方案

6. 结论

以上调味瓶的设计是以客户调查为起点,以"QFD发现问题,TRIZ解决问题"为主线,经过若干步骤,其中每步的输出作为下一步的输入,层层递进,最后使问题得以解决。这一过程充分体现了QFD和TRIZ理论各自的优势,一定程度上证实了两者结合的可行性,也丰富了产品设计的方法,从而为广大工业设计师提供了又一套实用、可靠、高效的产品设计方法。

八、汽车排气阀的改进设计

本案例在分析汽车排气阀中存在的问题的基础上,较全面地应用TRIZ的工具,提出了三种改进设计方案。

1. 问题描述

目前,一些高档汽车的密封性很好,当打开通风系统或安全气囊膨胀时,车内产生较高的空气压力,为保证乘客的安全与舒适,汽车内通常安装空气排气阀。排气阀由固定在车身通风口处的一个盒子构成,盒内有六个塑模门,固定在垂直平面上。当车内的压力达到一定值时,车内外的压力差克服阀门自身的重力使阀门打开;在不存在压差的情况下,阀门在重力作用下关闭。通过排气阀可以调节轴空气压力,但同时也产生了有害作用:灰尘进入车内、塑模门碰撞边框发出噪声。

2. 初步分析排气阀系统中存在的问题及相关的系统

(1)定义排气阀中存在的问题。在车身安装排气阀满足释放高压的要求,同时导致有害作用的产生:当汽车行驶在颠簸的路面或车速发生较大的变化时,阀门受其影响,在不需要释放压力的情况下开启和关闭,使车外空气(带有灰尘)进入车内,并且与边框碰撞产生噪声。排气阀中存在的问题应属于第一类:消除系统中存在的有害功能或有害功能产生的根原因。

(2)分析相关的系统。

1)系统的构成。

问题所在的系统:整个排气阀系统;

超系统:汽车;

子系统:六个塑膜门;

与系统和超系统相关的系统:保护罩、车身、车内高压的空气、车外空气。

2)系统元素的相互作用。

表 7.5 系统元素的相互作用

作用系统	功能/作用	被作用系统
保护罩	保护	阀门
车身	固定	排气阀
六个塑膜门	释放	车内高压空气

3)系统元素的可控性。

表 7.6 系统元素的可控性

可直接改变	间接改变	通过影响他人来改变	不能改变
六个塑膜门			汽车
保护罩			车身
整个排气阀系统			

4)系统中的可用资源。

空间资源:车外的周围空间;

能量/场资源:阀门自身的重力、车内外的压力差;

信息资源:车内产生的高压可以作为驱动阀门结构开启的使能信号。

(3)确定问题的解空间。

1)改变整个排气阀系统,一方面当车内压力高于某值时,释放压力;另一方面当压力正常时,阀门不打开。

2)对现有系统进行局部改进,消除有害作用。

3. 构造逻辑图表

(1)确定逻辑图表的主要输入。

1)灰尘进入车内。

2)塑膜门碰撞边框发出噪声。

(2)完整的逻辑图表。

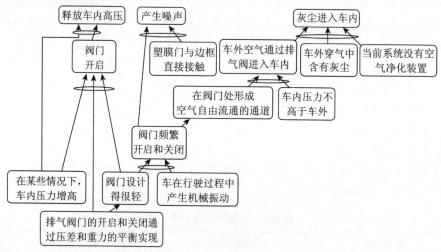

图 7.43 汽车排气阀系统的当前现实树

4. 分析逻辑图表,确定解决问题的可能方向

(1)分析最终不良结果产生的根原因。逻辑图表中最终结果有:释放车内高压;产生噪声;灰尘进入车内。其中,"释放车内高压"是理想的结果,在改进设计中要保证该功能的有效性;"产生噪声"和"灰尘进入车内"是有害的作用,是改进设计要消除的,根据 CRT 可得到如下根原因。

1)排气阀的开启和关闭通过压差和重力的平衡实现。

2)塑膜门与边框直接接触。

3)当前系统没有空气净化装置。

(2)确定系统中存在的冲突。从逻辑图表可以看出:一方面阀门必须很轻(易打开),以释放稍高的空气压力;另一方面阀门必须很重(难打开),防止灰尘的进入和产生噪声。冲突解决图表见图 7.44

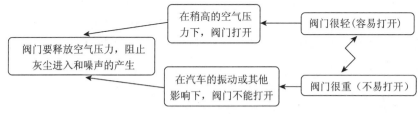

图 7.44 排气阀系统中存在的冲突

(3)总结前两步的结果,确定解决问题的方向,如表 7.7 所示。

表 7.7 根原因或冲突导致不理想结果分析表

根原因或冲突	导致的不理想结果	在不理想结果中所占的百分比
排气阀的开启和关闭通过压差和重力的平衡实现	产生噪声 灰尘进入车内	100%
阀门与边框直接接触	产生噪声	50%
当前系统没有空气净化装置	灰尘进入车内	50%
阀门必须轻和重	产生噪声 灰尘进入车内	100%

从表 7.7 中可以看出,应从三个方向对排气阀系统进行改进设计:

1)消除"阀门与边框直接接触"和"当前系统没有空气净化装置"这两项不理想作用。

2)解决阀门必须轻和重的冲突。

3)阀门的开启和关闭不是通过压力和重力的平衡实现,而是采用一种新的驱动机构。

5. 确定问题的解

(1)消除不理想作用。对于"塑膜门与边框直接接触"和"当前系统没有空气净化装置"两个问题,可以用 TRIZ 理论中的 76 个标准解和效应相结合来解决。

1)建立改进前的物质—场模型。

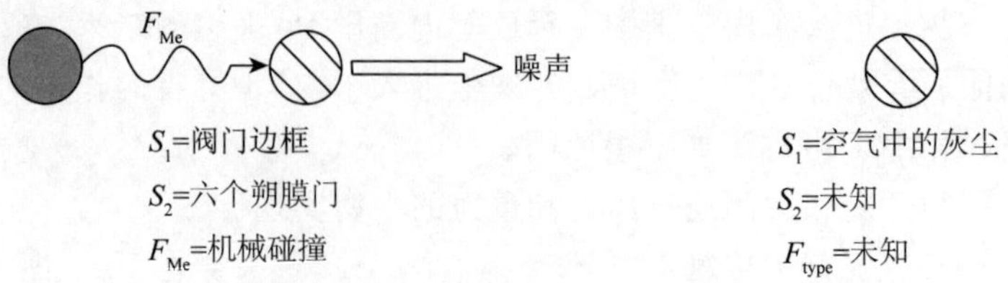

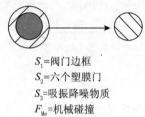

S_1=阀门边框
S_2=六个朔膜门
F_{Me}=机械碰撞

S_1=空气中的灰尘
S_2=未知
F_{type}=未知

图 7.45　当前的物质—场模型

2)模型分析及问题的解。由阀门和边框建立的功能模型属于功能分类中的第三类:有害功能,即功能中的三要素都存在,但产生与设计者所追求效应相冲突的效应。解决上述问题可参见标准解 1-2-1:在一个系统中有用及有害效应同时存在。S_1 及 S_2 不必直接接触,引入 S_3 消除有害效应。该标准解为解决问题提供了一个方向:在塑膜门的边缘涂覆一层吸振降噪的物质,如橡胶等。改进后的物质—场模型如图 7.46 所示。

S_1=阀门边框
S_2=六个塑膜门
S_3=吸振降噪物质
F_{Me}=机械碰撞

图 7.46　改进后的物质—场模型

空气净化问题建立的物质—场模型属于功能分类中的第二类:不完整功能,即组成功能的三要素中部分要素不存在,需要增加要素来实现有效完整功能,或用一新功能代替。在该功能模型中只有物质 S_1,需要增加 S_2 及场 F,改进后的物质—场模型如图 7.47 所示。

F

输出清洁的空气

S_1=空气中的灰尘
S_2=除尘装置

F由选用的净化方式决定

图 7.47　改进后的物质—场模型

解决 S_2 问题可以查找效应知识库中用于实现功能的相关效应及实例,本例中浏览效应知识库中的"净化空气"功能,涉及的效应及实例见表 7.8。

表 7.8　相关的效应及实例

相关效应	应用实例
放热反应	钯加热受污染的气体
氧化还原作用	通过还原反应去除污染气体中的氧化氮
氧化还原作用	催化氧化净化空气
无	电弧过滤器净化受污染的空气
无	过滤器阻止灰尘进入窗口单元
过滤作用	用过滤薄板去除空气中的灰尘
硫化床的吸附作用	用硫化态的沸石去除空气中的杂质

从节约成本、系统尽可能简单以及系统的工作状况考虑,选用过滤作用,在阀门与车身之间嵌入一层过滤薄层,可选用的材料有:合成织物、玻璃纤维和泡沫塑料等。

(2)解决阀门轻和重的冲突。从阀门使用的实际情况可以看出,阀门的开启和关闭可在时间上分离,因此,选用时间分离原理,对应的发明原理是:第9、10、11、15、16、18、19、20、21、34、37条,其中原理15为动态化。

1)使一个物体或其环境在操作的每一个阶段自动调整,以达到优化的性能。

2)分一个物体成具有相互关系的元件,元件之间可以改变相对位置。

3)如果一个物体是静止的,使之变为运动的或可改变的。

按照原理15,可以使执行结构在工作的每一阶段实现自动调整。可用具有一定强度的弹性壳体代替当前的排气阀结构,通过壳体的膨胀和收缩来实现压力的调节。

(3)采用一种新的驱动结构。该问题是寻找一种完成驱动功能的方法,对于这种类型的问题,设计者可以从效应知识库中按照功能快速查找相应的效应及实例。本问题所对应的功能可描述为:移动固体物质。表7.9是与问题相关的部分效应。在选取一种新的驱动方式实现阀门的开启和关闭时,应考虑到外界因素(主要是振动)不能影响阀门的正常工作。

表 7.9　与"移动固体物体"功能相关的部分效应

阿基米德原理	双物质热膨胀	惯性	气能积累
弹簧形变	电流变效应	马格努斯效应	磁流变效应
电致伸缩	磁致伸缩	溶解	螺线管磁场
电场	反压电效应	帕斯卡定律	牛顿第二定律
安培定则	摩擦	化学能	磁场力效应
凸轮结构	螺纹副	液体静压	气压差产生力

以上所列的效应都能在不同的工作状况下,单独或与其他的效应结合实现"移动固体物质"的功能。从系统的工作状况和充分利用系统资源的角度考虑,阀门的开启可选用磁场力效应,使铁磁性材料在磁场中受到磁场力的作用产生运动,仅选用磁场力效应不能满足功能需求,还要选用螺线管磁场效应、欧姆效应和压电效应构成关联效应联,对磁场力效应的输入进行控制;阀门的关闭可选用弹簧形变来实现。

磁场力效应:铁磁性材料在磁场中受到力的作用,沿着力的方向产生运动。

螺线管磁场效应:线圈由导线缠绕而成。当电流通过螺线管时,在其内部会产生磁场。如果螺线管的长度远大于其直径,则螺线管内的磁场线平行于它的轴线,产生匀强磁场。

欧姆效应:在导体的两端加一直流电压,在导体的内部会产生直流电流。改变电压或电阻可改变电流强度。

压电效应:电介质在压力作用下,发生弹性变形,在介质的两侧产生一个电压差。

弹簧形变:在刚度允许范围内,力的大小和形状变化成正比,遵从胡可定律:

$$F = KX$$

上述效应构成效应联,实现阀门的开启和关闭,如图 7.48 所示。

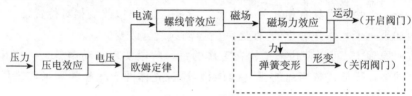

图 7.48 新驱动机构的效应链

选一种适合的电介质作为压力检测装置,当车内压力高于某个值时,在电介质的两端产生电压差,将压差信号放大,引入导线中形成电流,该电流通过螺旋管,在螺旋管内产生磁场,该磁场驱动由铁磁性材料加工而成的驱动阀门的顶杆机构实现阀门的开启,阀门的开启过程中,弹簧发生变形,产生恢复力。当车内压力释放后,在弹簧变形力的作用下,阀门紧紧地关闭,且不受外力的影响。

九、自加热容器

定义阶段:自加热容器

OnTech 公司在自加热容器技术方面是世界领先的,开发自加热容器具有使用简单和成本低的特点。其原理和构造如图 7.49 所示。

氧化钙和水发生的放热反应所释放的热量常被用于加热饮料。所有的消费者需要做的是遵循简单的指示,并等待大约 6min 就可以加热饮料。

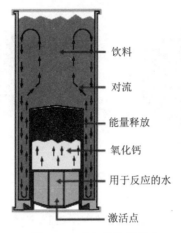

饮料

对流

能量释放

氧化钙

用于反应的水

激活点

图 7.49　自加热容器技术

测量阶段（使用 TRIZ 理论）

在塑料壳体与金属尾端结合中的许多工作是由美国 ANC 公司完成。采用双重卷边是为了增加罐体的稳定性和密封性。OnTech 公司利用了 ANC 公司的金属尾端结合的几何形状及作用使再生产时具有相同的结合质量，但是使用了一个多层吹模容器。这种容器制造系统提供了一个成本低，但损去了空间上的控制（作为本体的边缘直径在某一范围内必须是连续的）的结果。在降低成本的吹模（与注射吹模相比）基础上，应用了 TRIZ 理论以消除存在的技术冲突。

改进的特性：可制造性（32）；

恶化的特性：装置的复杂性（36）。

推荐的发明原理：

原理.27：低成本、不耐用的物体代替昂贵、耐用的物体；

原理.26：复制；

原理.1：分割。

分析阶段（使用 TRIZ 理论）

在这里，对于技术冲突应用了发明原理（一般解）。"分割"这一原理刺激了单一步骤制造工艺（依靠吹塑成型得到精确的边缘尺寸是不可能的）变成两个步骤制造工艺（吹塑模具和模具压印边缘以纠正尺寸）。这个理想解对于边缘问题的回答是：我们利用一种廉价的过程和一个基本次要的制造步骤而获得了所需要的尺寸精度。

实际上，OnTech 公司的接缝质量是很高的。其交叠、覆盖钩和本体钩是很相配的，并且是比较出众的，见图 7.50 和图 7.51。

接缝质量验证采用显微分析、浸泡试验、微漏分析和注入挤压分析。接缝的这一创新是很重要的，比如在容器通过蒸煮消毒处理时其优点是明显的。

图 7.50　OnTech 重叠结合

图 7.51　Omni-Bowl 重叠结合

蒸煮工艺：蒸煮过程是一种通过完全密闭且加温（至 250℉）维持较长一段时间的杀菌方法，在此温度下时间长短取决于食品中细菌减少的程度。压力容器使用饱和蒸汽，其目的是要从封装处转移热量以便进行杀毒。

容器内的压力大于 1 个大气压，以便使温度高于 212℉（100℃）。正是在这种环境中，双重卷边的完整性经受住了挑战。事实上，OnTech 公司容器内部有三个腔，很大程度上加剧了蒸煮的问题。另外，OnTech 容器还有四个接缝或密封表面受到严格的蒸煮过程：两个双接缝，一个为惯性力焊接，一个为熔接压印。在三个腔内的压力差必须均衡，以保持其物理结构。

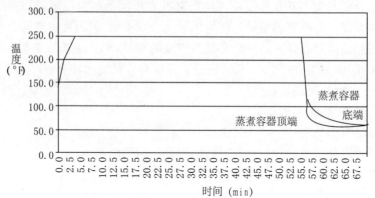

图 7.52　蒸煮温度曲线

正如从图 7.53 可以看到的，温度在不同的时间 t_1、t_2、t_3 和 t_4 时，其发生的变形分别为 a'、b'、c' 和 d'，这与不同的加热时间 $t_4 > t_3 > t_2 > t_1 > t_{retort}$ 是相对应的。在蒸煮期间产生了各种物理冲突。

如图 7.54 所示，哲学家鲁道夫·卡尔纳普博士（Dr. Rudolf Carnap）介绍了属性和自然事物的关系：一个物体或物质正像在物质—场（Su-Field）模型中一样，在顷刻间占据了空间上一定的区域，并且在它存在的整个历史期间内为空间区域中的时间序列。一个物质在四维时空连续体中占据了一个区域，一个物质在一个给定的片刻时间内是一个被占据的整个时空区域中的一个物质（物质瞬间）上的截面。卡尔纳普的洞察力，就是将一个事件"切"成时间和空间的间隔，这对于确定冲

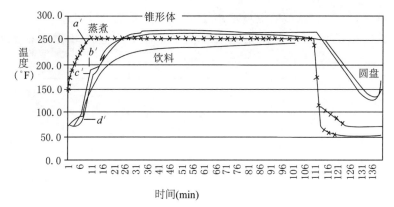

图 7.53 各组件温度和蒸煮温度

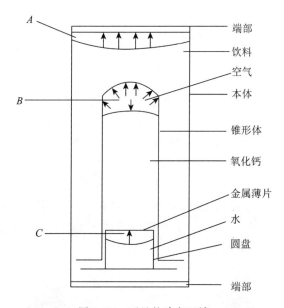

图 7.54 可见的冲突区域

突的区域是非常重要的。

在蒸煮加热期间,冰球状区域的水煮沸,饮料煮沸以及塑料锥形体被软化。在饮料舱的顶部空间有膨胀趋势(饮料是不可压缩的),这一压力直接施加给端部 A(双接缝位置)。锥形顶部空间膨胀,其压力施加于四周的壁面上(B)。冰球状区域顶部空间膨胀压力施加于冰球状区域上方金属薄片上(C)(再次说明水是不可压缩的)。在上坡期间,A、B 和 C 是正压力,其中 $A > C > B$(此时对应于细菌的死亡温度)。在保持几分钟后(在 250℉),蒸汽减少压力降低到 1 个大气压,容器冷却下来(在蒸煮容器采用水循环)。在冷却期间,造成真空 A^{-1}、B^{-1} 和 C^{-1},其中 $A^{-1} > C^{-1} > B^{-1}$。A^{-1} 大于锥形强度,因而引起锥形的倒塌(锥形容积变化为 300~

$325cc, 1cc = 1 \text{ mL}$)。锥形的倒塌增加了 A^{-1} 并且真空 A^{-1} 超过了外壁的强度,因而引起了外壁的镶嵌板。就是这两个冲突,需要蒸煮冷却循环得到控制,见图 7.55。

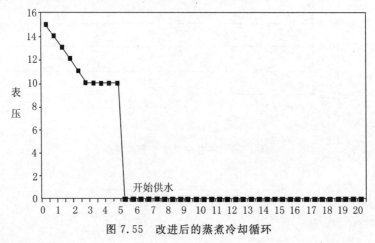

图 7.55 改进后的蒸煮冷却循环

受控制的冷却循环是下面物理冲突的结果:对于加热的结束期间,需要的蒸气减少,因为物理损害因而不需要蒸气减小。因此,利用时间分离的原则使可能的冷却过程可以呈阶梯进行(在精确时间和压力下),以便在真空 A^{-1}、B^{-1} 和 C^{-1} 达到最大值之前的强度得到恢复。

锥形体的体积损失使蒸煮发生显著的变化和不可预测性。因此,预测和控制的畸形(见图 7.56)是重要的(发明原理 22 "变有害为有利")。畸形的控制允许最大限度地减少和控制真空,即 A^{-1}。控制锥形体畸形也可以从确保足够的 CaO 与水反应上着手。

图 7.56 结构未改进时的锥形体塌陷情况

图 7.57 蒸煮条件下改进控制缺陷

图 7.58 93%和 96%的蒸煮负荷时变形可以预测和控制

图 7.59 多层封装结构

改进阶段(使用 TRIZ 理论)

(1)氧气入口。蒸煮过程推动蒸煮水进入了本体的塑料内。饱和的聚丙烯加速了氧的渗入(通过封装氧气进入到饮料内,降低了饮料口味,也使细菌生长)。

(2)导热系数。锥形体(其主要成分是聚丙烯)的低导热系数造成各种不良情形。OnTech 公司容器设计包括固体和液体的混合反应物,通过其发生的放热反应来加热饮料。容器利用傅里叶(法国数学家和物理学家)的热传导定律来加热饮料。这个物理定律陈述了具有不同温度的两个区域共用一个非隔热隔板时,它们的温度将会随着时间而达到平衡。在反应的开始阶段,加热开始,而且锥形内部的温度大于饮料的温度。根据傅里叶的热传导定律,热量开始从锥形体向饮料传递,以实现温度的平衡。锥形体的绝缘性能(其成分主要由聚丙烯组成)和饮料的吸热率,造成动态传热系统中的不平衡(放热反应产生热量的速度大于通过塑料传输热量的速度)。

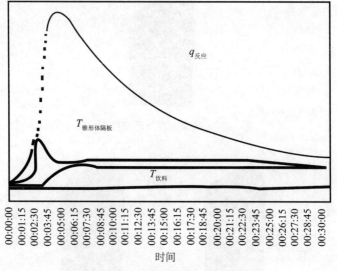

图 7.60　热力循环的不平衡

这个反应是自发的,它不受系统中其他元素的热物理特性的约束。

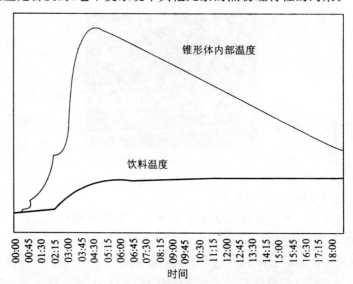

图 7.61　实验演示反应能到饮料的能量转移

在这一具体的实验情况下,锥形体内部温度在 4 分 40 秒内达到其最高值。然而,饮料达到其最高温度要在 8 分钟之后。这一时间差显示了能源和饮料之间存在热阻。在此期间,锥形体芯部的能量释放速度是最大的(2 分 40 秒至 4 分 40 秒),而饮料通过加热也接近了其最高温度。正是这些热阻和热力学所描述的不平衡,在一定条件下,提出了经历减少维修操作的可能性。

一个热力学不平衡的影响是组成隔板的热过饱和的聚合物,这种热过饱和状态在一定条件下可能会导致锥形体的破解。其中,存在的技术冲突如下:

改进特性:强度;

恶化特性:温度。

冲突矩阵推荐的发明原则为:原理.40,即使用复合材料。

应用第 40 号发明原理产生了在聚丙烯中混合陶瓷和基于沥青的碳素纤维方案。这种复合材料的导热性被大大提高了,这样就缓解了许多以前发生的失败。

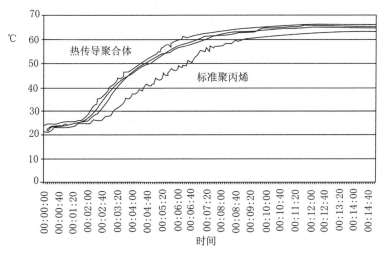

图 7.62　聚合体比较

最终产品如图 7.63～图 7.67 所示。

图 7.63　本体和锥形体　　图 7.64　容器的金属底端　　图 7.65　容器的金属顶端

图 7.66　氧化钙上部的水　　　　图 7.67　锥形体能量释放到饮料

发明问题解决理论(TRIZ)与六西格玛的综合是非常必要的。在一个封闭系统和开放系统中解决问题的能力是至关重要的。TRIZ 和六西格玛提出了问题解决者在两个领域中搜寻解所要求的能力。

参考文献

[1] 檀润华. 创新设计——TRIZ:发明问题解决理论[M]. 北京:机械工业出版社,2002.

[2] 檀润华. 发明问题解决理论[M]. 北京:华夏科技出版社,2004.

[3] 王玉荣,孔祥云. 约束理论——TOC. http://www. amteam. org.

[4] 侯卫. 约束理论及在传统企业中的应用研究. 大连:大连理工大学,2001.

[5] ALTSHULLER G. The Innovation Algorithm,TRIZ,systematic innovation and technical creativity[M]. Worcester: Technical Innovation center,1999.

[6] FEY V. , RIVIN E. Innovation on demand [M]. Cambridge: Cambridge University Press,2005.

[7] SILERSTEIN D,DECARLO N,SLOCUM M. Insourcing Innovation[M]. Longmont: Breakthrough Performance Press,2005.

[8] SAVRANSKY S D. Engineering of Creativity. New York:CRC Press,2000.

[9] SUH N P. Axiomatic Design: Advances and Applications. New York: Oxford University Press,2001.

[10] TATE DERRICK. A Roadmap for Decomposition: Activities,Theories,and Tools for System Design: [Ph. D Dissertation]. Cambridge: MIT,1999.

[11] NAM. P. SUH,SHINYA SEKIMOTO. Design of Thinking Design Machine. Annals of the CIRP,1990,39(1):145-148.

[12] VICTORIA MABIN. Golratt's Theory of Constraints "Thinking Processes": A Systems Methodology linking Soft with Hard. Proceedings of the 17"International Conference of the System Dynamics Society and 5th Australian and New Zealand Systems Conference. Wellington: 1999.

[13] WILLIAM DETTMER H. Goldratt's Theory of Constraints:A System Approach of Continuous Improvement. Milwaukee,Wisconsin:ASQC Quality Press,1997.

附　录

	恶化特性 →
	改进特性 ↓
1	运动物体的重量
2	静止物体的重量
3	运动物体的长度
4	静止物体的长度
5	运动物体的面积
6	静止物体的面积
7	运动物体的体积
8	静止物体的体积
9	速度
10	力
11	应力或压力
12	形状
13	结构的稳定性
14	强度
15	运动物体作用时间
16	静止物体作用时间
17	温度
18	光照强度
19	运动物体的能量
20	静止物体的能量
21	功率
22	能量损失
23	物质损失
24	信息损失
25	时间损失
26	物质或事物的数量
27	可靠性
28	测试精度
29	制造精度
30	影响物体的有害因素
31	物体产生的有害因素
32	可制造性
33	可操作性
34	可维修性
35	适应性及多用性
36	装置的复杂性
37	监控与测试的困难程度
38	自动化程度
39	生产率